▌TS 한국교통안전공단 시행

기출문제집만 풀어봐도 합격한다

KB195373

2025
합격보장

답만 보이는

화물
운 송 종 사

자격시험 문제집

JH화물운송발전회 편저

기출복원 문제
핵심요약 정리
적중 모의고사

쪽집게 노트
시험에 꼭 나오는 내용만 정리

• 기출분석문제 2024~2023 수록
• 핵심요점과 빈출문제, 최신법령 수록
• 기출적중 모의고사 수록

행복한 상상, 바른교육
정훈사
www.정훈에듀.com

정훈사에서는 교재의 잘못된 부분을 아래의 홈페이지에서 확인할 수 있도록 하였습니다.

www.정훈에듀.com > 고객센터 > 정오표

지난 2004년 7월부터 화물운송종사자격시험을 시행한 지 20년이 되었다. 그동안 화물운송종사 자격시험제도는 화물자동차 운전자의 전문성을 확보하여 화물운송의 건전한 육성을 도모하고, 화물운송종사자 여러분의 자질을 향상시키며, 운송서비스를 개선하고 안전운행을 함으로써 교통사고를 줄이자는 화물운송종사 자격제도의 취지에 걸맞게 큰 도움이 되었다.

화물자동차운수사업의 운전 업무에 종사하려는 사람은 화물자동차 운수사업법령에 따라 한국교통 안전공단에서 시행하는 화물운송종사자격시험에 합격하고, '화물운송종사자격증'을 취득하여야 사업용 화물자동차를 운전할 수 있다.

화물운송종사자격시험에서 안전운행과 운송서비스 부문은 상식 수준의 문제가 출제된다. 수험생 여러분은 교통 및 화물자동차운수사업 관련 법규, 화물취급요령, 물류 부문만 좀 더 공부하면 비교적 쉽게 합격할 수 있다. 정훈사는 지난 10여 년 동안 문제집을 출간한 경험을 바탕으로 기출문제를 철저히 분석·검토하여 짧은 시간 안에 합격하기에 최적화된 수험서를 만들려고 노력했다.

이 책의 특징

1. 2024년 기출문제를 분석 수록하여 최신 출제유형을 파악할 수 있다.
2. 기출문제를 토대로 적중모의고사 2회분을 만들고 해설을 꼼꼼하게 붙였다.
3. 자주 출제되는 문제에는 **중요** 표시를 하였다.
4. 시험에 잘 나오는 주요 적중 핵심문제와 핵심내용만을 요약·정리하고, **중요** 표시를 하였다.
5. 최근 개정 법률을 완벽하게 반영하였다.

이 책에 짧은 시간 안에 집중적으로 공부하여 단 한 번에 합격하겠다는 수험생 여러분의 열망을 담았다. 주요 핵심내용을 숙지하고 실전유형의 적중모의고사를 반복하여 풀어보면 반드시 합격할 수 있다.

"수험생 여러분의 합격을 진심으로 기원합니다."

편저자 일동

이 책의 구성

시험에 잘 나오는 내용을 엄선해서 수록한 족집게노트

출제 가능성이 높은 내용만을 엄선하여 정리하였다. 시험에 임박해서 최종 정리하는 데 효과적으로 활용할 수 있다.

적중 핵심문제 및 핵심이론 요약과 더 알아보기

시험에 나오는 중요 핵심문제를 중심으로 구성하였으며, 반드시 한 번 더 확인해야 할 핵심이론 요약정리와 더 알아보기를 통하여 확인학습을 할 수 있도록 하였다.

최신 기출분석문제＋적중모의고사 2회분

2024년 기출문제를 분석 수록하여 최신 기출 유형을 한눈에 파악할 수 있도록 하였으며, 공부한 이론을 토대로 실제 시험처럼 풀어볼 수 있는 적중모의고사 2회분을 수록하였다. 적중률 높은 문제들만 모아 재구성하였으며, 자주 출제되었던 문제들은 따로 중요표시를 하여 합격하기에 최적화된 문제들로 시험 대비에 만전을 기하도록 하였다.

시험정보

관련부처	국토교통부
시행기관	한국교통안전공단
응시자격	• 만 20세 이상 • 운전면허 1종 또는 2종 면허(소형 제외) 이상 소지자 • 운전면허 1종 또는 2종 면허(소형 제외) 이상 소지자로 사업용 운전경력이 1년 이상인 사람 • (시험 접수일 기준) 운전적성정밀검사 기준에 적합한 분 • 화물자동차운수사업법 제9조의 결격사유에 해당되지 않는 사람
시험과목	• 교통 및 화물자동차 운송사업 관련 법규(25문항) • 화물취급요령(15문항) • 안전운행(25문항) • 운송서비스(15문항)
검정방법	전 과목 혼합 / 객관식 80문항 (80분)
합격기준	100점 만점에 60점 이상 (80문항 중 48문항)
시험일정	• 상시(연중 실시) • 한국교통안전공단 국가자격시험 홈페이지(https://lic.kotsa.or.kr/road/main.do)에서 확인
시험 접수	• 인터넷 접수 : 한국교통안전공단 국가자격시험 홈페이지(https://lic.kotsa.or.kr/road/main.do) • 방문 접수 : 전국 18개 자격시험장 • 시험 당일 준비물 : 운전면허증, 시험응시 수수료(11,500원) • 시험 예약 취소 기준 : 시험일 전일 18시까지
시험 응시료	11,500원
합격자 발표	시험 종료 후 시험 시행 장소에서 합격자 발표
합격자 교육(8시간)	• 합격자 온라인 교육 신청 　신청·조회 ＞ 화물운송 ＞ 교육신청 ＞ 합격자교육(온라인) • 합격자에 한하여 별도 안내 • 합격자 교육 준비물 : 교육 수수료(11,500원), 자격증 교부 수수료(10,000원), 사진 1매(미제출자에 한함), 운전면허증
자격증 교부	• 자격증 신청 방법 : 인터넷 및 방문 신청 • 자격증 교부 수수료 : 10,000원(인터넷 신청은 우편료 포함하여 결제) • 방문 신청 시 준비물 : 화물운송종사 자격증 발급신청서 1부, 운전면허증, 수수료

※ 화물운송종사 자격시험과 관련하여 그 밖에 자세한 사항은 한국교통안전공단 국가자격시험 홈페이지(https://lic.kotsa.or.kr/road/main.do)를 참조하시거나 고객지원센터(1577-0990), 자격시험장(접수처)으로 문의하시기 바랍니다.

이 책의 차례

◉ 시험에 잘 나오는 내용만 정리한 **족집게노트**

화물 운송종사자격시험

시험에 잘 나오는
내용만 정리한

족집게 노트

001 ▶▶ 도로교통법상 도로 개념

도로법의 도로, 유료도로법의 유료도로, 농어촌도로
정비법의 농어촌도로, 그 밖에 안전하고 원활한
교통을 확보할 필요가 있는 장소

002 ▶▶ 도로교통법상 차 개념

자동차, 건설기계, 원동기장치자전거, 자전거, 사람
또는 가축의 힘이나 그 밖의 동력으로 도로에서
운전되는 것(유모차, 보행보조용 의자차 제외)

003 ▶▶ 노면표시의 색

• 노란색 : 중앙선표시, 주차금지표시, 정차·주차금지
  표시, 정차금지지대표시, 보호구역 기점·종점 표시의
  테두리와 어린이보호구역 횡단보도 및 안전지대 중
  양방향 교통을 분리하는 표시
• 파란색 : 전용차로표시 및 노면전차전용로표시
• 빨간색 또는 흰색 : 소방시설 주변 정차·주차
  금지표시 및 보호구역(어린이·노인·장애인) 또는
  주거지역 안에 설치하는 속도제한표시의 테두리선
• 분홍색, 연한녹색 또는 녹색 : 노면색깔유도선표시
• 흰색 : 그 밖의 표시

004 ▶▶ 교통안전표지의 종류

주의표지, 규제표지, 지시표지, 보조표지, 노면표시

005 ▶▶ 화물자동차의 적재용량

• 길이 : 자동차 길이에 그 길이의 1/10을 더한 길이,
  이륜자동차는 승차장치 또는 적재장치 길이에
  30cm를 더한 길이
• 너비 : 자동차의 후사경으로 뒤쪽을 확인할 수
  있는 범위의 너비(후사경의 높이보다 화물을 낮게
  적재한 경우 화물을, 후사경의 높이보다 화물을
  높게 적재한 경우 뒤쪽을 확인할 수 있는 범위)
• 높이 : 지상으로부터 4m(도로구조의 보전과 통행
  안전에 지장이 없다고 인정한 도로노선의 경우
  4.2m)

006 ▶▶ 차로에 따른 통행차의 기준

도로	차로 구분		통행할 수 있는 차종
고속도로 외의 도로	왼쪽 차로		승용차 및 경형·소형·중형 승합차
	오른쪽 차로		대형승합차, 화물차, 특수자동차, 건설기계, 이륜자동차, 원동기장치자전거
고속도로	편도 2차로	1차로	앞지르기하려는 모든 자동차(단, 부득이하게 시속 80km 미만으로 통행할 수밖에 없는 경우 통행 가능)
		2차로	모든 자동차
	편도 3차로 이상	1차로	앞지르기하려는 승용차 및 경형·소형·중형 승합차(단, 부득이하게 시속 80km 미만으로 통행할 수밖에 없는 경우 통행 가능)
		왼쪽 차로	승용차 및 경형·소형·중형 승합차
		오른쪽 차로	대형승합차, 화물차, 특수자동차, 건설기계

007 ▶▶ 악천후 시의 운행속도

• 최고속도의 20/100 감속 : 비가 내려 노면이 젖어
  있는 경우, 눈이 20mm 미만 쌓인 경우
• 최고속도의 50/100 감속 : 가시거리가 100m
  이내인 경우, 노면이 얼어붙은 경우, 눈이 20mm
  이상 쌓인 경우

008 ▸▸ 도로별 차로에 따른 운행속도

도로 구분		최고속도	최저속도
일반도로	주거지역, 상업지역, 공업지역	매시 50km 이내 (다만, 시·도경찰청장이 원활한 소통을 위하여 특히 필요하다고 인정하여 지정한 노선 또는 구간에서는 매시 60km 이내)	제한없음
	그 외 지역	매시 60km 이내 (다만, 편도 2차로 이상의 도로에서는 매시 80km 이내)	
자동차전용도로		매시 90km	매시 30km
고속도로	편도 1차로	매시 80km	매시 50km
	편도 2차로 이상 (모든 고속도로)	• 매시 100km • 매시 80km : 적재중량 1.5톤 초과 화물차, 특수차, 건설기계, 위험물운반차	매시 50km
	편도 2차로 이상 (지정 고시한 노선 또는 구간의 고속도로)	• 매시 120km 이내 • 매시 90km 이내 : 적재중량 1.5톤 초과 화물차, 특수차, 건설기계, 위험물운반차	매시 50km

009 ▸▸ 서행해야 하는 장소

교통정리를 하고 있지 않는 교차로, 도로가 구부러진 부근, 비탈길의 고갯마루 부근, 가파른 비탈길의 내리막, 시·도경찰청장이 안전표지로 지정한 곳

010 ▸▸ 교통정리가 없는 교차로 진입 시 양보운전

도로 폭이 넓은 도로에서 진입하는 차, 우측도로에서 진입하는 차, 직진하거나 우회전하려는 차에 진로 양보

011 ▸▸ 앞지르기 금지 장소

교차로, 터널 안, 다리 위, 도로의 구부러진 곳, 비탈길의 고갯마루 부근 또는 가파른 비탈길의 내리막

012 ▸▸ 제1종 면허로 운전할 수 있는 차량

- 대형면허 : 승용차, 승합차, 화물차, 건설기계, 특수자동차(대형견인차·소형견인차 및 구난차는 제외), 원동기장치자전거
- 보통면허 : 승용차, 승차정원 15명 이하 승합차, 적재중량 12톤 미만 화물차, 건설기계(도로를 운행하는 3톤 미만 지게차), 총중량 10톤 미만 특수차(대형견인차·소형견인차 및 구난차는 제외), 원동기장치자전거

013 ▸▸ 제2종 보통면허로 운전할 수 있는 차량

승용차, 승차정원 10명 이하 승합차, 적재중량 4톤 이하 화물차, 총중량 3.5톤 이하 특수차(대형견인차·소형견인차 및 구난차는 제외), 원동기장치자전거

014 ▸▸ 사고결과에 따른 벌점기준

사망 1명마다	사고발생 시부터 72시간 이내에 사망	벌점 90점
중상 1명마다	3주 이상의 치료를 요하는 의사 진단이 있는 사고	벌점 15점
경상 1명마다	3주 미만 5일 이상의 치료를 요하는 의사 진단이 있는 사고	벌점 5점
부상 신고 1명마다	5일 미만의 치료를 요하는 의사 진단이 있는 사고	벌점 2점

015 ▸▸ 화물자동차의 규모별 기준

- 경형 : 초소형[배기량이 250cc(전기차는 최고정격출력 15kW) 이하, 길이 3.6m 너비 1.5m 높이 2.0m 이하], 일반형(배기량이 1,000cc 미만, 길이 3.6m 너비 1.6m 높이 2.0m 이하)
- 소형 : 최대적재량 1톤 이하, 총중량 3.5톤 이하

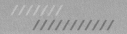

- 중형 : 최대적재량 1톤 초과 5톤 미만, 총중량이 3.5톤 초과 10톤 미만
- 대형 : 최대적재량 5톤 이상, 총중량이 10톤 이상

016 ▸▸ 화물자동차운수사업과 화물자동차운송사업

- 화물자동차운수사업
  : 화물자동차운송사업, 화물자동차운송주선사업 및 화물자동차운송가맹사업
- 화물자동차운송사업
  : 다른 사람의 요구에 응하여 화물자동차를 사용하여 화물을 유상으로 운송하는 사업

017 ▸▸ 화물자동차 운송사업의 허가권자

국토교통부장관

018 ▸▸ 화물자동차운전자 연령 · 운전경력 등 요건

적합한 운전면허 소지, 20세 이상, 운전경력 2년 이상 (단, 여객자동차 운수사업용 자동차 또는 화물자동차 운수사업용 자동차를 운전한 경력이 있는 경우 운전경력이 1년 이상)

019 ▸▸ 과징금의 사용 용도

화물 터미널 건설과 확충, 공동차고지 건설과 확충, 화물자동차운수사업 발전을 위해 필요한 사업, 신고포상금 지급

020 ▸▸ 적재물배상보험 등 의무 가입대상자

- 최대적재량 5톤 이상이거나 총중량 10톤 이상인 화물자동차 중 일반형 · 밴형 및 특수용도형 화물자동차와 견인형 특수자동차를 소유하고 있는 운송사업자
- 이사화물을 취급하는 운송주선사업자
- 운송가맹사업자

021 ▸▸ 교통안전체험교육시간

총 16시간

022 ▸▸ 화물운송종사자격증명의 게시

운전석 앞 창 오른쪽 위

023 ▸▸ 운송사업자가 협회에 화물운송자격증명을 반납해야 하는 경우

퇴직한 화물자동차운전자의 명단을 제출하는 경우, 화물자동차운송사업의 휴업 또는 폐업 신고를 하는 경우

024 ▸▸ 운송사업자가 관할관청에 화물운송자격증명을 반납해야 하는 경우

사업의 양도신고를 하는 경우, 화물자동차 운전자의 화물운송종사자격이 취소되거나 효력이 정지된 경우

025 ▸▸ 자동차 튜닝의 승인

시장 · 군수 · 구청장의 승인

026 ▸▸ 자동차종합검사의 대상과 유효기간

검사 대상		적용 차령	검사 유효기간
경형 · 소형의 승합 및 화물자동차	비사업용	차령이 3년 초과	1년
	사업용	차령이 2년 초과	1년
사업용 대형 화물자동차		차령이 2년 초과	6개월

027 ▸▸ 도로법상 도로의 종류

고속국도, 일반국도, 특별시도 · 광역시도, 지방도, 시도, 군도, 구도

028 ▸▸ 도로관리청이 운행을 제한할 수 있는 차량

- 축하중 10톤 초과, 총중량 40톤 초과
- 차량 폭 2.5m 초과, 높이 4.0m 초과, 길이 16.7m 초과
- 도로구조의 보전과 통행의 안전에 지장이 있다고 인정하는 차량

029 ▶▶ 자동차전용도로의 지정

- 도로관리청이 국토교통부장관인 경우 : 경찰청장의 의견
- 도로관리청이 특별시장 · 광역시장 · 도지사 또는 특별자치도지사인 경우 : 관할 시 · 도경찰청장의 의견
- 도로관리청이 특별자치시장, 시장 · 군수 또는 구청장인 경우 : 관할 경찰서장의 의견

030 ▶▶ 관할 지역의 대기질 개선을 위해 자동차 소유자에게 명령할 수 있는 조치사항

저공해자동차로의 전환 또는 개조, 배출가스 저감장치의 부착 또는 교체 및 배출가스 관련 부품의 교체, 저공해엔진으로의 개조 또는 교체

031 ▶▶ 운송장의 기능

계약서 · 화물인수증 · 운송요금 영수증의 기능, 정보처리 기본자료, 배달에 대한 증빙, 수입금 관리자료, 행선지 분류정보 제공

032 ▶▶ 운송장의 형태

기본형 운송장(포켓타입), 보조운송장, 스티커형 운송장

033 ▶▶ 송하인의 기재사항

- 송하인의 주소, 성명(또는 상호) 및 전화번호
- 수하인의 주소, 성명, 전화번호(거주지 또는 휴대전화번호)
- 물품의 품명, 수량, 가격
- 특약사항 약관설명 확인필 자필 서명
- 파손품 및 냉동 부패성 물품 : 면책확인서 자필 서명

034 ▶▶ 집하담당자 기재사항

- 접수일자, 발송점, 도착점, 배달 예정일, 운송료
- 집하자 성명 및 전화번호
- 수하인용 송장상의 좌측 하단에 총수량 및 도착점 코드
- 기타 물품의 운송에 필요한 사항

035 ▶▶ 포장의 기능

보호성, 표시성, 상품성, 편리성, 효율성, 판매촉진성

036 ▶▶ 인력운반중량 권장기준

- 일시작업(시간당 2회 이하)
  : 성인 남자 25~30kg, 성인 여자 15~20kg
- 계속작업(시간당 3회 이상)
  : 성인 남자 10~15kg, 성인 여자 5~10kg

037 ▶▶ 파렛트 화물의 붕괴 방지요령

밴드걸기, 주연어프, 슬립 멈추기 시트삽입, 풀 붙이기 접착, 수평 밴드걸기 풀 붙이기, 슈링크, 스트레치, 박스 테두리

038 ▶▶ 수하역의 경우 낙하의 높이

견하역(100cm 이상), 요하역(10cm 정도), 파렛트 쌓기의 수하역(40cm 정도)

039 ▶▶ 고속도로 운행 시 운행제한 차량

- 축하중 : 10톤 초과
- 총중량 : 40톤 초과
- 길이 : 적재물 포함 차량 길이 16.7m 초과
- 폭 : 적재물 포함 차량 폭 2.5m 초과
- 높이 : 적재물 포함 차량 높이 4.0m 초과(도로 구조의 보전과 통행의 안전에 지장이 없다고 인정하여 고시한 도로 : 4.2m)

040 ▶▶ 화물자동차의 종류

보닛 트럭, 캡 오버 엔진 트럭, 밴, 픽업, 특수자동차, 냉장차, 탱크차, 덤프차, 믹서자동차, 레커차, 트럭 크레인, 크레인 붙이 트럭, 트레일러 견인자동차, 세미 트레일러 견인자동차, 폴 트레일러 견인자동차

041 ▶▶ 트레일러의 종류

풀 트레일러, 세미 트레일러, 폴 트레일러, 돌리

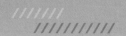

042 ▶▶ 트레일러의 장점

트렉터의 효율적 이동, 효과적인 적재량, 탄력적인 작업, 트렉터와 운전자의 효율적인 운영, 일시보관 기능, 중계지점에서의 탄력적인 이용

043 ▶▶ 고객의 책임이 있는 사유로 계약해제 시 손해배상액

• 계약금 : 고객이 약정된 이사화물 인수일 1일 전까지 해제를 통지한 경우
• 계약금의 배액 : 고객이 약정된 이사화물 인수일 당일 해제를 통지한 경우

044 ▶▶ 사업자의 책임이 있는 사유로 계약해제 시 손해배상액

• 계약금의 배액
  : 인수일 2일 전까지 해제를 통지한 경우
• 계약금의 4배액
  : 인수일 1일 전까지 해제를 통지한 경우
• 계약금의 6배액
  : 인수일 당일에 해제를 통지한 경우
• 계약금의 10배액
  : 인수일 당일에도 해제를 통지하지 않은 경우

045 ▶▶ 이사화물의 일부 멸실 또는 훼손에 대한 사업자의 손해배상책임의 소멸시효

고객이 인도받은 날로부터 30일 이내

046 ▶▶ 이사화물의 멸실, 훼손 또는 연착에 대한 사업자의 손해배상책임의 소멸시효

고객이 인도받은 날로부터 1년 경과

047 ▶▶ 운송물의 인도일

• 운송장에 인도예정일 기재가 있는 경우 : 그 기재된 날
• 인도예정일 기재가 없는 경우 : 운송장에 기재된 운송물 수탁일로부터 일반지역은 2일, 도서 · 산간벽지는 3일

048 ▶▶ 수하인 부재 시의 조치

대리인에게 인도 시 수하인에게 사실을 통지

049 ▶▶ 고객이 운송장에 운송물 가액을 기재한 경우 사업자의 손해배상

• 전부 또는 일부 멸실된 때 : 기재된 운송물 가액을 기준으로 산정한 손해액
• 훼손된 때 : 수선 가능하면 수선, 불가능한 경우 '전부 또는 일부 멸실된 때'에 의함
• 연착되고 일부 멸실 및 훼손되지 않은 때
  : 일반적인 경우(초과일수×운송장 기재 운임액× 50%의 지급 단, 운송장 기재 운임액의 200% 한도), 특정 일시에 사용할 운송물의 경우(운송장 기재 운임액의 200%의 지급)
• 연착되고 일부 멸실 또는 훼손된 때 : '전부 또는 일부 멸실된 때' 또는 '훼손된 때'에 의함

050 ▶▶ 고객이 운송장에 운송물 가액을 기재하지 않은 경우의 사업자의 손해배상

• 전부 멸실된 때 : 인도 예정 장소에서의 운송물 가액을 기준으로 산정한 손해액
• 일부 멸실된 때 : 인도장소에서의 운송물 가액을 기준으로 산정한 손해액
• 훼손된 때 : 수선 가능하면 수선, 불가능한 경우 '일부 멸실된 때'에 의함
• 연착되고 일부 멸실 및 훼손되지 않은 때
  : 일반적인 경우(초과일수×운송장 기재 운임액× 50%의 지급 단, 운송장 기재 운임액의 200% 한도), 특정 일시에 사용할 운송물의 경우(운송장 기재 운임액의 200%의 지급)
• 연착되고 일부 멸실 또는 훼손된 때
  : '일부 멸실된 때' 또는 '훼손된 때'에 의하되 '인도일'을 '인도예정일'로 함

051 ▶▶ 교통사고의 3대 요인

인적요인, 차량요인, 도로 · 환경요인

052 ▶▶ 속도가 빨라질수록

시력 저하, 시야 범위가 좁아짐, 전방주시점이 멀어짐

053 ▶▶ 도로교통법령의 시력

- 제1종 : 두 눈을 동시에 뜨고 잰 시력 0.8 이상, 두 눈의 시력이 각각 0.5 이상
- 제2종 : 두 눈을 동시에 뜨고 잰 시력 0.5 이상 (한쪽 눈을 보지 못하는 사람은 다른 쪽 눈의 시력 0.6 이상)
- 붉은색, 녹색, 노란색을 구별할 수 있을 것

054 ▶▶ 동체시력

움직이는 물체 또는 움직이면서 다른 물체를 보는 시력, 물체의 이동속도가 빠를수록 상대적으로 저하, 연령이 높을수록 저하, 장시간 운전에 의한 피로상태에서도 저하

055 ▶▶ 암순응과 명순응

- 암순응 : 밝은 조건에서 어두운 조건으로 변할 때
- 명순응 : 어두운 조건에서 밝은 조건으로 변할 때

056 ▶▶ 정상적인 시력을 가진 사람 시야의 범위

180°~200°

057 ▶▶ 속도에 따른 시야의 범위

- 40km/h : 약 100°
- 70km/h : 약 65°
- 100km/h : 약 40°

058 ▶▶ 피로와 운전착오

- 운전업무 개시 후, 종료 시에 증가
- 심야~새벽에 많이 발생

059 ▶▶ 음주운전 교통사고의 특징

- 정지물체 등과 고정물체에 충돌 가능성 높음
- 대향차의 전조등에 의한 현혹현상 발생 시 정상 운전보다 교통사고 위험 증가
- 높은 치사율, 차량단독사고 가능성 높음

060 ▶▶ 어린이의 일반적인 교통행동 특성

주의력 부족, 판단력 부족, 단순한 사고방식, 강한 모험심

061 ▶▶ 제동장치

주차 브레이크, 풋 브레이크, 엔진 브레이크, ABS

062 ▶▶ ABS

미끄러운 노면이나 통상의 주행에서 제동 시 바퀴를 로크시키지 않음으로써 브레이크가 작동하는 동안에도 핸들 조정이 용이하게 하는 제동장치

063 ▶▶ 현가장치

판 스프링, 코일 스프링, 비틀림 막대 스프링, 공기 스프링, 충격흡수장치

064 ▶▶ 쇽 업쇼버의 기능

노면에서 발생한 스프링의 진동 흡수, 승차감 향상, 스프링의 피로 감소, 타이어와 노면의 접착성을 향상, 차가 튀거나 미끄러지는 현상 방지

065 ▶▶ 물리적 현상

- 스탠딩 웨이브 현상 : 타이어의 회전속도가 빨라지면 접지의 뒤쪽에 진동 물결이 일어남
- 수막 현상 : 물이 고인 노면을 고속 주행할 때 노면 으로부터 떠올라 물위를 미끄러지듯이 되는 현상
- 페이드 현상 : 마찰열이 라이닝에 축적되어 브레이크의 제동력이 저하되는 경우
- 베이퍼 록 현상 : 브레이크액이 기화하여 브레이크가 작동하지 않는 현상
- 모닝 록 현상 : 브레이크 드럼에 미세한 녹이 발생 하는 현상

066 ▸▸ 자동차의 진동

바운싱, 피칭, 롤링, 요잉

067 ▸▸ 내륜차와 외륜차

내륜차(앞바퀴 안쪽과 뒷바퀴 안쪽의 차이),
외륜차(앞바퀴의 바깥쪽과 뒷바퀴 바깥쪽의 차이)

068 ▸▸ 타이어 마모에 영향을 주는 요인

공기압, 하중, 속도, 커브, 브레이크, 노면

069 ▸▸ 공주시간과 공주거리

- 공주시간 : 브레이크로 발을 옮겨 브레이크가 작동을 시작하는 순간까지의 시간
- 공주거리 : 공주시간 동안 자동차가 진행한 거리

070 ▸▸ 제동시간과 제동거리

- 제동시간 : 브레이크가 작동을 시작하는 순간부터 완전히 정지할 때까지의 시간
- 제동거리 : 제동시간 동안 자동차가 진행한 거리

071 ▸▸ 정지시간과 정지거리

- 정지시간 : 공주시간+제동시간
- 정지거리 : 공주거리+제동거리

072 ▸▸ 배출가스의 색

- 무색 : 완전연소 때 배출되는 가스
- 검은색 : 농후한 혼합가스가 들어가 불완전 연소되는 경우
- 백색 : 엔진 안에서 다량의 엔진오일이 실린더 위로 올라와 연소되는 경우

073 ▸▸ 도로의 4가지 조건

형태성, 이용성, 공개성, 교통경찰권

074 ▸▸ 내리막길 운전 방법

엔진브레이크를 사용하여 페이드 현상 예방

075 ▸▸ 오르막길 운전 방법

정차 시 풋 브레이크와 핸드 브레이크 동시 사용, 앞지르기 시 저단기어 사용

076 ▸▸ 길어깨의 역할

- 고장차가 본선차도로부터 대피할 수 있고 사고 시 교통의 혼잡을 방지
- 교통의 안전성과 쾌적성에 기여
- 절토부 등에서는 곡선부의 시거가 증대되어 교통의 안전성이 높음
- 보행자 등의 통행 장소로 제공됨

077 ▸▸ 중앙분리대의 기능

- 보행자의 안전섬으로서 횡단 시 안전
- 광폭 분리대의 경우 사고 및 고장 차량이 정지할 수 있는 여유공간 제공
- 필요에 따른 유턴 방지, 야간 주행 시 대향차의 전조등 불빛 방지

078 ▸▸ 종단선형과 교통사고

종단경사가 커지고 제한시거가 불규칙적으로 나타나면 높은 사고율을 보임

079 ▸▸ 건널목의 종류

- 1종 건널목 : 차단기, 경보기 및 건널목 교통안전표지를 설치, 차단기를 주·야간 계속하여 작동시키거나 건널목 안내원이 근무
- 2종 건널목 : 경보기와 건널목 교통안전표지만 설치
- 3종 건널목 : 건널목 교통안전표지만 설치

080 ▸▸ 충전용기 등을 적재한 차량의 주·정차 시 기준

- 가능한 한 평탄하고 교통량이 적은 안전한 장소, 경사진 곳을 피하며 엔진을 정지시키고 사이드브레이크를 걸어 놓고 차바퀴를 고정목으로 고정
- 제1종 보호시설에서 15m 이상 떨어지고, 제2종 보호시설이 밀착된 지역은 피함

081 ▸▸ 고객서비스의 특징

무형성, 동시성, 인간주체(이질성), 소멸성, 무소유권

082 ▸▸ 고객만족을 위한 요소

상품품질, 영업품질, 서비스품질

083 ▸▸ 물류의 기능

운송, 포장, 보관, 하역, 정보, 유통가공

084 ▸▸ 7R 원칙

- Right Quality(적절한 품질)
- Right Quantity(적절한 양)
- Right Time(적절한 시간)
- Right Place(적절한 장소)
- Right Impression(좋은 인상)
- Right Price(적절한 가격)
- Right Commodity(적절한 상품)

085 ▸▸ 3S1L 원칙

- 신속하게(Speedy)
- 안전하게(Safely)
- 확실하게(Surely)
- 저렴하게(Low)

086 ▸▸ 기업물류의 범위

- 물적공급 과정 : 원재료, 부품, 반제품, 중간재를 조달·생산
- 물적유통 과정 : 생산된 재화가 최종고객이나 소비자에게까지 전달

087 ▸▸ 기업물류의 활동

- 주활동 : 대고객 서비스 수준, 수송, 재고관리, 주문처리
- 지원활동 : 보관, 자재관리, 구매, 포장, 생산량과 생산일정 조정, 정보관리

088 ▸▸ 제3자 물류에 의한 물류혁신 기대효과

물류산업 합리화에 의한 고물류비 구조 혁신, 고품질 물류서비스 제공으로 제조업체의 경쟁력 강화 지원, 종합물류서비스 활성화, 공급망관리 도입·확산 촉진

089 ▸▸ 제4자 물류의 4단계

재창조-전환-이행-실행

090 ▸▸ 선박 및 철도와 비교한 화물자동차 운송의 특징

원활한 기동성, 신속한 수·배송, 신속 정확한 문전 운송, 다양한 고객요구 수용, 운송단위가 소량, 에너지 다소비형의 운송기관

091 ▸▸ 물류시스템의 목적

납기에 맞추어 정확하게 배달, 상품 품절은 가능한 적을 것, 배송효율 향상, 상품의 적정재고량 유지

092 ▸▸ 공급망관리(SCM)

최종고객의 욕구 충족을 위해 공급망 내 각 기업 간에 긴밀한 협력을 통해 공급망인 전체의 물자 흐름을 원활하게 하는 공동전략

093 ▸▸ 전사적 품질관리(TQC)

제품이나 서비스를 만드는 모든 작업자가 품질에 대한 책임을 나누어 가짐

094 ▸▸ 신속대응(QR)

생산·유통의 각 단계에서 효율화를 실현, 성과를 생산자, 유통관계자, 소비자에게 골고루 돌아가게 하는 기법

095 ▸▸ 효율적 고객대응(ECR)

소비자 만족에 초점을 둔 공급망관리의 효율성을 극대화하기 위한 모델

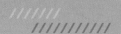

096 ▶▶ GPS의 도입효과

- 사전대비를 통해 각종 재해 회피 가능
- 대도시 교통혼잡 시 차량에서 행선지 지도와 도로 사정 파악 가능
- 밤낮으로 운행하는 운송차량추적시스템 완벽하게 관리 · 통제 가능

097 ▶▶ 철도 · 선박과 비교한 트럭수송의 장단점

- 장점 : 탄력적인 배송서비스, 중간 하역 불필요, 포장의 간소화 · 간략화, 다른 수송기관과 연동하지 않고 일관된 서비스를 할 수 있음
- 단점 : 수송단위 작고 수송단가 높음, 공해문제, 유류의 다량소비에서 오는 자원 및 에너지 절약 문제 등

098 ▶▶ 사업용(영업용) 트럭운송의 장단점

- 장점 : 수송비 저렴, 변동비 처리 가능, 물동량 변동에 대응한 안정수송 가능, 수송능력과 융통성 높음, 설비투자와 인적투자 필요 없음
- 단점 : 운임의 안정화 어려움, 관리기능 저해, 기동성 부족, 인터페이스 약함, 시스템의 일관성 없음, 마케팅 사고 희박

099 ▶▶ 자가용 트럭운송의 장단점

- 장점 : 높은 신뢰성 확보, 상거래 기여, 작업의 기동성 높음, 위험부담도 낮음, 시스템 일관성 유지, 인적교육 및 안정적 공급 가능
- 단점 : 수송량 변동에 대응하기 어려움, 비용 고정비화, 설비투자 및 인적투자 필요, 수송능력에 한계 있음, 사용하는 차종 · 차량에 한계 있음

100 ▶▶ 국내 화주기업 물류의 문제점

- 합리화 장애, 제한적 · 변형적 형태
- 시설 간 · 업체 간 표준화 미약
- 물류 전문업체의 물류인프라 활용도 미약
- 제조 · 물류업체 간 협조성 미비

기출분석문제

2024년 제1회 기출분석문제
2024년 제2회 기출분석문제
2023년 제1회 기출분석문제
2023년 제2회 기출분석문제

기출문제는 변형되어 꼭 다시 나옵니다.
수험생의 이해를 돕기 위해 2024년, 2023년 기출문제를 분석하여 재구성하였습니다. 기출분석문제를 통해 실제 시험 유형을 한눈에 파악할 수 있습니다. 최근 출제경향을 파악한 다음 모의고사를 풀어보면서, 실전 감각을 익힌다면 효율적인 학습이 될 것입니다.

2024 제1회 화물운송종사자격시험 기출분석문제

01 운전자가 차의 바퀴를 일시적으로 완전히 정지시키는 것은?

① 정차
② 정지
③ 일시정지
④ 주차

 해설 ① 정차 : 운전자가 5분을 초과하지 아니하고 차를 정지시키는 것으로서 주차 외의 정지상태
④ 주차 : 운전자가 차에서 떠나서 즉시 그 차를 운전할 수 없는 상태에 두는 것

02 다음 교통안전표지의 종류 가운데 주의표지가 아닌 것은?

①
②
③
④

 해설 주의표지는 도로상태가 위험하거나 도로 또는 그 부근에 위험물이 있는 경우에 필요한 안전조치를 할 수 있도록 이를 도로사용자에게 알리는 표지이다.
③ 횡단보도는 지시표지이다.

03 교통정리가 없는 교차로에서의 차량 우선 순위에 대한 설명으로 옳지 않은 것은?

① 이미 교차로에 들어가 있는 다른 차가 있을 때는 그 차에 진로를 양보한다.
② 폭이 넓은 도로로부터 교차로에 들어가려고 하는 다른 차가 있을 때에는 그 차에 진로를 양보한다.
③ 교차로로 동시에 들어가려고 하는 경우에는 좌측도로의 차에 양보한다.
④ 좌회전하려고 하는 차는 직진하거나 우회전하려는 차에 진로를 양보한다.

해설 교차로에 동시에 들어가려고 하는 경우 차의 운전자는 우측도로의 차에 진로를 양보하여야 한다.

04 편도2차로의 고속도로에서 특수자동차가 통행할 수 있는 차로는?

① 1차로
② 2차로
③ 왼쪽 차로
④ 모든 차로

05 최고속도의 50/100으로 감속 요인이 아닌 것은?

① 비가 내려 노면이 젖어 있는 경우
② 폭우로 가시거리가 100m 이내인 경우
③ 노면이 얼어붙은 경우
④ 눈이 20mm 이상 쌓인 경우

 해설 비가 내려 노면이 젖어 있는 경우, 눈이 20mm 미만 쌓인 경우에는 최고속도의 20/100으로 감속 한다.

06 최종의 위반일 또는 사고일로부터 위반 및 사고 없이 어느 기간이 경과한 때 그 처분벌점이 소멸하는가?(처분벌점이 40점 미만인 경우)

① 1년
② 2년
③ 1년 6개월
④ 3년

해설 무위반 · 무사고기간 경과로 인한 벌점 소멸은 처분벌점이 40점 미만인 경우에, 최종의 위반일 또는 사고일로부터 위반 및 사고 없이 1년이 경과한 때에는 그 처분벌점은 소멸한다(도로교통법 시행규칙 별표 28).

07 사고운전자가 피해자를 상해에 이르게 하고 도주한 경우의 처벌에 있어 벌금 하한액은?

① 300만 원
② 500만 원
③ 100만 원
④ 200만 원

 해설 사고운전자가 피해자를 구호하는 등 「도로교통법」 제54조제1항에 따른 조치를 하지 아니하고 도주, 피해자를 상해에 이르게 한 경우에는 1년 이상의 유기징역 또는 500만원 이상 3천만원 이하의 벌금에 처한다(특정범죄 가중처벌 등에 관한 법률 제5조의3).

08 교통안전표지의 종류 가운데 안전지대는 어떤 표지에 해당하는가?

① 주의표지 ② 지시표지
③ 보조표지 ④ 노면표지

 해설 노면표지는 도로교통의 안전을 위하여 각종 주의 · 규제 · 지시 등의 내용을 노면에 기호, 문자 또는 선으로 도로사용자에게 알리는 표시이다.

09 중앙선 침범이 배제되는 사례에 해당하지 않는 것은?

① 사고피양 등 급제동으로 인한 중앙선 침범
② 위험 회피로 인한 중앙선 침범
③ 빗길 과속으로 인한 중앙선을 침범
④ 빙판에 미끄러져 부득이 중앙선 침범

 해설 **중앙선 침범 적용**
• 고의적 · 의도적 U턴, 회전 중 중앙선 침범사고
• 현저한 부주의로 인한 중앙선 침범 사고

10 교통사고처리특례법상 특례의 적용 배제 사유가 아닌 것은?

① 속도위반 10km/h 초과 과속사고
② 무면허사고
③ 중앙선침범사고
④ 끼어들기 금지위반 사고

 해설 속도위반 20km/h 초과 과속사고가 특례의 적용 배제 사유이다.

11 운송사업자가 허가사항을 변경하려면 누구에게 변경허가를 받아야 하는가?

① 해당 지방자치단체장
② 해당 시 · 도경찰청장
③ 국토교통부장관
④ 도로교통관리공단

 해설 화물자동차운송사업의 허가를 받은자(운송사업자)가 허가사항을 변경하려면 국토교통부령으로 정하는 바에 따라 국토교통부장관의 변경허가를 받아야 한다. 다만, 대통령령으로 정하는 경미한 사항을 변경하려면 국토교통부령으로 정하는 바에 따라 국토교통부장관에게 신고하여야 한다(화물자동차 운수사업법 제3조제3항).

12 화물운송종사자 자격증을 취득하였으나 택배운송사업에 종사할 수 없는 자는?

① 1종 보통면허를 가지고 있는 자
② 20세 이상인 자
③ 운전경력이 2년 이상인 자
④ 화물운송사자격증을 다른 사람에게 빌려준 자

 해설 **화물자동차 운전자의 연령 · 운전경력 등의 요건(규칙 제18조)**
• 화물자동차를 운전하기에 적합한 도로교통법 제80조에 따른 운전면허를 가지고 있을 것
• 20세 이상일 것
• 운전경력이 2년 이상일 것
④ 화물운송종사자격의 취소(법 제23조) : 화물운송종사자격증을 다른 사람에게 빌려준 경우는 자격취소 사유에 해당한다.

13 화물운송종사자격증명을 관할관청에 반납해야 하는 경우가 아닌 것은?

① 사업의 양도신고를 하는 경우
② 화물운송사자격이 취소된 경우
③ 화물자동차운전의 화물운송자격의 효력이 정지된 경우
④ 화물자동차운송사업의 휴업 또는 폐업신고를 한 경우

 해설 ④ 운송사업자가 협회에 화물운송종사자격증명을 반납하여야 하는 경우이다.

정답 08.④ 09.③ 10.① 11.③ 12.④ 13.④

14 부정한 방법으로 화물운송종사자격증을 취득하여 화물운송종사자격이 취소된 경우 재취득 가능한 기간은?

① 1년　　　　　② 2년
③ 3년　　　　　④ 5년

 제23조제1항(제7호는 제외)에 따라 화물운송 종사자격이 취소(화물운송 종사자격을 취득한 자가 제4조제1호에 해당하여 제23조제1항제1호에 따라 허가가 취소된 경우는 제외)된 날부터 2년이 지나지 아니한 자는 화물운송종사자격을 취득할 수 없다(화물자동차 운수사업법 제9조제2호).

15 시·도에서 화물운송업과 관련하여 처리하는 업무는?

① 화물운송종사자격증의 발급
② 화물자동차운송사업의 허가
③ 운전적성에 대한 정밀검사의 시행
④ 법령 위반사항에 대한 처분의 건의

 ①·③은 한국교통안전공단, ④는 연합회에서 처리하는 업무이다.

16 화물운송주선사업자가 신고한 운송주선약관을 준수하지 않은 경우에 부과되는 과징금은?

① 30만 원　　　　② 10만 원
③ 5만 원　　　　 ④ 20만 원

17 운송사업자가 화물자동차운전자에게 화물운송종사자격증명을 게시하게 해야 하는 위치로 맞는 것은?

① 운전석 앞 창의 오른쪽 위
② 운전석 앞 창의 오른쪽 아래
③ 운전석 앞 창의 왼쪽 위
④ 운전석 앞 창의 왼쪽 아래

 운송사업자는 화물자동차운전자에게 화물운송종사자격증명을 화물자동차 밖에서 쉽게 볼 수 있도록 운전석 앞 창의 오른쪽 위에 항상 게시하고 운행하도록 하여야 한다(화물자동차 운수사업법 시행규칙 제18조의10제1항).

18 자동차관리법상 10인 이하를 운송하기에 적합하게 제작된 자동차는?

① 승용자동차
② 승합자동차
③ 중형승합자동차
④ 대형승합자동차

 자동차의 종류(자동차관리법 제3조)
• 승용자동차 : 10인 이하를 운송하기에 적합하게 제작된 자동차
• 승합자동차 : 11인 이상을 운송하기에 적합하게 제작된 자동차

19 자동차관리법령상 견인, 구난, 특수용도형의 자동차는?

① 특수자동차
② 견인자동차
③ 화물자동차
④ 목적자동차

 자동차관리법령상 화물자동차 유형별 세부기준
• 화물자동차 : 일반형, 덤프형, 밴형, 특수용도형
• 특수자동차 : 견인형, 구난형, 특수용도형

20 자동차 검사의 종류에 대한 설명으로 틀린 것은?

① 튜닝검사 – 전손 처리 자동차를 수리한 후 운행하려는 경우에 실시하는 검사
② 신규검사 – 신규등록을 하려는 경우 실시하는 검사
③ 정기검사 – 신규등록 후 일정 기간마다 정기적으로 실시하는 검사
④ 임시검사 – 자동차소유자의 신청을 받아 비정기적으로 실시하는 검사

 튜닝검사는 자동차를 튜닝한 경우에 실시하는 검사이다. 전손 처리 자동차를 수리한 후 운행하려는 경우에 실시하는 검사는 수리검사이다.

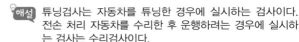

21 자동차종합검사를 받을 수 있는 예정일 계산으로 옳은 것은?

① 검사 전 7일 이내
② 검사 전 15일 이내
③ 검사 후 31일 이내
④ 만료일 전, 후 31일 이내

 자동차 검사는 '만료일' 전, 후로 31일 이내에 받아야 한다.

22 자동차전용도로를 지정할 때 도로관리청이 시장·군수 또는 구청장이면 누구에게 의견을 물어봐야 하는가?

① 국토교통부장관
② 관할 시·도경찰청장
③ 관할 경찰서장
④ 경찰청장

• 도로관리청이 국토교통부장관인 경우 : 경찰청장
• 도로관리청이 특별시장·광역시장·도지사 또는 특별자치도지사인 경우 : 관할 시·도경찰청장
• 도로관리청이 특별자치시장, 시장·군수 또는 구청장인 경우 : 관할 경찰서장

23 도로의 종류에 해당되지 않는 것은?

① 일반국도
② 지방도
③ 군도
④ 이도

 도로의 종류와 등급은 고속국도, 일반국도, 특별시도·광역시도, 지방도, 시도, 군도, 구도 등의 순서다(도로법 제10조).

24 대기 중에 떠다니거나 흩날려 내려오는 입자의 물질을 무엇이라 하는가?

① 매연
② 온실가스
③ 검댕
④ 먼지

① 매연 : 연소할 때에 생기는 유리 탄소가 주가 되는 미세한 입자상물질
② 온실가스 : 적외선 복사열을 흡수하거나 다시 방출하여 온실효과를 유발하는 대기 중의 가스상태 물질
③ 검댕 : 연소할 때에 생기는 유리 탄소가 응결하여 입자의 지름이 1미크론 이상이 되는 입자상물질

25 배출가스저감장치의 교체 명령을 이행하지 않은 자에게 부과되는 과태료는?

① 1,000만 원 이하
② 300만 원 이하
③ 500만 원 이하
④ 50만 원 이하

 저공해자동차로의 전환 또는 개조 명령, 배출가스저감장치의 부착·교체 명령 또는 배출가스 관련 부품의 교체 명령, 저공해엔진(혼소엔진을 포함)으로의 개조 또는 교체 명령을 이행하지 아니한 자에게는 300만 원 이하의 과태료를 부과한다(대기환경보전법 제94조제2항).

26 집하담당자가 운송장에 기재할 사항이 아닌 것은?

① 운송료
② 집하자의 성명
③ 면책확인서(별도 양식) 자필 서명
④ 접수일자, 발송점, 도착점, 배달예정일

 ③ 면책확인서 자필 서명은 송하인 기재사항이다.

정답 21.④ 22.③ 23.④ 24.④ 25.② 26.③

27 열수축성 플라스틱 필림을 열처리하여 부착하는 방식은?

① 슈링크 방식
② 밴드걸기 방식
③ 풀 붙이기 접착방식
④ 주연어프 방식

 슈링크 방식은 열수축성 플라스틱 필림을 파렛트 화물에 씌우고 슈링크 터널을 통과시킬 때 가열하여 필림을 수축시켜 파렛트와 밀착시키는 방식으로 물이나 먼지도 막을 수 있다.

28 운송장을 부착하는 요령으로 옳지 않은 것은?

① 운송장 부착 시 운송장과 물품이 정확히 일치하는지 확인하고 부착한다.
② 쌀, 매트, 카페트 등의 물품은 물품의 가장 자리에 운송장을 부착한다.
③ 운송장이 떨어지지 않도록 잘 눌러서 부착한다.
④ 취급주의 스티커는 운송장 바로 우측 옆에 붙여서 눈에 띄게 한다.

 쌀, 매트, 카페트 등은 물품의 정중앙에 운송장을 부착하고 운송장이 떨어지지 않도록 테이프 등으로 부착하되 운송장 바코드가 가려지지 않도록 한다.

29 화물더미에서 작업할 때의 주의사항으로 옳지 않은 것은?

① 오르내릴때에는 화물의 쏠림이 발생되지 않도록 한다.
② 중간에서부터 화물을 뽑아내는 작업을 하도록 한다.
③ 화물을 쌓거나 내릴 때에는 순서에 맞게 신중히 한다.
④ 화물더미의 상층과 하층에서 동시에 작업을 하지 않는다.

 화물더미의 중간에서 화물을 뽑아내거나 직선으로 깊이 파내는 작업을 하지 않도록 해야 한다.

30 여름철 탱크로리 운반 시의 내용을 옳지 않은 것은?

① 탱크로리에 커플링이 잘 연결되었는지 확인한다.
② 플랜지 등 연결부분에 새는 곳은 없는지 확인한다.
③ 탱크로리의 마개를 열어 온도를 식힌다.
④ 누유된 위험물은 회수 처리를 한다.

31 차량 내 화물의 적재방법으로 옳지 않은 것은?

① 한쪽으로 기울지 않게 쌓는다.
② 무거운 화물은 적재함의 뒷부분에 적재한다.
③ 적재중량을 초과하지 않아야 한다.
④ 화물이 넘어지지 않도록 로프나 체인으로 묶는다.

 화물을 적재할 때에는 최대한 무게가 골고루 분산될 수 있도록 하고, 무거운 화물은 적재함의 중간부분에 집중될 수 있도록 적재한다.

32 주유취급소의 위험물 취급기준이 아닌 것은?

① 주유할 때는 자동차 등의 원동기를 정지시킨다.
② 자동차 등의 일부 또는 전부가 주유취급소 밖에 나온 채로 주유하지 않는다.
③ 고정주유기를 사용하지 않고 이동식 주유기를 사용해야 한다.
④ 주유 시 정당한 이유 없이 다른 자동차 등을 그 주유취급소 안에 주차시켜서는 안 된다.

 ③ 주유 시 고정주유설비를 사용하여 직접 주유를 해야 한다.

33 파렛트 화물이 미끄러지지 않도록 하는 방식은?

① 슬립 멈추기 시트삽입 방식
② 밴드걸기 방식
③ 주연어프 방식
④ 슈링크 방식

 슬립 멈추기 시트삽입 방식 : 포장과 포장 사이에 미끄럼을 멈추는 시트를 넣음으로써 안전을 도모하는 방법이다.

34 화물 적재 요령으로 옳지 않은 것은?

① 작은 화물 위에 큰 화물을 놓지 말아야 한다.
② 길이가 고르지 못하면 한쪽 끝이 맞도록 한다.
③ 화물을 한 줄로 높이 쌓지 말고 같은 종류끼리 쌓는다.
④ 종류가 다른 것을 적재할 때는 가벼운 것을 아래에 쌓는다.

 종류가 다른 것을 적재할 때는 무거운 것을 밑에 쌓는다.

35 수하인 문전 행동요령으로 적절하지 않은 것은?

① 수하인의 주소 및 수하인이 맞는지 확인 후 인계한다.
② 사용법, 옷 입어보기 등 고객의 요구에는 성실히 응한다.
③ 수하인에게 물품 인계시 인계물품의 이상 유무를 확인한다.
④ 인수증에 정자로 인수자 서명을 받아 손해배상을 예방한다.

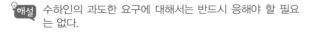 수하인의 과도한 요구에 대해서는 반드시 응해야 할 필요는 없다.

36 화물을 인수하는 요령으로 적절하지 않은 것은?

① 취급물가 화물 품목에 해당하는지 확인한다.
② 운송장을 교부하기 전에 물품을 먼저 인수한다.
③ 전화로 예약접수 시 고객의 배송요구일자는 확인하지 않아도 된다.
④ 도서지역에 운송되는 물품에 대해서는 부대비용의 징수 가능성을 미리 알려주고 물품을 인수한다.

 전화로 발송한 물품을 접수받을 때 반드시 집하 가능한 일자와 고객의 배송요구일자를 확인한 후 배송 가능한 경우에 고객과 약속하고, 약속 블이행으로 불만이 발생하지 않도록 한다.

37 한국산업표준(KS)에 따른 화물자동차의 종류에 대한 설명으로 옳지 않은 것은?

① 밴 – 상자형 화물실을 갖추고 있는 트럭으로 지붕이 없는 것
② 픽업 – 화물실의 지붕이 없고 옆판이 운전대와 일체로 된 화물자동차
③ 보닛트럭 – 원동기의 전부 또는 대부분이 운전실의 아래쪽에 있는 트럭
④ 덤프차 – 화물대를 기울여 적재물을 중력으로 쉽게 미끄러지게 내리는 구조의 특수장비자동차

 ③ 보닛트럭은 원동기부와 덮개가 운전실의 앞쪽에 나와 있는 트럭이고, 원동기의 전부 또는 대부분이 운전실의 아래쪽에 있는 트럭은 캡 오버 엔진 트럭이다.

정답 33.① 34.④ 35.② 36.③ 37.③

38 일반 잡화물, 냉동품의 운반용으로 사용되는 트레일러의 종류는?

① 탱크 트레일러
② 선저 트레일러
③ 밴 트레일러
④ 컨테이너 트레일러

 세미 트레일러는 세미 트레일러용 트랙터에 연결하여 총하중의 일부분이 견인하는 자동차에 의해서 지탱되도록 설계된 트레일러이다. 가장 일반적으로 밴 트레일러, 컨테이너 트레일러, 선저 트레일러, 탱크 트레일러 등 다양한 운반 용도로 사용되고 있다.
① 탱크 트레일러 : 액체 연료를 운반하는 데 사용
② 선저 트레일러 : 코일 등의 원통형 화물 운송에 사용
④ 컨테이너 트레일러 : 주로 해상 컨테이너의 운반에 사용

39 컨테이너의 위험물 취급으로 옳지 않은 것은?

① 개폐문의 방수상태를 항상 점검한다.
② 화물 일부가 컨테이너 밖으로 튀어나오지 않도록 주의한다.
③ 컨테이너를 적재한 후에는 반드시 콘을 해제한다.
④ 수납이 완료되면 즉시 문을 폐쇄한다.

 컨테이너를 적재한 후에는 반드시 콘(잠금장치)을 잠근다.

40 수탁자의 귀책사유로 인수일 당일에 계약 해제를 통지한 경우 사업자에게 지급해야 하는 손해배상액은?

① 계약금 2배
② 계약금
③ 계약금 4배
④ 계약금 6배

 고객의 책임 있는 사유로 계약을 해제한 경우 사업자에게 지급하는 손해배상액
• 고객이 약정된 이사화물 인수일 1일 전까지 해제를 통지한 경우 : 계약금
• 고객이 약정된 이사화물 인수일 당일에 해제를 통지한 경우 : 계약금의 배액

41 교통사고의 요인 가운데 운전자 요인이 아닌 것은?

① 신체적 결함
② 운전습관
③ 안전의식
④ 정비불량

 교통사고의 요인 가운데 인적 요인은 운전자의 신체적 결함, 운전습관, 안전의식 등, 차량요인으로는 정비불량, 차량 노후, 부속품 등, 도로 요인으로는 도로구조, 안전시설 등, 환경요인으로는 자연환경, 교통환경, 사회환경, 구조환경 등이 있다.

42 교통사고의 요인이 아닌 것은?

① 인적 요인
② 도로 요인
③ 차량 요인
④ 법률적 요인

 교통사고의 3대 요인은 인적 요인, 차량 요인, 도로·환경 요인이다. 도로·환경 요인을 도로 요인과 환경 요인으로 나누어 4대 요인으로 분류하기도 한다.

43 원심력에 대한 설명으로 옳지 않은 것은?

① 속도에 비례한다.
② 중량에 비례한다.
③ 속도의 제곱에 비례한다.
④ 구심력에 비례한다

 회전시 바깥쪽으로 나가려는 힘을 원심력이라 하고, 안쪽으로 들어오려는 힘을 구심력이라 한다. 원심력은 구심력과 크기가 같고, 방향이 반대인 힘으로서 커브가 예각을 이룰수록 커진다.

44 자동차를 운전하고 있는 운전자가 교통 상황을 알아차리는 것은?

① 조작
② 판단
③ 인지
④ 반응

 자동차를 운행하고 있는 운전자는 교통 상황을 알아차리고(인지), 어떻게 자동차를 움직여 운전할 것인가를 결정하고(판단), 그 결정에 따라 자동차를 움직이는 운전행위(조작)에 이르는 인지-판단-조작의 과정을 수없이 반복한다.

45 안전운전과 방어운전에 대한 설명으로 옳지 않은 것은?

① 안전운전은 운전자 자신이 위험한 운전을 하거나 교통사고를 유발하지 않도록 주의하여 운전하는 것이다.
② 방어운전은 자기 자신이 사고의 원인을 만들지 않는 운전을 말하는 것이다.
③ 안전운전은 자기 자신이 사고에 말려들어 가지 않게 하는 운전이다.
④ 방어운전은 타인의 사고를 유발하지 않는 운전이다.

 ③ 자기 자신이 사고에 말려들어 가지 않게 하는 운전은 방어운전이다.

46 양쪽 눈으로 볼 수 있는 범위는?

① 시력　　② 시축
③ 시야　　④ 시공

 정지한 상태에서 눈의 초점을 고정하고 양쪽 눈으로 볼 수 있는 범위는 시야이다. 정상적인 시력을 가진 사람의 시야 범위는 180°～200°이다.

47 고령자의 안전행동으로 옳지 않은 것은?

① 야간 이동 시에는 밝은색의 옷을 입는다.
② 횡단보도 신호가 점멸 중이면 다음 신호를 기다린다.
③ 횡단하는 동안에는 주의를 기울이지 않아도 된다.
④ 생활도로 이용 시 길 가장자리로 안전하게 이동한다.

 고령자는 횡단하는 동안에도 계속 주의를 기울여야만 한다.

48 앞지르기 시의 안전한 방법과 관련하여 옳지 않은 것은?

① 앞지르기 전에 앞차에게 신호로 알린다.
② 대향차의 속도와 거리를 정확히 판단한 후 앞지르기를 한다.
③ 앞차가 앞지르기를 하고 있을 때에는 앞지르기를 시도하지 않는다.
④ 앞지르기를 할 때에는 앞차의 오른쪽으로 앞지르기를 한다.

 모든 차의 운전자는 다른 차를 앞지르고자 하는 때에는 앞차의 좌측으로 통행하여야 한다.

49 보행자의 교통사고 특성에 대한 설명으로 옳지 않은 것은?

① 고령자와 어린이가 높은 비중을 차지한다.
② 도로 횡단 중의 사고가 가장 많다.
③ 통행 중의 사고가 가장 많다.
④ 보행자 사고 요인은 교통상황 정보 인지 결함이 가장 많다.

 도로 횡단 중의 사고가 가장 많고 다음으로 통행 중의 사고가 많다. 보행자 사고 요인은 교통상황의 정보 인지 결함 〉 판단착오 〉 동작착오 순으로 많다.

50 심경각의 정의로 옳은 것은?

① 전방에 있는 대상물까지의 거리를 목측하는 것
② 우측에 있는 대상물까지의 거리를 목측하는 것
③ 좌측에 있는 대상물까지의 거리를 목측하는 것
④ 후방에 있는 대상물까지의 거리를 목측하는 것

 전방에 있는 대상물까지의 거리를 목측하는 것을 심경각이라고 하며, 그 기능을 심시력이라고 한다.

51 동력전달장치와 관련이 없는 것은?

① 클러치　　　　② 변속기
③ 쇽업소버　　　④ 타이어

 쇽업소버는 승차감을 향상시키고, 스프링 피로를 줄이기 위한 현가장치이다.

52 자동차의 조향장치에 점검 사항으로 옳은 것은?

① 힐스티어링과 핸들의 움직임
② 브레이크 패드와 디스크의 상태
③ 냉각수와 부동액의 양
④ 에어 필터와 연료 필터의 오염

53 토우인의 역할에 해당하지 않은 것은?

① 주행 중 타이어가 바깥쪽으로 벌어지는 것 방지
② 앞바퀴가 하중을 받을 때 아래로 벌어지는 것 방지
③ 캠버에 의한 토아웃 방지
④ 주행저항 및 구동력의 반력에 의한 토아웃 방지

 ② 캠버 : 앞바퀴가 하중을 받을 때 아래로 벌어지는 것 방지, 핸들의 조작을 가볍게 함. 수직방향 하중에 의한 앞 차축의 휨 방지 등

54 다음 중 수막 현상을 예방하기 위한 방법이 아닌 것은?

① 고속으로 주행한다.
② 공기압을 조금 높게 한다.
③ 마모된 타이어를 사용하지 않는다.
④ 배수효과가 좋은 타이어를 사용한다.

 ① 수막 현상을 예방하기 위해서는 고속으로 주행을 하지 않아야 한다.

55 자동차를 제동할 때 앞 범퍼 부분이 내려가는 현상은?

① 노즈 다운　　　② 내륜차
③ 노즈 업　　　　④ 외륜차

 노즈 다운 : 자동차를 제동할 때 바퀴는 정지하려하고 차체는 관성에 의해 앞 범퍼 부분이 내려가는 현상

56 운전자가 브레이크에 발을 올려 브레이크가 막 작동을 시작하는 순간부터 자동차가 완전히 정지할 때까지 자동차가 진행한 거리를 무엇이라 하는가?

① 정지거리　　　② 공주거리
③ 제동거리　　　④ 안전거리

57 자동차 엔진 과열 시 점검사항과 가장 거리가 먼 것은?

① 냉각팬 점검　　　② 라디에이터 점검
③ 배기가스 점검　　④ 수온계 점검

 엔진 과열 시 점검방법
• 냉각 수 및 엔진오일 양과 누출 여부 확인
• 냉각 팬 및 워터펌프의 작동, 팬 및 워터펌프의 벨트, 수온조절기 열림 확인
• 라디에이터 손상 상태 및 써머스태트 작동상태 확인
③ 배기 배출가스 육안 확인은 엔진오일 과다 소모와 관련이 있다.

58 길어깨(갓길)의 기능이 아닌 것은?

① 보도 등이 없는 도로에서는 보행자 등의 통행장소로 제공된다.
② 측방 여유폭을 가지므로 교통의 안정성과 쾌적성에 기여한다.
③ 노면표시를 도와주고, 공간을 분리하여 시선을 유도한다.
④ 고장차가 본선차도로부터 대피와 사고 시 교통의 혼잡을 방지한다.

 ③ 시선유도봉 : 교통사고 발생 위험이 높은 곳에 노면표시를 도와주고, 공간을 분히하여 운전자에게 위험구간을 알려주는 역할을 한다.

59 야간에 잘보이는 것에서 안보이는 것의 순서로 나열된 색깔은?

① 엷은황색 – 흑색 – 백색
② 백색 – 엷은황색 – 흑색
③ 엷은황색 – 흑색 – 백색
④ 흑색 – 엷은황색 – 백색

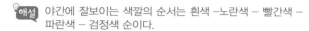 야간에 잘보이는 색깔의 순서는 흰색 –노란색 – 빨간색 – 파란색 – 검정색 순이다.

60 중앙분리대의 종류에 해당하지 않는 것은?

① 방호울타리형 중앙분리대
② 연석형 중앙분리대
③ 광폭 중앙분리대
④ 길어깨 중앙분리대

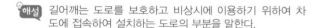 길어깨는 도로를 보호하고 비상시에 이용하기 위하여 차도에 접속하여 설치하는 도로의 부분을 말한다.

61 자동차를 가속시키거나 감속시키기 위하여 설치하는 차로는?

① 전용차로   ② 회전차로
③ 가변차로   ④ 변속차로

 ② 회전차로 : 자동차가 우회전, 좌회전 또는 유턴을 할 수 있도록 직진하는 차로와 분리하여 설치하는 차로
③ 가변차로 : 방향별 교통량이 특정 시간대에 현저하게 차이가 발생하는 도로에서 교통량이 많아지는 쪽으로 차로수가 확대될 수 있도록 신호기에 의하여 차로의 진행방향을 지시하는 차로

62 갓길(길어깨)과 교통사고와의 관계로 가장 적절한 것은?

① 갓길이 넓을 때 안정성이 높다.
② 갓길이 좁을 때 안정성이 높다.
③ 갓길이 없을 때 안정성이 높다.
④ 관계없다.

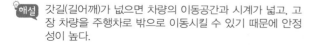 갓길(길어깨)가 넓으면 차량의 이동공간과 시계가 넓고, 고장 차량을 주행차로 밖으로 이동시킬 수 있기 때문에 안정성이 높다.

63 야간 안전운전 방법으로 가장 거리가 먼 것은?

① 마주오는 차량으로 눈이 부시면 상향등을 켠다.
② 해가 저물면 곧바로 전조등을 점등하도록 한다.
③ 차량 실내를 불필요하게 밝게 하지 않도록 한다.
④ 가급적 전조등이 비치는 곳 끝까지 살펴야 한다.

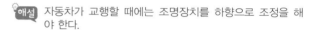 자동차가 교행할 때에는 조명장치를 하향으로 조정을 해야 한다.

64 봄철 안전운행과 가장 거리가 먼 것은?

① 미세먼지와 황사를 대비해 와이퍼와 워셔액를 점검한다.
② 노면이 젖어 발생하는 수막현상, 빗길 사고에 대비한다.
③ 횡단보도나 어린이보호구역에서는 더욱 주의를 해야 한다.
④ 졸음운전 예방을 위해 창문을 열어 신선한 공기를 공급한다.

 여름철에 빗길 사고가 더 많이 발생 할 수 있다. 노면이 젖어 있으면 평소보다 20% 이상 속도를 줄이고, 폭우로 가시거리가 100m 이내일 경우에는 최고 속도의 절반 이상을 줄여 안전운전을 해야 한다.

65 위험물 요인에 해당하지 않는 것은?

① 폭발성   ② 인화성
③ 발화성   ④ 수인성

 ④ 수인성은 어떤 전염병 따위가 물을 통하여 옮겨지는 특성을 말하는 것이다.

정답 59.② 60.④ 61.④ 62.① 63.① 64.② 65.④

66 운전자의 사명과 거리가 먼 것은?

① 안전 운전 이행
② 내 생명과 같이 남의 생명을 존중
③ 사인(私人)이라는 자각이 필요
④ 교통사고를 예방

 운전자는 인명을 존중해야 한다. 안전운전을 이행하고, 교통사고를 예방하여야 하며 운전자는 '공인'이라는 자각이 필요하다.

67 고객 만족을 위한 서비스 자세와 가장 거리가 먼 것은?

① 애로사항이 있더라도 극복하는 자세
② 고객을 위해 최선을 다한다는 자세
③ 고객과의 소통을 단절하는 자세
④ 상품을 판매하고 있다고 생각하는 자세

 고객 만족을 위해서는 고객과의 소통을 활발히 하고 피드백을 수용하여 지속적으로 서비스를 개선하는 과정이 필요하다.

68 언어 예절로서 옳지 않은 것은?

① 상대방의 약점에 대해서는 지적질을 한다.
② 일부분을 보고 전체를 속단하여 말아야 한다.
③ 쉽게 흥분하거나 감정에 치우치지 않아야 한다.
④ 독선적·독단적·경솔한 언행 등을 삼가야 한다.

 ① 대화 시 언어예절로서 상대방의 약점을 지적하는 것은 피해야 한다.

69 운전자가 가져야 할 기본적 자세가 아닌 것은?

① 주의력 집중
② 여유있고 양보하는 마음으로 운전
③ 심신상태의 안정
④ 운전기술의 과신과 추측 운전

 운전자에게 운전기술의 과신은 금물이며 추측 운전을 삼가야 한다. 운전자는 자기에게 유리한 판단이나 행동은 삼가야 하며, 조그마한 의심이라도 반드시 안전을 확인한 후 행동으로 옮겨야 한다.

70 물류관리의 목적과 가장 거리가 먼 것은?

① 물류비 감소
② 시장 능력의 강화
③ 물류와 상류의 통합
④ 고객서비스 수준 향상

 물류관리는 재화의 효율적인 흐름을 계획, 실행, 통제할 목적으로 행해지는 제반활동으로 비용절감과 시장 능력의 강화, 고객서비스 수준 향상, 물류비 감소 등이 목표이다.
③ 기업경영에 있어서 물류의 역할 가운데 하나는 물류와 상류 분리를 통한 유통합리화 기여이다.

71 물류업의 종류에 속하지 않는 것은?

① 택배업   ② 경공업
③ 도매물류업   ④ 공동물류업

72 제3자 물류에 의한 물류혁신 기대효과와 거리가 먼 것은?

① 공급망관리 도입·확산의 촉진
② 종합물류서비스의 활성화
③ 물류산업의 합리화에 의한 고물류비 구조 혁신
④ 제조업체의 경쟁력 약화를 통한 물류비 절감

해설 고품질 물류서비스의 제공으로 제조업체의 경쟁력 강화 지원

73 화물의 수송 · 배송 활동 3단계(통제)에서의 물류정보처리기능 내용이 아닌 것은?

① 수송수단 선정, 수송경로 선정
② 운임계산, 차량적재효율 분석, 차량가동율 분석
③ 반품운임 분석, 빈 용기운임 분석
④ 오송 분석, 교착수송 분석, 사고분석

 화물 수 · 배송활동의 각 단계 : 계획단계 → 실시단계 → 통제단계
  • 계획단계 : 수송수단 선정, 수송경로 선정, 수송로트 결정, 다이어그램 시스템 설계, 배송센터 수 및 위치 선정, 배송지역 결정 등
  • 실시단계 : 배차 수배, 화물적재 지시, 배송지시, 발송정보 착하지 연락, 반송화물 정보처리, 화물 추적 파악 등
  • 통제단계 : 운임계산, 차량적재효율 분석, 차량가동율 분석, 반품운임 분석, 빈 용기운임 분석, 오송 분석, 교착수송 분석, 사고분석 등

74 최종고객의 욕구를 충족시키기 위하여 원료 공급자로부터 최종소비자에 이르기까지 공급망 내의 각 기업 간에 긴밀한 협력을 통해 공급망인 전체의 물자의 흐름을 원활하게 하는 공동전략을 무엇이라고 하는가?

① 공급망관리   ② 로지스틱스
③ 전사적자원관리   ④ 경영정보시스템

75 GPS(범지구측위시스템)의 장점이 아닌 것은?

① 사전 대비를 통해 각종 재해를 회피할 수 있다.
② 공중에서 온천탐사가 가능하다.
③ 야간에는 운행하는 차량의 목적지를 찾을 수 없다.
④ 대도시의 교통혼잡 시 차량에서 도로 사정을 파악할 수 있다.

 ③ GPS는 어두운 밤에도 목적지에 유도하는 측위 통신망이다. 밤낮으로 운행하는 운송차량추적시스템 완벽하게 관리 · 통제가 가능하다.

76 화물자동차 운송의 효율성 지표에 해당하지 않는 것은?

① 실업률   ② 가동률
③ 공차거리율   ④ 적재율

 화물자동차 운송의 효율성 지표 : 가동율, 실차율, 적재율, 공차거리율

77 제4자 물류의 4단계 가운데 물류제공자가 경영책임을 지는 단계는?

① 1단계 - 재창조
② 2단계 - 전환
③ 3단계 - 이행
④ 4단계 - 실행

 공급망관리에 있어서의 제4자 물류의 4단계
  • 1단계 - 재창조 : 공급망에 참여하고 있는 복수의 기업과 독립된 공급망 참여자들 사이에 협력을 넘어서 공급망의 계획과 동기화에 의해 가능
  • 2단계 - 전환 : 판매, 운영계획, 유통관리, 구매전략, 고객서비스, 공급망 기술을 포함한 특정한 공급망에 초점을 맞춤
  • 3단계 - 이행 : 제4자 물류는 비즈니스 프로세스 제휴, 조직과 서비스의 경계를 넘은 기술의 통합과 배송운영까지를 포함하여 실행
  • 4단계 - 실행 : 제4자 물류제공자는 다양한 공급망 기능과 프로세스를 위한 운영상의 책임을 짐

78 물류시스템의 구성에 포함되지 않는 것은?

① 운송   ② 화주
③ 유통가공   ④ 하역

해설 물류시스템의 구성 : 운송, 보관, 유통가공, 포장, 하역, 정보

정답 73.① 74.① 75.③ 76.① 77.④ 78.②

79 철도와 비교한 트럭 수송의 장점이 아닌 것은?

① 문전에서 문전으로 배송이 용이하다.
② 수송 단위가 작고, 수송단가가 높다.
③ 중간 하역이 불필요하다.
④ 포장의 간소화ㆍ간략화가 가능하다.

 트럭수송의 단점
• 수송 단위가 작고, 연료비나 인건비 등 수송단가가 높다.
• 공해문제, 자원 및 에너지 절약 문제 등이 있다.

80 고객이 서비스 품질을 평가하는 기준에 관한 설명 중 틀린 것은?

① 약속 기일을 정확하게 준수하는 신뢰성
② 사고 발생 시 보상해 주는 보상 금액의 액수
③ 고객의 말을 경청하고 알기 쉽게 설명하는 커뮤니케이션
④ 의뢰하기가 쉽고, 빠른 전화 응대의 편의성

 서비스 품질을 평가하는 고객의 기준 : 신뢰성, 신속한 대응, 정확성, 편의성 태도, 커뮤니케이션 신용도, 안정성, 고객의 이해도, 환경

2024 제2회 화물운송종사자격시험 기출분석문제

01 적재중량 15톤의 화물자동차를 운전할 수 있는 운전면허는?

① 제1종 특수면허
② 제1종 대형면허
③ 제1종 보통면허
④ 제2종 보통면허

해설 ③ 적재중량 12톤 미만 화물자동차 운전
④ 적재중량 4톤 이하 화물자동차 운전

02 화물자동차의 운행상의 안전기준으로 도로 높이 제한은 지상으로부터 얼마인가?

① 4m   ② 4.2m
③ 4.4m   ④ 4.8m

해설 높이는 지상으로부터 4m이다. 도로구조의 보전과 통행의 안전과 지장이 없다고 인정하여 고시한 도로노선의 경우에는 4.2m이다.

03 운전면허 취득이 불가능한 색깔 구분과 거리가 먼 것은?

① 노란색   ② 파란색
③ 빨간색   ④ 흰색

해설 운전면허는 신호등과 관련된 노란색, 파란색, 빨간색을 구분할 수 있으면 취득이 가능하다.

04 서행하여야 하는 장소가 아닌 곳은?

① 다리 위
② 시·도경찰서장이 필요하다고 인정하여 안전표지로 지정한 곳
③ 교통정리를 하고 있지 않는 교차로
④ 도로가 구부러진 부분

해설 비탈길의 고갯마루 부근, 가파른 비탈길의 내리막 등에서는 서행을 하여야 한다.

05 다음 중 반드시 일시정지해야 할 장소는?

① 도로가 구부러진 곳
② 비탈길 고갯마루 부근
③ 교통정리를 하고 있는 교차로
④ 교통정리가 없고 좌우를 확인할 수 없는 교차로

해설 일시정지 장소(도로교통법 제31조제2항)
교통정리를 하고 있지 않고 좌우를 확인할 수 없거나 교통이 빈번한 교차로, 시·도경찰청장이 도로에서의 위험을 방지하고 교통의 안전과 원활한 소통을 확보하기 위하여 필요하다고 인정하여 안전표지로 지정한 곳

06 겨울철에 눈이 20mm 이상 쌓인 경우 운행 속도는?

① 최고속도의 20/100을 줄인 속도
② 최고속도의 50/100을 줄인 속도
③ 최고속도의 30/100을 줄인 속도
④ 최고속도의 40/100을 줄인 속도

해설 최고속도의 50/100 감속 운행(도로교통법 시행규칙 제19조)
• 폭우, 폭설, 안개 등으로 가시거리가 100m 이내인 경우
• 노면이 얼어붙은 경우
• 눈이 20mm 이상 쌓인 경우

07 도로에 표시된 차선의 실선 구분에 대한 설명으로 옳지 않은 것은?

① 흰색 실선 – 차로 변경 불가능
② 노란색 실선 – 차로 변경 또는 침범 가능
③ 청색 실선 – 버스 전용차로
④ 빨간색 실선 – 절대 주·정차금지구간

 노란색 실선은 차선의 침범. 변경, 정차가 불가능하다.

08 교차로 통행방법에 대한 설명 중 틀린 것은?

① 교차로에서 우회전할 때에는 서행하여야 한다.
② 좌회전할 때에는 교차로 중심 안쪽으로 서행한다.
③ 교차로 내는 차선이 없으므로 진행방향을 임의로 바꿀 수 있다.
④ 교차로에서 직진하려는 자는 이미 교차로에 진입하여 좌회전하고 있는 차의 진로를 방해할 수 없다.

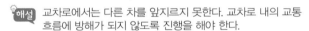 교차로에서는 다른 차를 앞지르지 못한다. 교차로 내의 교통 흐름에 방해가 되지 않도록 진행을 해야 한다.

09 운송사업용 화물자동차를 운행기록계가 작동되지 않는 상태에서 운행한 경우에 범칙금은?

① 20만원 이하의 벌금
② 30만원 이하의 벌금
③ 40만원 이하의 벌금
④ 50만원 이하의 벌금

 운송사업용 화물자동차나 화물자동차 등으로서 운행기록계가 설치되어 있지 아니하거나 고장 등으로 사용할 수 없는 운행기록계가 설치된 자동차를 운전하는 행위. 운행기록계를 원래 목적대로 사용하지 아니하고 자동차를 운전하는 행위를 한 사람은 20만 원 이하의 벌금이나 구류 또는 과료에 처한다(도로교통법 제50조제5항).

10 도주사고 적용 사례에 해당하는 것은?

① 피해자가 부상 사실이 없거나 경미하여 구호조치가 필요하지 않은 경우
② 가해자 및 피해자 일행 또는 경찰관이 환자를 후송 조치하는 것을 보고 연락처를 주고 가 버린 경우
③ 운전자를 바꿔치기하여 신고한 경우
④ 교통장소가 혼잡하여 정지할 수 없어 일부 진행한 후 정지하고 되돌아와 조치한 경우

 도주사고로 적용된 사례
• 사상 사실을 인식하고 가버린 경우
• 피해자를 방치한 채 사고현장을 이탈·도주한 경우
• 사고현장에 있었어도 사고 사실을 은폐하려고 거짓진술·신고한 경우
• 부상피해자에 대한 적극적인 구호조치 없이 가버린 경우
• 피해자가 이미 사망했더라도 사체 안치 후송 등 후속조치 없이 가버린 경우

11 신호·지시 위반사고의 성립요건으로 옳지 않은 것은?

① 운전자의 부주의에 의한 과실
② 신호기의 고장이나 황색 점멸신호등의 경우
③ 신호기가 설치되어 있는 교차로나 횡단보도
④ 통행금지 지시표지판이 설치된 구역 내

해설 ②는 신호·지시 위반사고의 장소적 요건의 예외사항에 해당한다.

12 화물자동차 운송가맹사업을 경영하려는 자는 누구의 허가를 받아야 하는가?

① 경찰청장
② 국토교통부장관
③ 관할 시·도경찰청장
④ 행안부장관

13 화물자동차 운수사업법령상 화물자동차운송사업의 종류에 해당하는 것은?

① 퀵서비스운송
② 오토바이운송
③ 렌터카운송
④ 용달화물자동차운송

 화물자동차운송사업은 다른 사람의 요구에 응하여 화물자동차를 사용하여 화물을 유상으로 운송하는 사업을 말한다(화물자동차 운수사업법 제2조제3호).

14 화물운송종사자격증명을 관할관청에 반납해야 하는 경우가 아닌 것은?

① 화물자동차운송사업의 휴업 또는 폐업신고를 한 경우
② 화물운송종사자격이 취소된 경우
③ 사업의 양도신고를 하는 경우
④ 화물자동차운전자의 화물운송자격의 효력이 정지된 경우

 운송사업자가 화물운송종사자격증명을 반납하여야 하는 경우(화물자동차 운수사업법 시행규칙 제18조의10)

협회에 반납	관할관청에 반납
• 퇴직한 화물자동차운전자의 명단을 제출하는 경우 • 화물자동차운송사업의 휴업 또는 폐업 신고를 하는 경우	• 사업의 양도 신고를 하는 경우 • 화물자동차운전자의 화물운송종사자격이 취소되거나 효력이 정지된 경우

15 운송가맹사업자의 허가사항 변경신고의 대상이 아닌 것은?

① 운전자의 변경
② 화물자동차의 대폐차
③ 주사무소, 영업소의 이전
④ 화물취급소의 설치 또는 폐지

 운송가맹사업자의 허가사항 변경신고의 대상(화물자동차 운수사업법 시행령 제9조의2) : 「대표자의 변경(법인인 경우만 해당), 화물취급소의 설치 및 폐지, 화물자동차의 대폐차(화물자동차를 직접 소유한 운송가맹사업자만 해당), 주사무소·영업소 및 화물취급소의 이전, 화물자동차 운송가맹계약의 체결 또는 해제·해지

16 화물의 멸실, 훼손 또는 인도의 지연으로 화물이 인도기한이 지난 후 몇 개월 이내에 인도되지 않은 그 화물은 멸실된 것으로 보는가?

① 1개월 이내
② 2개월 이내
③ 3개월 이내
④ 6개월 이내

 화물의 멸실·훼손 또는 인도의 지연(적재물사고)으로 화물이 인도기한이 지난 후 3개월 이내에 인도되지 아니하면 그 화물은 멸실된 것으로 본다(화물자동차 운수사업법 제7조제2항).

17 승객 추락방지의무 위반 사고에 해당하지 않는 것은?

① 승객이 내릴 때 손이 문에 끼어서 발생한 추락 사고의 경우
② 문을 연 상태에서 출발하여 탑승한 승객이 추락한 경우
③ 승객이 승하차할 때 갑자기 문을 닫아 문에 충격된 승객이 추락한 경우
④ 전자감응장치가 고장 난 상태에서 운행하던 중 승객이 내리고 있을 때 출발하여 추락한 경우

18 관할관청은 운수종사자 교육을 실시하려면 시작하기 얼마전까지 통지하여야 하는가?

① 1개월 전
② 3개월 전
③ 6개월 전
④ 5개월 전

 운수종사자의 교육(법 제59조, 규칙 제53조)
관할관청은 운수종사자 교육을 실시하려면 운수종사자 교육계획을 수립하여 운수사업자에게 교육을 시작하기 1개월 전까지 통지하여야 한다.

정답 13.④ 14.① 15.① 16.③ 17.① 18.①

19 운송사업자가 적재물배상보험에 가입하지 않은 경우에 부과되는 과태료 금액 한도는?

① 50만 원　　② 60만 원
③ 70만 원　　④ 100만 원

 운송사업자(미가입 화물자동차 1대당)가 적재물배상보험 등에 가입하지 않은 경우의 과태료 총액은 자동차 1대당 50만 원을 초과하지 못한다(화물자동차 운수사업법 시행령 별표5).

20 고의로 자동차등록번호판을 가리거나 알아보기 곤란하게 한 자에 부과되는 벌금은?

① 100만 원 이하의 벌금
② 1천만 원 이하의 벌금
③ 500만 원 이하의 벌금
④ 700만 원 이하의 벌금

 고의로 자동차등록번호판을 가리거나 알아보기 곤란하게 한 자는 1년 이하의 징역 또는 1천만 원 이하의 벌금에 처한다(자동차관리법 제81조제1의2호).

21 자동차검사의 종류에 대한 설명으로 옳지 않은 것은?

① 신규검사 - 신규등록을 하려는 경우 실시하는 검사
② 정기검사 - 신규등록 후 일정 기간마다 정기적으로 실시하는 검사
③ 임시검사 - 법에 따른 명령이나 자동차 소유자의 신청을 받아 비정기적으로 실시하는 검사
④ 튜닝검사 - 전손 처리 자동차를 수리한 후 운행하려는 경우에 실시하는 검사

 튜닝검사는 자동차를 튜닝한 경우에 실시하는 검사이고, 전손 처리 자동차를 수리한 후 운행하려는 경우에 실시하는 검사는 수리검사이다. 자동차검사는 한국교통안전공단이 대행하고 있으며, 정기검사는 지정정비사업자도 대행할 수 있다.

22 자동차관리법에 따른 사업용 경형·소형 화물자동차의 정기검사 유효기간은?

① 6개월　　② 1년
③ 2년　　④ 3년

 자동차검사의 유효기간(규칙 별표 15의2)
• 사업용 경형·소형 화물자동차 : 모든 차령 1년(신조차로서 법 제43조 제5항에 따라 신규검사를 받은 것으로 보는 자동차의 최초 검사 유효기간은 2년)
• 사업용 중형 화물자동차 : 차령이 5년 이하인 경우는 1년, 차령이 5년 초과인 경우는 6개월
• 사업용 대형 화물자동차 : 차령이 2년 이하인 경우는 1년, 차령이 2년 초과인 경우는 6개월

23 도로법령상 도로에 관한 금지행위 아닌 것은?

① 도로를 포장하는 행위
② 교통에 지장을 끼치는 행위
③ 장애물 쌓아놓는 행위
④ 도로를 파손하는 행위

 도로에 관한 금지행위(도로법 제75조)
• 도로를 파손하는 행위
• 도로에 토석, 입목, 죽(竹) 등 장애물을 쌓아놓는 행위
• 그 밖에 도로의 구조나 교통에 지장을 주는 행위

24 도로의 종류에 해당되지 않는 것은?

① 이도　　② 군도
③ 지방도　　④ 일반국도

 도로의 종류와 등급은 고속국도, 일반국도, 특별시도·광역시도, 지방도, 시도, 군도, 구도 등의 순서다(도로법 제10조).

25 배출가스저감장치의 부착을 이행하지 않은 경우에 부과되는 과태료는?

① 1천만 원   ② 500만 원
③ 300만 원   ④ 100만 원

 저공해자동차로의 전환 또는 개조 명령, 배출가스저감장치의 부착·교체 명령 또는 배출가스 관련 부품의 교체 명령, 저공해엔진(혼소엔진을 포함)으로의 개조 또는 교체 명령을 이행하지 아니한 자에게는 300만 원 이하의 과태료를 부과한다(대기환경보전법 제94조제2항).

26 운송장 기재와 관련하여 집하담당자 기재사항이 아닌 것은?

① 접수일자, 발송점, 도착점, 배달 예정일
② 집하자 성명 및 전화번호
③ 물품의 품명, 수량, 물품가격
④ 운송료

 ③ 물품의 품명, 수량, 물품가격 등은 송하인 기재사항이다.

27 쌀·매트·카페트 등의 물품에 대한 운송장 부착 요령으로 옳지 않은 것은?

① 물품의 정중앙에 부착한다.
② 테이프로 떨어지지 않도록 한다.
③ 운송장은 여러 장을 붙인다.
④ 바코드가 가려지지 않도록 한다.

 1개 화물에 1매의 운송장이 부착되어야 한다.

28 운송장에 반드시 기록되어 있어야 할 사항으로 옳지 않은 것은?

① 화물명
② 화물의 크기
③ 화물의 모양
④ 화물의 가격

 운송장에 기록되어야 할 사항 : 운송장 번호와 바코드, 송하인과 수하인의 주소와 성명 및 전화번호, 주문번호 또는 고객번호, 화물명, 화물의 가격, 화물의 크기(중량, 사이즈), 운임의 지급 방법, 운송요금, 발송지(집하점), 도착지(코드), 집하자, 인수자 날인, 특기사항(화물 취급 시 주의사항 등), 면책 사항, 화물의 수량

29 포장의 분류 가운데 물품 개개의 포장을 말하는 것은?

① 속포장   ② 낱개포장
③ 겉포장   ④ 외부포장

 낱개포장은 포장의 최소단위로서 물품 개개의 포장을 말한다.

30 화물의 적재방법으로 옳지 않은 것은?

① 적재하중을 초과하지 않도록 해야 한다.
② 화물 적재 시 한쪽으로 높게 쌓아야 한다.
③ 물건 적재 후 로프나 체인 등으로 묶어야 한다.
④ 둥글고 구르기 쉬운 물건은 상자에 넣어 쌓는다.

 화물 적재 시 한쪽으로 기울지 않게 쌓고, 무거운 화물은 적재함의 중간 부분에 무게가 집중될 수 있도록 적재한다.

31 창고 내 입·출고 작업요령으로 옳지 않은 것은?

① 2인 중 1인은 컨베이어 벨트 위로 올라가서 작업한다.
② 작업안전통로를 충분히 확보하고 작업을 한다.
③ 화물더미의 상층과 하층에서 동시에 작업하지 않는다.
④ 화물을 운반하는 경우 시야를 확보하고 뒷걸음질로 운반하지 않는다.

컨베이어 위로는 절대로 올라가서는 않된다.

32 주유취급소의 규칙 및 취급기준으로 적당하지 않은 것은?

① 유분리장치에 고인 유류는 넘치지 않도록 한다.
② 자동차에 주유할 때는 자동차 원동기의 출력을 낮추어야 한다.
③ 자동차에 주유할 때에는 고정주유설비를 사용하여 직접 주유하여야 한다.
④ 주유취급소의 전용탱크에 위험물을 주입할 때는 그 탱크에 연결되는 고정주유설비의 사용을 중지하여야 한다.

해설 ② 자동차 등을 주유할 때는 자동차 등의 원동기를 정지시킨다.

33 파렛트의 가장자리를 높게하여 포장화물을 안쪽으로 기울여 적재하는 방법은?

① 밴드걸기 방식   ② 슈링크 방식
③ 스트레치 방식   ④ 주연어프

해설 ① 밴드걸기 방식 : 나무상자를 파렛트에 쌓는 경우의 붕괴 방지에 많이 사용되는 방법
② 슈링크 방식 : 열수축성 플라스틱 필름을 파렛트 화물에 씌우고 슈링크 터널을 통과시킬 때 가열하여 필름을 수축시켜 파렛트와 밀착시키는 방식
③ 스트레치 방식 : 스트레치 포장기를 사용하여 플라스틱 필름을 파렛트 화물에 감아 움직이지 않게 하는 방법

34 파렛트 화물의 붕괴를 방지하기 위한 방식으로 옳지 않은 것은?

① 박스 테두리 방식   ② 밴드걸기 방식
③ 성형가공 방식   ④ 스트레치 방식

해설 ① 박스 테두리 방식 : 파렛트에 테두리를 붙이는 박스 파렛트 방식
② 밴드걸기 방식 : 나무상자를 파렛트에 쌓는 경우의 붕괴 방지에 많이 사용되는 방식
④ 스트레치 방식 : 스트레치 포장기를 사용하여 플라스틱 필름을 파렛트 화물에 감아서 움직이지 않게 하는 방식

35 운송물의 인도일자에 대한 설명으로 틀린 것은?

① 운송장에 인도예정일의 기재가 있는 경우에는 그 기재된 날
② 운송장에 기재된 운송물의 수탁일로부터 1일
③ 운송물의 수탁일로부터 도서·산간벽지는 3일
④ 운송장에 기재된 인도예정일의 특정시간까지 운송

해설 운송장에 인도예정일의 기재가 없는 경우에는 운송장에 기재된 운송물의 수탁일로부터 일반지역은 2일, 도서·산간벽지는 3일까지 운송물을 인도한다.

36 택배사업자가 운송물의 수탁을 거절할 수 있는 사유가 아닌 것은?

① 고객이 운송장에 필요한 사항을 기재하지 않은 경우
② 운송물 1포장의 가액이 200만 원을 초과하는 경우
③ 운송물이 현금화가 가능한 물건인 경우
④ 운송물이 화약류, 인화물질 등 위험한 물건인 경우

해설 ② 운송물 1포장의 가액이 300만 원을 초과하는 경우이다.

37 한국표준산업(KS)에 의한 화물자동차의 종류로 옳지 않은 것은?

① 밴 – 상자형 화물실을 갖추고 있는 트럭
② 보닛 트럭 – 원동기부와 덮개가 운전실의 뒤쪽에 설치되어 있는 트럭
③ 캡 오버 엔진 트럭 – 원동기의 전부 또는 대부분이 운전실의 아래쪽에 있는 트럭
④ 픽업 – 화물실의 지붕이 없고 옆판이 운전대와 일체로 된 화물자동차

 ② 보닛 트럭 – 원동기부와 덮개가 운전실의 앞쪽에 나와 있는 트럭

38 컨테이너 등을 운송하는 트레일러의 구조 형상에 따른 종류가 아닌 것은?

① 평상식 트레일러
② 저상식 트레일러
③ 중저상식 트레일러
④ 밴 트레일러

 ④ 일반잡화 및 냉동화물 등의 운반용으로 사용된다.

39 트레일러에 대한 설명으로 틀린 것은?

① 세미 트레일러는 트랙터에 연결하여 총 하중의 일부분이 견인하는 자동차에 의해 지탱되도록 설계된 트레일러이다.
② 트레일러는 동력을 갖추고 물품수송을 목적으로 하는 견인차를 말한다.
③ 풀 트레일러는 트랙터와 트레일러가 완전히 분리되어 있고 트랙터 자체도 적재함이 있다.
④ 폴 트레일러는 기둥, 통나무 등 장척의 적하물 자체가 트랙터와 트레일러의 연결부분을 구성하는 구조의 트레일러이다.

 ② 트레일러는 동력을 갖추지 않고 모터 비이클에 의하여 견인되며, 사람 또는 물품 수송 목적으로 설계되어 도로상을 주행하는 차량이다.

40 고객의 귀책사유로 인수가 약정된 일시로부터 2시간 이상 지체된 경우 사업자가 계약을 해제하며 청구할 수 있는 손해배상액은 계약금의 몇 배인가?

① 6배   ② 4배
③ 2배   ④ 3배

 고객의 귀책사유로 이사화물의 인수가 약정된 일시로부터 2시간 이상 지체된 경우 사업자는 계약을 해제하고 계약금액의 배액을 손해배상으로 청구할 수 있으며 고객은 이미 지급한 계약금이 있다면 손해배상액에서 그 금액을 공제할 수 있다.

41 교통사고의 요인 가운데 사회환경 요인에 해당하는 것은?

① 운전자, 보행자 등
② 차량구조장치
③ 도로의 선형
④ 정부의 교통정책

 교통사고의 요인 가운데 사회환경 요인으로는 일반 국민·운전자·보행자 등의 교통도덕, 정부의 교통정책, 교통단속과 형사처벌 등이 있다.
① 인적요인
② 차량요인
③ 도로요인

42 하루 가운데 교통사고가 가장 많이 발생하는 시간대는?

① 새벽   ② 아침
③ 낮   ④ 해질 무렵

 해질 무렵이 가장 운전하기 힘든 시간대이다. 전조등을 비추어도 주변 밝기와 비슷하여 의외로 다른 자동차나 보행자를 보기가 어렵기 때문에 교통사고의 위험이 큰 편이다.

정답 37.② 38.④ 39.② 40.③ 41.④ 42.④

43 다음 중 위험예측운전 요건과 가장 거리가 먼 것은?

① 전방은 물론 주변까지 잘 주시하고 교통 상황을 파악해서 대응한다.
② 돌발적인 상황의 사고위험성까지 예측해서 운전할 필요는 없다.
③ 운전하면서 마주치는 상대의 동작이나 주시방향을 확인한다.
④ 기상변화에 따라 도로교통상황은 시시각각의 변할 수 있다고 생각해야 한다.

 위험이라는 것이 항상 전방에 보이는 사람이나 차에만 한정할 수 없다. 운전석에서 볼 수 없는 다수의 사각지대 이외에도 표지판, 가로수, 주차된 차 등에 의한 정적인 사각지대와 이륜차나 킥보드 등 외부의 교통수단의 움직임 등으로 인한 동적인 사각지대의 위험요소를 제대로 파악하지 못하거나 예측·대응하려는 노력을 게을리할 경우 사고유발의 주요 원인이 될 수 있다.

44 보행자가 무단횡단을 하는 행동과 관련이 없는 것은?

① 교통 법규 무시 태도
② 가까운 거리로 건너가려고 함
③ 조급한 심리적 상태
④ 모범을 보일려고 하는 행동

45 감각기관의 수용기로부터 입수되는 차량 내·외의 교통정보를 뇌로 전달하는 신경은?

① 좌심성 신경
② 구심성 신경
③ 원심성 신경
④ 근심성 신경

 감각기관의 수용기로부터 입수되는 차량 내·외의 교통정보는 구심성 신경을 통하여 뇌로 전달된다.

46 다음 중 심경각의 정의로 옳은 것은?

① 전방에 있는 대상물까지의 거리를 목측하는 것
② 후방에 있는 대상물까지의 거리를 목측하는 것
③ 좌측에 있는 대상물까지의 거리를 목측하는 것
④ 우측에 있는 대상물까지의 거리를 목측하는 것

 심경각
전방에 있는 대상물까지의 거리를 목측하는 것을 심경각이라고 하며, 그 기능을 심시력이라고 한다. 심시력의 결함은 입체공간 측정의 결함으로 인한 교통사고를 초래할 수 있다.

47 고령자가 어두운 곳에서 밝은 곳으로 나올 때 나타날 수 있는 현상은?

① 원근 구별 능력이 약화
② 명순응 적응 시간이 증가
③ 암순응 적응 시간이 증가
④ 시야 감소 현상이 발생

 어두운 곳에서 밝은 곳으로 나와 높아진 조도에 적응하는 것을 명순응이라고 한다. 고령자의 경우 비고령자에 비해 암순응과 명순응에 걸리는 시간이 길어지게 된다.

48 보행자 교통정보 인지결함의 원인과 거리가 먼 것은?

① 다른 생각을 하면서 보행하고 있었다.
② 모범을 보일려고 행동하며 보행하였다.
③ 피곤한 상태에서 주의력이 저하되었다.
④ 동행자와 이야기 또는 놀이에 열중하였다.

49 큰 것들 가운데 있는 작은 것은 작은 것들 가운데 있는 같은 것보다 작아 보이는 것은?

① 경사　　　　　② 원근
③ 속도　　　　　④ 상반

 착각에는 크기, 원근, 경사, 속도, 상반 등이 있다. 제시된 내용은 상반에 대한 설명이다.

50 피로가 운전에 미치는 영향과 거리가 먼 것은?

① 졸음
② 주의력 감소
③ 난폭운전
④ 반응 시간 둔화

 운전자에게 피로는 주의력 감소, 반응 시간 둔화, 의사 결정 장애, 주의력 상실 증가로 이어질 수 있다.

51 주행중인 자동차의 정상적 배기가스의 색은?

① 흰색
② 검은색
③ 파란색
④ 무색 또는 엷은 청색

 자동차가 정상적인 상태라면 배기가스의 색은 무색 또는 엷은 청색이다. 흰색 배기가스가 계속 나온다면 엔진 내부로 냉각수가 새어 들어가는 경우이다. 검은색일 때에는 연료가 제대로 연소되지 않고 있는 경우이며 파란색 배기가스가 나올 때는 엔진 오일이 연소실로 새어 들어가고 있다고 볼 수 있다.

52 자동차 속도와 관련된 현상들과 가장 거리가 먼 것은?

① 스탠딩웨이브 현상
② 페이드 현상
③ 수막현상
④ 모닝 록 현상

 모닝 록 현상은 비가 자주 오거나 습도가 높은 날, 또는 오랜 시간 주차한 후에 브레이크 드럼에 미세한 녹이 발생하는 현상이다.

53 수막현상의 예방과 관계없는 것은?

① 고속 주행하지 않기
② 공기압을 낮추기
③ 마모된 타이어 사용하지 않기
④ 배수 효과 좋은 타이어 사용하기

 수막 현상을 예방하기 위해서는 공기압을 조금 높여야 한다.

54 ABS 브레이크의 기능으로 옳은 것은?

① 페이드 현상 방지
② 베이퍼 록 현상 예방
③ 제동거리 감소와 안정성
④ 충격흡수와 반동량 감소

 ABS(Anti-Lock Brake System)는 주행 중에 급브레이크를 밟아 차량을 정지시킬 때 바퀴의 미끄러짐을 방지해 주게 되어 제동거리가 일반 브레이크에 비해 짧고 조향 능력이 우수하다.

정답　49.④ 50.③ 51.④ 52.④ 53.② 54.③

55 여름철 주행 중 엔진 과열 현상이 발생하지 않게하기 위한 점검사항으로 가장 관련이 없는 것은?

① 공기유입 확인
② 팬벨트 장력 확인
③ 냉각수 양 확인
④ 냉각수 누출 확인

 여름철에는 엔진이 과열되기 쉬우므로 냉각수 양은 충분한지, 냉각수가 새는 부분은 없는지, 팬벨트 장력은 적절한지를 수시로 확인하여야 한다.

56 다음 중 외륜차가 가장 많이 발생하는 차는?

① 대형차
② 이륜차
③ 소형차
④ 중형차

 큰 차일수록 외륜차가 많이 발생한다.

57 엔진 회전수에 비례하여 쇠가 마주치는 이음소리가 날때의 원인은?

① 밸브장치에서 나는 소리
② 클러치를 밟고 있을 때 나는 소리
③ 휠 밸런스가 맞지 않을 때 나는 소리
④ 쇽업소버의 고장으로 나는 소리

 엔진의 이음은 밸브장치에서 나는 소리로 밸브간극 조정으로 수리 가능하다.

58 어깨길(갓길)의 기능이 아닌 것은?

① 고장차가 본선차도로부터 대피할 수 있고, 사고 시 교통의 혼잡을 방지한다.
② 보도가 없는 도로에서는 보행자의 통행 장소로 제공된다.
③ 야간 주행 시 전조등의 불빛을 방지한다.
④ 측방 여유폭을 가지므로 교통의 안전성과 쾌적성에 기여한다.

 ③은 중앙분리대의 기능이다.

59 야간 및 악천후에 운전자의 시선을 명확히 유도하기 위해 도로 표면에 설치하는 시선유도시설물은?

① 갈매기표지
② 시선유도표지
③ 시선유도봉
④ 표지병

 ① 갈매기표지 : 급한 곡선도로에서 그 곡선의 정도에 따라 갈매기표지를 사용하여 운전자의 시선을 명확하게 유도함으로써 원활한 주행을 도와주는 시설물
② 시선유도표지 : 직선과 곡선 구간에서 도로조건이 변화되는 전방의 상황을 반사체를 사용하여 안내함으로써 안전하고 원활한 주행을 유도하는 시설물

60 방호울타리의 기능으로 적절하지 않은 것은?

① 차량을 감속시킬 수 있어야 한다.
② 차량의 손상이 적도록 하여야 한다.
③ 횡단을 방지할 수 있어야 한다.
④ 충돌 시 차량이 튕겨나가야 한다.

 ④ 차량이 대향차로로 튕겨나가지 않아야 한다.

61 왕복의 교통을 분리하기 위하여 도로 또는 가로의 중앙에 만드는 지대는?

① 길어깨(갓길)
② 방호울타리
③ 중앙분리대
④ 안전지대

 중앙분리대의 기능
• 상하 차도의 교통 분리
• 보행자의 안전섬으로서 횡단 시 안전
• 필요에 따른 유턴 방지
• 야간 주행 시 대향차의 전조등 불빛 방지
• 도로표지, 교통관제시설 등을 설치할 수 있는 장소 제공

62 중앙분리대 설치로 줄어드는 사고에 해당하는 것은?

① 충돌
② 추돌
③ 전복
④ 전도

 차량의 진행방향이 다른 경우 혹은 측면에서 충격을 받아서 발생한 사고를 충돌사고라고 한다.
② 추돌 : 주행 중 앞차가 급정거를 하고, 뒤쫓아가던 차가 부딪힌 경우
③ 전복 : 운행중의 사고로 인해 자동차가 뒤집어진 경우
④ 전도 : 자동차의 측면이 도로에 접한 상태로 넘어진 경우

63 다음 중 방어운전 요령으로 적절하지 않은 것은?

① 운전자는 앞차의 전방까지 시야를 멀리 둔다.
② 뒤차의 움직임을 룸미러나 사이드미러로 확인을 한다.
③ 교통상황을 고려하지 않고 일정한 속도로 운전한다.
④ 진로변경 시 상대방이 잘 알 수 있도록 신호를 보낸다.

 교통상황을 고려해야 한다. 차량이 많을 때는 가장 안전한 속도인 다른 차량과 같은 속도로 운전하고 안전한 차간거리를 유지해야 한다.

64 앞지르기에 대한 설명으로 옳지 않은 것은?

① 앞지르기에 필요한 충분한 거리와 시야가 확보되었을 때 시도한다.
② 앞차가 앞지르기하고 있을 때에는 앞지르기를 시도하지 않는다.
③ 앞차의 왼쪽 차로에 차가 주행 중일 때는 오른쪽으로 앞지르기를 한다.
④ 점선의 중앙선을 넘어 앞지르기하는 때에는 대향차 움직임에 주의한다.

 앞지르기를 할 때 앞차의 오른쪽으로 앞지르기를 하지 않아야 한다.

65 겨울철 안전운행과 관련한 내용으로 가장 거리가 먼 것은?

① 동파 방지를 위해 부동액 비중을 점검한다.
② 정온기 상태 및 월동장비 등을 점검한다.
③ 낮은 기온으로 운전자는 빠른 행동을 할 수 있다.
④ 도로가 미끄러울 경우 충분한 차간거리를 확보한다.

 겨울철에는 신체적 움직임이 둔해질 수 있어 안전운전에 주의를 기울여야 한다.

66 일반적인 고객의 욕구에 대한 설명으로 적합하지 않은 것은?

① 기억되기를 바란다.
② 환영받고 싶어 한다.
③ 관심을 가져주기를 바란다.
④ 평범한 사람으로 인식되기를 바란다.

 ④ 중요한 사람으로 인식되기를 바란다.

정답 61.③ 62.① 63.③ 64.③ 65.③ 66.④

67 고객에게 불쾌감을 주는 몸가짐이 아닌 것은?

① 충혈된 눈
② 단정한 용모와 복장
③ 잠잔 흔적이 남은 머릿결
④ 정리되지 않은 덥수룩한 수염

 고객에게 불쾌감을 주는 몸가짐 : 충혈된 눈, 잠잔 흔적이 남은 머릿결, 정리되지 않은 덥수룩한 수염, 길게 자란 코털, 지저분한 손톱, 무표정 등

68 고객만족 행동예절에서 인사의 중요성에 대한 설명으로 맞지 않은 것은?

① 인사는 고객과 만나는 첫걸음이다.
② 인사는 자신의 교양과 인격의 표현이다.
③ 인사는 고객에 대한 마음가짐의 표현이다.
④ 인사는 고객에 대한 서비스 정신과는 상관없다.

 인사는 고객에 대한 서비스 정신의 표시이다.

69 택배종사자의 올바른 서비스 자세에 관한 설명이 아닌 것은?

① 고객만족을 위하여 최선을 다한다.
② 상품을 판매하고 있다고 생각한다.
③ 고객이 부재중일 경우 영업소로 찾아오도록 한다.
④ 진정한 택배종사자로 대접받을 수 있도록 용모를 단정히 한다.

 고객 부재 시 부재안내표를 작성하여 투입하고, 대리인 인수 시에는 인수처를 명기하여 찾도록 한다.

70 화물운송의 효율을 높이기 위한 내용이 아닌 것은?

① 왕복실차율을 낮춘다.
② 컨테이너 수송을 강화한다.
③ 에너지 효율을 높이고 하역과 주행의 최적화를 도모한다.
④ 공차로 운행하지 않도록 효율적인 운송 시스템을 확립한다.

 ① 왕복실차율을 높인다.

71 주행거리에 대해 실제로 화물을 싣고 운행한 거리의 비율은?

① 가동율　　② 실차율
③ 적재율　　④ 공차율

 ① 가동율 : 화물자동차가 일정 기간에 걸쳐 실제로 가동한 일수
③ 적재율 : 최대적재량 대비 적재된 화물의 비율
④ 공차율 : 통행화물 차량 중 빈차의 비율

72 공급망관리에 있어서의 제4자 물류의 4단계 중 1단계에 해당하는 것은?

① 재창조　　② 전환
③ 이행　　　④ 실행

 공급망관리에 있어서의 제4자 물류의 4단계 : 재창조(1단계) → 전환(2단계) → 이행(3단계) → 실행(4단계)

 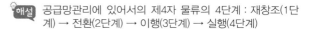

73 물류의 용어 가운데 소규모의 상품을 판매자로부터 구매자에게 직접 전달하는 과정을 말하는 것은?

① 운반　　② 운송
③ 수송　　④ 배송

 ② 운송 : 물건이나 사람을 한 장소에서 다른 장소로 옮기는 모든 활동
③ 수송 : 대량의 물자나 사람을 대상으로 다른 곳으로 옮기는 경제적 활동
④ 배송 : 소규모의 상품을 판매자로부터 구매자에게 직접 전달하는 과정

74 수·배송 활동의 계획 단계에서 물류정보 처리기능에 해당하는 것은?

① 배차 수배
② 수송경로 선정
③ 반송화물 정보관리
④ 운임 계산

 수·배송 활동의 각 단계에서의 물류정보처리기능 : 계획 → 실시 → 통제
① 배차 수배 : 실시 단계
③ 반송화물 정보관리 : 실시 단계
④ 운임 계산 : 통제 단계

75 물류전략의 고려요소가 아닌 것은?

① 상품광고
② 비용절감
③ 자본절감
④ 서비스 개선

 물류전략은 비용절감, 자본절감, 서비스 개선을 목표로 한다.

76 로지스틱스와 관련 고객만족을 통한 수요창출에 누구보다 중요한 위치를 차지하고 있는 사람은?

① 최고경영자
② 물류관리자
③ 고객관리자
④ 운전자

 로지스틱스는 수요창조기능에 중점을 두는 것으로 물류의 최일선에 있는 운전자는 고객만족을 통한 수요창출에 누구보다 중요한 위치를 차지하고 있다.

77 제4자 물류의 정의로 옳지 않은 것은?

① 포괄적인 토탈물류서비스를 제공
② 컨설팅 업무에 2자물류의 기능을 추가 수행하는 형태
③ 통합서비스를 제공하는 방식
④ 전략적 제휴 혹은 네트워킹하여 물류업무를 수행

 제4자 물류는 제3자 물류의 기능에 컨설팅 업무를 추가 수행하는 것이다.

78 제3자 물류에 의한 물류혁신 기대효과가 아닌 것은?

① 종합물류서비스의 활성화
② 공급망관리(SCM) 도입 및 확산의 촉진
③ 고품질 물류서비스의 제공으로 제조업체의 경쟁력 강화 지원
④ 물류시설에 대한 고정투자비 부담의 상승으로 물류산업의 합리화 촉진

 ④ 제3자 물류서비스의 개선 및 확충으로 물류산업의 수요기반이 확대될수록 물류시설에 대한 고정투자비 부담이 감소되어 규모의 경제효과를 얻을 수 있어 물류산업의 합리화가 촉진될 것이다.

79 화주기업이 자가용화물자동차를 이용할 때의 장점에 해당하지 않은 것은?

① 차량의 구입 및 등록이 용이하다.
② 필요한 시점에 언제든지 이용할 수 있다.
③ 운송화물의 크기에 따라 적절한 규모의 차량을 선택할 수 있다.
④ 차량의 기동성이 높아지고 운송시스템의 일관성을 유지할 수 있다.

 ③ 단점으로 수송능력, 사용하는 차종·차량에 한계가 있다.

80 다음 중 공동배송의 장점으로 옳은 것은?

① 배송순서의 조절이 어려움
② 출하시간 집중
③ 환경오염 방지
④ 제조업체의 산재에 따른 문제

 ①, ②, ④는 공동배송의 단점이다.

2023 제1회 화물운송종사자격시험 기출분석문제

01 편도1차로 고속도로에서 특수자동차의 최고 속도와 최저 속도는?

① 매시 최고 80km, 최저 50km

② 매시 최고 90km, 최저 40km

③ 매시 최고 80km, 최저 40km

④ 매시 최고 90km, 최저 50km

 특수자동차는 고속도로 편도1차로와 편도2차로 이상에서는 매시 최고 80km, 최저 50km의 속도이고, 편도2차로 이상의 지정·고시한 노선 또는 구간의 고속도로에서는 매시 90km 이내, 매시 50km이다.

02 앞지르기에 대한 설명으로 옳지 않은 것은?

① 앞지르기 전에 앞차에게 신호로 알린다.

② 대향차의 속도와 거리를 정확히 판단한 후 앞지르기한다.

③ 앞차의 오른쪽으로 앞지르기를 한다.

④ 앞차가 앞지르기를 하고 있을 때에는 시도하지 않아야 한다.

 ③ 모든 차의 운전자는 다른 차를 앞지르고자 할 때에는 앞차의 좌측으로 통행하여야 한다.

03 교차로 통행방법에 대한 설명으로 옳은 것은?

① 우회전을 하는 차는 신호에 관계없이 보행자에 주의하여 진행한다.

② 좌회전을 하려는 차는 미리 도로의 중앙선을 따라 서행하여야 한다.

③ 차의 운전자는 회전교차로에서는 시계방향으로 통행하여야 한다.

④ 차의 운전자는 교차로에 들어가려고 할 때에는 반드시 일시정지해야 한다.

 ① 교차로에서 우회전할 때 보행자가 있는 경우. 빨간불·초록불과 무관하게 횡단보도(정지선이 설치되어 있다면 정지선) 앞에서 일시정지한 후 보행자가 횡단보도에서 사라지면 서행하며 우회전해야 한다. 그리고 보행자가 없는 경우라면 차량신호 빨간불에서는 일시정지 후 서행하며 우회전하고, 차량신호 초록불에서는 서행하며 우회전을 해야 한다.

③ 회전교차로에서 모든 차의 운전자는 반시계방향으로 통행하여야 한다.

④ 교통정리를 하고 있지 않고 일시정지나 양보를 표시하는 안전표지가 설치되어 있는 교차로에 들어가려고 할 때에는 다른 차의 진행을 방해하지 않도록 일시정지하거나 양보해야 한다.

04 도로교통법상 속도위반 50km/h 초과 일 때 교통법규위반 벌점은?

① 60점   ② 40점

③ 30점   ④ 15점

 도로교통법상 40km/h 초과 60km/h 이하의 속도위반에 해당하는 벌점은 30점이다.

05 4톤 초과 화물자동차가 정차·주차금지위반의 범칙행위를 한 경우에 범칙금은 얼마인가?

① 10만 원   ② 7만 원

③ 5만 원   ④ 3만 원

 정차·주차금지위반(신속한 소방활동을 위해 특히 필요하다고 인정하여 안전표지가 설치된 곳에서의 정차·주차금지위반은 제외), 주차금지위반, 정차·주차방법위반 등의 범칙행위에 대해 4톤 초과화물자동차는 5만 원, 4톤 이하 화물자동차는 4만원의 범칙금액이 부과된다.

06 운전적성정밀검사 중 특별검사는 과거 1년간 운전면허 행정처분기준에 따라 산출된 누산점수가 몇점 이상인 사람이 받아야 하는가?

① 81점   ② 51점

③ 71점   ④ 61점

 특별검사는 과거 1년간 운전면허행정처분기준에 따라 산출된 누산점수가 81점 이상인 사람과 교통사고를 일으켜 사람을 사망하게 하거나 5주 이상의 치료가 필요한 상해를 입은 사람이 대상이다.

07 다음 교통안전표지 중 지시표지에 해당하는 것은?

① ②

③ ④

 ① 규제표지 : 도로교통의 안전을 위하여 각종 제한, 금지 등의 규제를 하는 경우에 이를 도로사용자에게 알리는 표지이다.
② 주의표지 : 도로상태가 위험하거나 도로 또는 그 부근에 위험물이 있는 경우에 필요한 안전조치를 할 수 있도록 이를 도로사용자에게 알리는 표지이다.
③ 지시표지 : 도로의 통행방법, 통행구분 등 도로교통의 안전을 위하여 필요한 지시를 하는 경우에 도로사용자가 이에 따르도록 알리는 표지이다.
④ 보조표지 : 주의표지·규제표지 또는 지시표지의 주기능을 보충하여 도로사용자에게 알리는 표지이다.

08 철길건널목의 종류에서 경보기와 건널목 교통안전표지만 설치하는 경우는 몇 종에 해당하는가?

① 제4종　　② 제3종
③ 제1종　　④ 제2종

 철길건널목의 종류
• 제1종 : 차단기, 건널목경보기 및 건널목 교통안전표지가 설치되어 있는 경우
• 제2종 : 경보기와 건널목 교통안전표지만 설치하는 경우
• 제3종 : 건널목 교통안전표지만 설치하는 경우

09 교통사고처리특례법상 특례의 적용 배제 사유가 아닌 것은?

① 신호·지시위반사고
② 교차로 내 사고
③ 중앙선침범사고
④ 보행자 보호의무 위반사고

 교차로 내 사고는 특례의 적용 배제 사유에 해당하지 않는다.

10 화물자동차 운송사업자의 준수사항에 대한 설명으로 옳지 않은 것은?

① 운송사업자는 허가받은 사항의 범위에서 사업을 성실하게 수행해야 하며 부당한 운송조건을 제시하거나 정당한 사유 없이 운송계약의 인수를 거부하여서는 안 된다.
② 운송사업자는 화물자동차운전자의 과로를 방지하고 안전운행을 확보하기 위해 운전자를 과도하게 승차근무하게 하여서는 안 된다.
③ 운송사업자는 해당 화물자동차운송사업에 종사하는 운수종사자가 준수사항을 성실히 이행하도록 지도·감독해야 한다.
④ 화물운송의 대가로 받은 운임 및 요금의 전부 또는 일부에 해당하는 금액을 화주, 다른 운송사업자 등에게 되돌려줄 수 있다.

 ④ 운송사업자는 화물운송의 대가로 받은 운임 및 요금의 전부 또는 일부에 해당하는 금액을 부당하게 화주, 다른 운송사업자 또는 화물자동차운송주선사업을 경영하는 자에게 되돌려 주는 행위를 하여서는 안 된다(화물자동차 운수사업법 제11조제6항).

11 화물자동차 운전자의 취업 현황 및 퇴직 현황을 보고하지 않았거나 거짓으로 보고한 경우에 부과되는 과징금은?

① 개인 화물자동차운송사업자 : 10만 원
② 개인 화물자동차운송사업자 : 20만 원
③ 일반 화물자동차운송사업자 : 100만 원
④ 일반 화물자동차운송사업자 : 60만 원

 개인 화물자동차운송사업자에게는 10만 원, 일반 화물자동차운송사업자에게는 20만 원의 과징금이 부과된다.

12 교통사고를 일으켜 5주 이상의 치료가 필요한 상해를 입은 사람이 받아야 하는 운전적성정밀검사는?

① 신규검사 ② 자격유지검사
③ 특별검사 ④ 임시검사

 과거 1년간 운전면허행정처분기준에 따라 산출된 누산점수가 81점 이상인 사람과 함께 특별검사를 받아야 하는 대상이다.

13 화물자동차 운수사업법령상 화물자동차운송사업의 종류에 해당하는 것은?

① 오토바이운송
② 렌터카운송
③ 퀵서비스운송
④ 용달화물자동차운송

 화물자동차운송사업은 다른 사람의 요구에 응하여 화물자동차를 사용하여 화물을 유상으로 운송하는 사업을 말한다(화물자동차 운수사업법 제2조제3호).

14 일반화물자동차 운송사업자가 운송사업자의 명칭을 표시하지 않은 경우에 부과되는 과징금은?

① 5만 원 ② 10만 원
③ 10만 원 ④ 30만 원

 사업용 화물자동차의 바깥쪽에 일반인이 알아보기 쉽도록 해당 운송사업자의 명칭을 표시해야 한다. 이를 표시하지 않은 경우에는 일반은 10만 원, 개인은 5만 원의 과징금이 부과된다.

15 화물운송사업자가 적재물배상보험에 가입하지 않은 기간이 3일 이내인 경우의 과태료 금액은?

① 1만 원 ② 1만 5천 원
③ 2만 원 ④ 3만 원

 운송사업자(미가입 화물자동차 1대당)가 적재물배상보험에 가입하지 않은 기간이 10일 이내인 경우는 1만 5천 원이고, 10일을 초과한 경우에는 1만 5천 원에 11일째부터 기산하여 1일당 5천 원을 가산한 금액이다. 과태료 총액은 자동차 1대당 50만 원을 초과하지 못한다.

16 화물자동차운송사업의 허가 취소사유가 아닌 것은?

① 부정한 방법으로 화물자동차운송사업 허가를 받은 경우
② 결격사유에 해당하게 된 경우
③ 화물자동차운전자의 취업 현황을 보고하지 아니한 경우
④ 화물자동차 교통사고와 관련하여 거짓이나 그 밖의 부정한 방법으로 보험금을 청구하여 금고 이상의 형을 선고받고 그 형이 확정된 경우

 ③ 화물자동차운전자의 취업 현황 및 퇴직 현황을 보고하지 않거나 거짓으로 보고한 경우에는 일반 20만 원, 개인 10만 원의 과징금이 부과된다.

17 1.5톤의 일반 화물차량이 차고지가 아닌 곳에서 밤샘주차한 경우 부과되는 과징금은?

① 5만 원 ② 10만 원
③ 20만 원 ④ 30만 원

 최대적재량 1.5톤 이하의 화물자동차가 주차장, 차고지 또는 지방자치단체의 조례로 정한 시설 및 장소가 아닌 곳에서 밤샘주차한 경우에 일반은 20만 원, 개인은 5만 원의 과징금이 부과된다(규칙 별표3).

18 제1종 보통운전면허로 운전할 수 있는 차량이 아닌 것은?

① 승용차
② 승차정원 15명 이하 승합자동차
③ 적재중량 12톤 미만 화물자동차
④ 5톤미만 지게차

 제1종 보통운전면허로 운전할 수 있는 건설기계는 도로를 운행하는 3톤미만 지게차로 한정한다.

19 자동차검사에 대한 설명으로 옳지 않은 것은?

① 신규등록을 하려는 경우 실시하는 검사는 신규검사이다.
② 신규등록 후 일정 기간마다 정기적으로 실시하는 검사는 정기검사이다.
③ 전손 처리 자동차를 수리한 후 운행하려는 경우에 실시하는 것은 수리검사이다.
④ 자동차를 튜닝한 경우에 실시하는 검사는 성능확인검사이다.

 자동차를 튜닝한 경우에 실시하는 검사는 튜닝검사이다.

20 차령이 3년인 사업용 대형 승합자동차의 자동차정기검사의 유효기간은 얼마인가?

① 3년　② 2년
③ 6개월　④ 1년

 자동차정기검사의 유효기간(규칙 별표 15의2 2023. 5. 25 개정)

구분		검사유효기간
중형 승합자동차 및 사업용 대형 승합자동차	차령이 8년 이하인 경우	1년
	차령이 8년 초과된 경우	6월

21 자동차관리법령상 특수자동차의 유형별 구분에 해당하지 않는 것은?

① 일반형　② 견인형
③ 구난형　④ 특수용도형

 자동차관리법령상 특수자동차는 견인형, 구난형, 특수용도형으로 구분된다.

22 도로관리청이 광역시장 또는 도지사인 경우 자동차전용도로를 지정하고자 할 때 누구의 의견을 들어야 하는가?

① 교통부장관
② 관할 경찰서장
③ 관할 시·도경찰청장
④ 행안부장관

 자동차전용도로의 지정(법 제48조)

도로관리청	내용
국토교통부장관	경찰청장의 의견
특별시장·광역시장·도지사 또는 특별자치도지사	관할 시·도경찰청장의 의견
특별자치시장, 장·군수 또는 구청장	관할 경철서장의 의견

23 도로법에 규정된 내용이 아닌 것은?

① 도로망의 계획수립
② 도로의 시설 기준
③ 도로의 관리·보전 및 비용 부담
④ 자동차 안전기준

 도로망의 계획수립, 도로 노선의 지정, 도로공사의 시행과 도로의 시설 기준, 도로의 관리·보전 및 비용 부담 등에 관한 사항을 규정하고 있다(도로법 제1조).

24 대기 중에 떠다니거나 흩날려 내려오는 입자의 물질을 무엇이라 하는가?

① 매연　② 먼지
③ 온실가스　④ 검댕

해설 ① 매연 : 연소할 때에 생기는 유리 탄소가 주가 되는 미세한 입자상물질
③ 온실가스 : 적외선 복사열을 흡수하거나 다시 방출하여 온실효과를 유발하는 대기 중의 가스상태 물질
④ 검댕 : 연소할 때에 생기는 유리 탄소가 응결하여 입자의 지름이 1미크론 이상이 되는 입자상물질

25 저공해자동차로의 전환 또는 개조 명령을 이행하지 않은 자에 부과되는 과태료는?

① 1천만 원 이하
② 300만 원 이하
③ 100만 원 이하
④ 50만 원 이하

 저공해자동차로의 전환 또는 개조 명령, 배출가스저감장치의 부착·교체 명령 또는 배출가스 관련 부품의 교체 명령, 저공해엔진(혼소엔진을 포함)으로의 개조 또는 교체 명령을 이행하지 아니한 자에게는 300만 원 이하의 과태료를 부과한다(대기환경보전법 제94조제2항).

26 다음 중 운송장의 기능으로 옳지 않은 것은?

① 운송장에 기록된 내용과 약관에 기준한 계약이 성립된 것이 된다.
② 운송장에 회사의 수령인을 날인하여 사용함으로써 영수증 역할을 한다.
③ 운송장에 기재한 화물명과 박스 안의 내용물이 일치함을 확인해 준다.
④ 현금, 신용, 착불 등 수입 형태 파악과 전체 수입금에 대한 관리자료가 된다.

 운송장의 기능 : 계약서의 기능, 화물인수증 기능, 운송요금 영수증 기능, 배달에 대한 증빙 기능, 수입금 관리자료 기능, 행선지 분류정보 제공(작업지시서 기능) 등이 있다.

27 도서지역의 운임 및 도선료의 징수방법으로 옳은 것은?

① 선불   ② 후불
③ 착불   ④ 완불

 도서지역의 경우 차량이 직접 들어갈 수 없는 지역이 많아 착불로 거래 시 운임을 징수할 수 없으므로 소비자의 양해를 얻어 운임 및 도선료는 선불로 처리한다.

28 운송장 부착 요령으로 옳지 않은 것은?

① 운송장과 물품이 정확히 일치하는지 확인한 후 부착한다.
② 물품의 정중앙 상단에 뚜렷하게 보이도록 부착한다.
③ 운송장이 떨어지지 않도록 손으로 잘 눌러서 부착한다.
④ 작은 소포의 경우에는 운송장 부착을 생략할 수 있다.

 작은 소포의 경우에도 반드시 운송장을 부착해야 한다.

29 다음 중 운송장 기재시 유의사항으로 옳지 않은 것은?

① 집하담당자가 모든 운송장 정보를 직접 기입한다.
② 수하인의 주소와 전화번호가 맞는지 재차 확인한다.
③ 고객에게 특약사항에 대해 고지한 후 특약사항 약관설명 확인필에 서명을 받는다.
④ 파손, 부패, 변질 등 물품의 특성상 문제의 소지가 있을 경우에는 면책확인서를 받는다.

 화물을 인수할 때 적합성 여부를 확인한 후 고객이 직접 운송장 정보를 기입하도록 한다.

30 화물의 하역방법에 대한 설명으로 옳지 않은 것은?

① 화물은 한 줄로 높이 쌓는다.
② 화물의 적하 순서에 따라 작업한다.
③ 길이가 고르지 못하면 한쪽 끝이 맞도록 한다.
④ 종류가 다른 것을 적치할 때는 무거운 것을 밑에 쌓는다.

 화물은 한 줄로 높이 쌓지 않도록 하고, 같은 종류·규격끼리 적재를 해야 한다.

31 화물의 창고 입·출고 시 주의사항으로 틀린 것은?

① 화물 적하장소에 무단출입하지 않는다.
② 원기둥형의 운반은 뒤로 끌어서 이동시키도록 한다.
③ 창고 내 작업안전통로를 충분히 확보한다.
④ 운반통로의 맨홀이나 홈에 주의해야 한다.

 ② 원기둥형을 굴릴 때는 앞으로 밀어서 굴리고 뒤로 끌어서는 안 된다.

32 화물의 상·하차 방법으로 옳지 않은 것은?

① 편하중이 발생하지 않도록 적재한다.
② 가벼운 것은 아래, 무거운 것은 위로 적재한다.
③ 화물이 옆으로 미끄러지지 않도록 주의해 놓는다.
④ 화물의 형태에 따라 선반, 고정목 등을 사용하도록 한다.

 화물의 상·하차 작업 시에는 무게 중심을 고려하여 가벼운 것은 위, 무거운 것은 아래에 적재한다.

33 컨테이너의 위험물 취급 내용으로 틀린 것은?

① 개폐문의 방수상태를 항상 점검한다.
② 화물의 일부가 컨테이너 밖으로 튀어나오지 않도록 미리 주의한다.
③ 수납이 완료되면 즉시 문을 폐쇄한다.
④ 선적 후에는 반드시 콘(잠금 장치)을 해제한다.

 컨테이너를 선적 후 반드시 콘(잠금장치)을 잠근다.

34 파렛트 화물의 붕괴를 방지하기 위한 방식으로 옳지 않은 것은?

① 밴드걸기 방식
② 박스 테두리 방식
③ 스트레치 방식
④ 성형가공 방식

해설 ① 밴드걸기 방식 : 나무상자를 파렛트에 쌓는 경우의 붕괴 방지에 많이 사용되는 방식
② 박스 테두리 방식 : 파렛트에 테두리를 붙이는 박스 파렛트 방식
③ 스트레치 방식 : 플라스틱 필름을 파렛트 화물에 감아 움직이지 않게 하는 방식

35 포장재료의 특성에 의한 분류와 가장 거리가 먼 것은?

① 유연포장
② 진공포장
③ 강성포장
④ 반강성포장

해설 ② 진공포장은 포장방법별 분류에 해당하는 것으로 밀봉 포장된 상태에서 공기를 빨아들여 밖으로 뽑아 버림으로써 물품의 변질 등을 방지하기 위한 포장이다.

36 수하인 문앞 행동방법으로 옳지 않은 것은?

① 겉포장의 이상 유무를 확인한 후 인계한다.
② 수령인의 정자 이름과 사인을 동시에 받는다.
③ 사용법, 입어 보이기 등 고객의 문의에 성실히 응한다.
④ 배달과 관계없는 불필요한 말과 행동 등은 삼가한다.

해설 ③ 고객의 문의 사항이 있을 때 집하 이용, 반품 등에 대한 문의는 성실히 답변을 해야하나 조립방법, 사용방법, 입어 보이기 등은 정중히 거절을 한다.

37 이사화물 표준약관의 규정상 인수 거절이 가능하지 않은 물품은?

① 100만원 이상의 가치가 나가는 물품
② 위험물, 불결한 물품
③ 운송에 적합하도록 포장요청을 하였으나 고객이 이를 거부한 물품
④ 동식물, 미술품, 골동품 등 운송에 특수한 관리를 요하는 물품

해설 현금, 유가증권, 귀금속, 예금통장, 신용카드, 인감 등 고객이 휴대할 수 있는 귀중품은 인수를 거절할 수 있다.

38 트레일러에 대한 설명으로 틀린 것은?

① 트레일러에는 풀 트레일러, 세미트레일러, 폴 트레일러로 구분한다.
② 세미 트레일러는 트랙터에 연결하여 총 하중의 일부분이 견인하는 자동차에 의해 지탱되도록 설계된 트레일러이다.
③ 돌리(Dolly)와 조합된 세미 트레일러는 풀 트레일러에 해당한다.
④ 트레일러는 동력을 갖추고 물품수송을 목적으로 하는 견인차를 말한다.

 해설 트레일러는 동력을 갖추지 않고 모터 비이클에 의하여 견인되며, 사람 또는 물품 수송 목적으로 설계되어 도로상을 주행하는 차량이다.

39 화물자동차의 규모에 따른 구분으로 대형 화물자동차의 총중량 기준은?

① 15톤 이상 ② 10톤 이상
③ 5톤 이상 ④ 3톤 이상

 해설 대형 화물자동차는 최대적재량이 5톤 이상이거나 총중량이 10톤 이상인 화물자동차이다.

40 이사화물 운송자가 약정된 인수일시로부터 몇 시간 지나면 고객은 손해배상을 청구할 수 있는가?

① 4시간 ② 2시간
③ 1시간 ④ 3시간

해설 이사화물의 인수가 사업자의 귀책사유로 약정된 인수일시로부터 2시간 이상 지연 시 고객은 계약을 해지하고 이미 지급한 계약금의 반환 및 계약금의 6배액의 손해배상을 청구할 수 있다.

41 OECD 회원국 중 보행자 교통사망율 1위에 해당하는 국가는?

① 대한민국 ② 일본
③ 미국 ④ 프랑스

해설 우리나라는 교통사고 사망자 중 보행자가 38.9%로 OECD 회원국 평균 19.3%보다 2배 높아 보행안전에 대한 대책이 필요하다(2019년 통계 기준).

42 운전에 필요한 시력 기준(교정시력 포함)으로 옳지 않은 것은?

① 제1종은 두 눈을 동시에 뜨고 잰 시력이 0.8 이상, 두 눈이 각각 0.5 이상
② 제1종에서 한쪽 눈을 보지 못하는 사람이 보통면허를 취득하려는 경우에는 다른 쪽 눈의 시력이 1.0 이상
③ 제2종은 두 눈을 동시에 뜬 경우 0.5 이상
④ 제2종에서 한쪽 눈을 보지 못하는 사람은 다른 쪽 눈의 시력이 0.6 이상

 해설 ② 제1종 운전면허에서 한쪽 눈을 보지 못하는 사람이 보통면허를 취득하려는 경우에는 다른 쪽 눈의 시력이 0.8 이상이다.

43 안전운전을 위한 운전자 요인의 3과정 중 그 순서가 옳게 나열된 것은?

① 판단 – 인지 – 조작
② 인지 – 판단 – 조작
③ 인지 – 조작 – 판단
④ 조작 – 인지 – 판단

 해설 운전자는 교통상황을 알아차리고(인지), 자동차를 어떻게 운전할 것인가를 결정하고(판단), 자동차를 움직이는 운전행위(조작)에 이르는 과정을 반복한다.

44 다음 중 터널 진입시 순간적으로 앞이 어두워 보이는 현상은?

① 명순응 ② 명암순응
③ 암명순응 ④ 암순응

 해설 ① 터널 진출 직후 빛 번짐으로 앞이 밝게 보이는 현상은 명순응이다.

45 고령자 보행과 관련한 내용으로 옳지 않은 것은?

① 시야 감소 현상으로 잘 보지 못할 수 있다.
② 경음기를 울리면 소리에 즉각 반응을 한다.
③ 노화에 따른 근육운동 저하로 걸음이 느리다.
④ 신호에 대한 정보판단 처리능력이 낮다.

 청각 기능의 상실 또는 약화 현상으로 인하여 경음기 소리에 즉각 반응을 하지 못할 수 있다.

고령 보행자 안전수칙
• 안전한 횡단보도를 찾아 건너고, 야간 이동 시 밝은색 옷을 착용
• 횡단보도신호에 녹색불이 들어와도 바로 건너지 않고 오고있는 자동차가 정지했는지 확인
• 횡단보도신호가 점멸 중이면 다음 신호를 기다리며 생활도로 이용 시 길 가장자리로 안전하게 이동

46 주행시공간의 특성에 대한 설명으로 틀린 것은?

① 운전자의 시야는 속도가 빨라질수록 좁아진다.
② 운전자의 전방 주시점은 속도가 빨라질수록 가까워진다.
③ 속도가 빨라질수록 가까운 곳의 풍경은 더욱 흐려진다.
④ 속도가 빨라질수록 작고 복잡한 대상은 잘 확인되지 않는다.

 운전자의 전방 주시점은 속도가 빨라질수록 멀어지고, 시야는 좁아진다.

47 운전피로와 운전착오에 대한 설명 중 가장 거리가 먼 것은?

① 운전작업의 착오는 운전업무 개시 후·종료 시에 증가한다.
② 운전시간 경과와 더불어 운전피로는 증가하게 된다.
③ 운전착오는 주로 오후 시간대에 많이 발생을 한다.
④ 운전피로가 쌓이면 차내·외의 정보를 효과적으로 수용하지 못할 수 있다.

 운전착오는 각성 수준 저하, 졸음과 관련하여 주로 심야에서 새벽 시간대에 많이 발생한다.

48 엔진온도 과열 시 점검사항으로 옳지 않은 것은?

① 수온조절기 열림 확인
② 에어크리너 오염 상태
③ 라디에이터의 손상 상태
④ 냉각수 및 엔진오일의 양 확인

 엔진온도 과열 시 점검사항
• 수온조절기 열림 확인
• 팬 및 워터펌프 벨트 확인
• 냉각팬 및 워터펌프 작동 확인
• 냉각수 및 엔진오일의 양 확인, 누출여부 확인
• 라디에이터의 손상 상태 및 써머스태트 작동상태 확인

49 브레이크가 작동을 시작하는 순간부터 완전히 정지할 때까지의 시간은?

① 공주시간
② 제동시간
③ 정지시간
④ 순응시간

 ① 공주시간 : 브레이크로 발을 옮겨 브레이크가 작동을 시작하는 순간까지의 시간
③ 정지시간 : 공주시간+제동시간

50 일반 구조의 승용차용 타이어의 경우 스탠딩 웨이브 현상이 발생하는 속도는?

① 150km/h 전후
② 170km/h 전후
③ 160km/h 전후
④ 180km/h 전후

 스탠딩 웨이브 현상은 타이어의 회전속도가 빨라지면 접지부에서 받은 타이어 변형이 다음 접지 시점까지 복원되지 않고 접지의 뒤쪽에 진동 물결이 일어나는 현상이다. 이를 예방하기 위해서는 차량의 속도를 낮추고, 타이어의 공기압을 높여야 한다

51 자동차를 옆에서 보았을 때 차축과 연결되는 킹핀의 중심선이 약간 뒤로 기울어져 있는 것을 무엇이라 하는가?

① 토우인　　　　　② 캠버
③ 캐스트　　　　　④ 쇽 업소버

 캐스터는 주행 시 앞바퀴에 방향성을 부여하고, 조향을 하였을 때 직진 방향으로 되돌아오려는 복원력을 보여준다.
① 토우인 : 앞바퀴를 위에서 보았을 때 앞쪽이 뒤쪽보다 좁은 상태로, 이는 타이어의 마모를 방지하여 바퀴를 원활하게 회전시켜 핸들의 조작을 용이하게 한다.
② 캠버 : 앞바퀴가 하중을 받았을 때 아래로 벌어지는 것을 방지하고 타이어 접지면의 중심과 킹핀의 연장선이 노면과 만나는 점과의 거리인 옵셋을 적게하여 핸들 조작을 가볍게 하기 위해 필요하다.
④ 쇽 업소버 : 노면에서 발생한 스프링의 진동을 흡수하여 승차감을 향상시킨다.

52 자동차의 물리적 현상으로 속도와 가장 관계가 없는 것은?

① 원심력
② 페이드 현상
③ 수막 현상
④ 스탠딩웨이브 현상

 페이드(Fade) 현상
내리막길을 내려갈 때 브레이크를 반복하여 사용하면 마찰열이 라이닝에 축적되어 브레이크의 제동력이 저하되는 현상이다. 브레이크 라이닝의 온도 상승으로 라이닝 면의 마찰계수가 저하되기 때문에 발생을 한다.
① 원심력 : 속도의 제곱에 비례해서 커진다. 안전하게 회전하려면 속도를 줄여야 한다.
③ 수막 현상 : 자동차가 물이 고인 노면을 고속으로 주행할 때 타이어 트레드 홈 사이에 있는 물을 헤치는 기능이 감소되어 물의 저항에 의해 노면으로부터 떠올라 미끄러지듯이 되는 현상이다.
④ 스탠딩웨이브 현상 : 자동차가 고속으로 주행할 때 타이어의 회전속도가 빨라지면서 접지면에 발생한 타이어 변형이 다음 접지 시점까지도 복원되지 않고 진동의 물결로 남게 되는 현상이다.

53 다음 중 배기 브레이크에 대한 설명으로 옳지 않은 것은?

① 주로 디젤 기관을 사용하는 대형차에 사용된다.
② 배기의 통로를 차단하여 제동력을 얻는 감속기이다.
③ 배기가스 차단과 동시에 흡입 공기를 차단하는 방식이다.
④ 엔진 브레이크에 비하여 큰 제동력을 얻을 수 없다.

 배기 계통의 배기가스를 압축하는 동시에 인젝션 펌프의 공급 유량을 줄이거나, 배기가스를 차단하는 동시에 흡입 공기를 차단하는 방식을 말한다. 피스톤이 상하 운동에 저항하는 대항 압력을 급속히 발생시키는 것으로 엔진 브레이크에 비하여 빠르고 큰 제동력을 얻는다.

54 자동차를 제동할 때 차량 앞 범퍼 부분이 내려가는 현상은 무엇인가?

① 노즈 업
② 노즈 다운
③ 바운싱
④ 롤링

 ① 노즈 업(스쿼트 현사) : 자동차가 출발할 때 구동바퀴는 이동하려 하지만 차체는 정지하고 있기 때문에 앞 범퍼 부분이 들리는 현상
③ 바운싱 : 상 · 하 진동
④ 롤링 : 좌 · 우 진동

55 비상등 작동이 불량할 때 점검 방법으로 옳지 않은 것은?

① 커넥터 점검
② 전원 연결 정상여부 확인
③ P.T.O 작동 상태 점검
④ 턴 시그널 릴레이 점검

 ③ P.T.O(동력인출장치) 작동 상태 점검은 새시계통의 덤프 작동 불량 시에 해당한다.

56 오르막 구간에서 저속 자동차를 다른 자동차와 분리하여 통행시키기 위하여 설치하는 차로는?

① 예비차로　　　② 경사차로
③ 오르막차로　　④ 측면차로

 종단 경사가 있는 구간에서 자동차의 오르막 능력 등을 검토하여 필요하다고 인정되는 경우에 설치되는 차로이다. 편도 2차로 이하의 도로에서 주로 설치된다.

57 다음 중 방호울타리의 기능으로 틀린 것은?

① 횡단을 방지할 수 있어야 한다.
② 차량의 손상을 증가시켜야 한다.
③ 차량을 감속시킬 수 있어야 한다.
④ 차량이 대향차로로 튕겨나가지 않아야 한다.

 ② 자동차의 파손을 최소로 줄이고, 자동차를 정상적인 진행방향으로 복귀시킨다.

58 고속도로에서 운행이 제한되는 차량에 해당하지 않는 것은?

① 적재물을 포함한 차량의 길이가 16.5m인 차량
② 적재물이 편중적재되어 기울어져 있는 차량
③ 적재물을 포함한 차량의 폭이 3m인 차량
④ 적재물을 포함한 차량의 높이가 5m인 차량

 운행 제한차량 종류
• 축하중 10톤, 총중량 40톤을 초과하는 차량
• 적재물을 포함한 차량의 길이(16.7m), 폭(2.5m), 높이(4m)를 초과하는 차량
• 편중적재, 스페어 타이어 고정 불량 등

59 도로 시설 가운데 방호울타리, 충격흡수시설, 교통섬 등을 말하는 것은?

① 도로의 부속물
② 도로의 기본 설치물
③ 도로의 부대시설
④ 시인성 증진 안전시설

 ① 도로의 부속물 : 도로관리청이 도로의 편리한 이용과 안전 및 원활한 도로교통의 확보, 그 밖에 도로의 관리를 위하여 설치하는 시설 또는 공작물을 말한다(도로법 제2조).

60 다음 중 길어깨(갓길)의 역할이 아닌 것은?

① 운전시 졸음으로 인한 휴식공간으로 제공된다.
② 유지가 잘되어 있는 길어깨는 도로 미관을 높인다.
③ 측방 여유폭을 가지므로 교통의 안전성과 쾌적성에 기여한다.
④ 보도 등이 없는 도로에서는 보행자 등의 통행장소로 제공된다.

 ① 졸음쉼터의 역할이다.

61 수막현상 발생 시 주의사항으로 옳은 것은?

① 속도를 높이도록 한다.
② 속도를 낮추도록 한다.
③ 공기압 낮추도록 한다.
④ 마모된 타이어를 사용한다.

수막현상은 자동차가 물이 고인 노면을 고속으로 주행할 때 타이어는 그루부(타이어 홈) 사이에 있는 물을 배수하는 기능이 감소되어 물의 저항에 의해 노면으로부터 떠올라 물위를 미끄러지듯이 되는 현상이다. 수막현상을 예방하기 위해서는 공기압 조금 높이기, 고속 주행하지 않기, 마모된 타이어 사용하지 않기, 배수 효과 좋은 타이어 사용 등이 있다.

62 중앙분리대의 기능 설명으로 틀린 것은?

① 상하 차도의 교통 분리
② 보행자의 안점섬으로서 횡단 시 안전
③ 야간 주행 시 대향차의 전조등 불빛 방지
④ 평면교차로가 있는 도로에서는 폭이 충분할 때 우회전 차로로 활용

 ④ 평면교차로가 있는 도로에서는 폭이 충분할 때 좌회전 차로로 활용할 수 있어 교통처리가 유연하다.

63 위험물 운반 차량의 안전운행에 관한 주의사항으로 틀린 것은?

① 규정된 제한속도를 준수한다.
② 운반하는 위험물에 적응하는 소화설비를 설치한다.
③ 일시 정차 시에는 안전한 장소를 선택하고 안전에 주의한다.
④ 운행 중 비상상황에서는 사람이 많은 곳을 빠르게 통과한다.

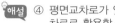 위험물 운반 차량은 가능한 사람들이 적은 경로를 선택하여 운행하여야 한다. 또한, 차량의 마찰 및 흔들림을 일으키지 않도록 운반하고 고장, 교통사고 등 부득이한 경우를 제외하고는 장시간 운행을 하지 않아야 한다.

64 안개 낀 날의 안전운전에 대한 설명으로 틀린 것은?

① 전방 주시거리가 100m 이내일 때에는 야간 등화와 함께 감속 운전한다.
② 안개가 심한 경우 하향등과 비상등을 켜는 것이 좋다.
③ 안개로 인한 시야 장애 시에는 앞차와의 거리를 좁혀서 운전을 한다.
④ 중앙선 또는 차선을 기준점으로 잡고 안전거리를 유지하며 주행한다.

 ③ 안개로 인해 시야의 장애가 발생되면 차간거리를 충분히 확보하고 저속으로 주행해야 한다.

65 운전자의 법규 및 규정 준수 내용으로 옳지 않은 것은?

① 정당한 사유없이 운행일정을 변경하지 않는다.
② 규정된 배차 지시와 관계없이 운행한다.
③ 타인에게 대리운전을 시키지 않는다.
④ 음주 및 약물을 복용하고 운전하지 않는다.

 규정에 따른 배차 지시를 받아 정상적으로 운행해야 한다.

66 악수의 요령으로 옳지 않은 것은?

① 상대와 적당한 거리에서 손을 잡는다.
② 상대의 눈을 바라보며 웃는 얼굴로 악수한다.
③ 손을 너무 세게 쥐거나 힘없이 잡지 않는다.
④ 손이 더러울 때는 양해를 구할 필요없이 안 한다.

 손이 더러울 때는 양해를 구한다.

67 다음 중 고객의 욕구와 거리가 먼 것은?

① 기억되기를 바란다.
② 관심 가져주는 것을 싫어한다.
③ 칭찬받고 싶어한다.
④ 중요한 사람으로 인식되고 싶어한다.

 고객은 관심을 가져 주기를 바란다.

68 직업 운전자에게 필요한 기본자세로 볼 수 없는 것은?

① 양질의 서비스 제공
② 친절하고 예의바른 행동
③ 자기 중심적 운전
④ 고객과 신뢰관계 형성

 직업 운전자는 안전운행을 최우선으로 해야하며 고객을 소중히 여기며 친절하고 예의바른 서비스를 제공해야 한다.

정답 62.④ 63.④ 64.③ 65.② 66.④ 67.② 68.③

69 물류의 목표로서 가장 적절한 것은?

① 제품의 품질 향상
② 제품의 가격 차이
③ 서비스와 비용 절감
④ 물류 체계 단순화

 기업에서 생산하는 제품의 품질이나 가격에 차이가 없다면 물류에서 경쟁력을 확보해야 한다. 따라서 물류체계를 혁신화하여 비용 절감을 통한 이익을 극대화하고, 물류서비스를 높여 경쟁력을 확보하여 보다 많은 고객을 확보하고자 하는 것이 기본목표라 할 수 있다.

70 제품의 생산에서 유통, 폐기까지 전 과정에 대한 정보를 한 곳으로 연결한 첨단컴퓨터시스템은?

① TRS
② CALS
③ GPS
④ SCM

 ① TRS : 주파수 공용통신
② CALS : 통합판매 · 물류 · 생산시스템
③ GPS : 범지구측위시스템
④ SCM : 공급망관리

71 공급망관리에 있어서의 제4자 물류의 4단계 중 참여자의 공급망을 통합하기 위해서 비즈니스 전략을 공급망 전략과 제휴하면서 전통적인 공급망 컨설팅 기술 강화하는 단계는?

① 실행
② 이행
③ 전환
④ 재창조

 공급망관리에 있어서 제4자 물류의 4단계 : 재창조(1단계) → 전환(2단계) → 이행(3단계) → 실행(4단계)

72 화물운송정보시스템에 대한 설명으로 거리가 먼 것은?

① 주문 상황에 대해 적기 수 · 배송 체제를 확립하고자 하는 것
② 최적의 수 · 배송계획을 통한 생산비용을 절감하려는 체제
③ 대표적 수 · 배송관리시스템으로 터미널 화물정보시스템이 있다.
④ 각종 정보를 전산시스템으로 수집 · 관리 · 공급 · 처리하는 종합정보관리체제

 최적의 수 · 배송계획을 수립함으로써 수송비용을 절감하려는 체제이다.

73 화물자동차의 효율성 지표 중 공차거리율에 해당하는 것은?

① 적재된 화물의 비율
② 일정기간 중 실제로 가동한 일수
③ 실제 화물을 싣고 운행한 거리의 비율
④ 주행거리에 대해 화물을 싣지 않고 운행한 거리의 비율

 ① 적재율
② 가동율
③ 실차율

74 제조공장과 물류거점 간의 장거리 수송으로 컨테이너 또는 파렛트를 이용, 유닛화되어 일정단위로 취합되어 수송하는 것은?

① 운송
② 배송
③ 간선 수송
④ 통운

 ① 운송 : 서비스 공급 측면에서의 재화의 이동
② 배송 : 물자를 여러 곳에 나누어 보내 주는 것으로 지역 내 화물의 이동, 단거리 소량화물의 이동. 다수의 목적지를 순회하면서 소량 운송 등
④ 통운 : 소화물 운송

75 화주기업이 자기의 모든 물류활동을 1년 이상의 계약을 맺고 외부에 위탁하는 경우를 칭하는 것은?

① 제4자 물류　　② 제3자 물류
③ 자회사 물류　　④ 자사 물류

 제3자 물류는 화주기업이 고객서비스 향상, 물류비 절감 등 물류활동을 효율화할 수 있도록 공급망상의 기능 전체 또는 일부를 대행하는 업종을 말한다.
① 제3자 물류의 기능에 컨설팅 업무를 추가 수행하는 것
③ 상법상 자회사로 설립된 기업이 물류를 담당하는 것

76 사업용(영업용) 트럭 운송의 장점에 해당하지 않는 것은?

① 변동비 처리가 가능하다.
② 수송 능력과 융통성이 높다.
③ 수송비가 저렴하다.
④ 마케팅 사고가 희박하다.

 사업용(영업용) 트럭운송의 장단점

장점	단점
• 수송비 저렴 • 변동비 처리 가능 • 물동량의 변동에 대응한 안정수송 가능 • 수송 능력과 융통성 높음 • 설비투자와 인적투자 필요 없음	• 운임의 안정화 어려움 • 관리 기능 저해 • 기동성 부족 • 시스템의 일관성 없음 • 마케팅 사고 희박

77 모든 영업활동을 고객지향적으로 전개하는 서비스 품질의 분류는?

① 영업품질
② 상품품질
③ 휴먼웨어품질
④ 자재품질

 ① 영업품질 : 고객에게 상품과 서비스를 제공하기까지의 모든 영업활동을 고객지향적으로 전개하여 고객만족도 향상에 기여하도록 한다.
② 상품품질 : 고객의 필요와 욕구 등을 각종 시장조사나 정보를 통해 정확하게 파악하여 상품에 반영시킴으로써 고객만족도를 향상시킬 수 있는 서비스 품질이다.
③ 휴먼웨어품질 : 고객으로부터 신뢰를 획득하기 위한 서비스 품질이다.

78 다음 중 물류의 기능이 아닌 것은?

① 정보기능　　② 하역기능
③ 생산기능　　④ 운송기능

 물류의 기능 : 운송기능, 포장기능, 보관기능, 하역기능, 정보기능, 유통가공기능

79 다음 중 공동수송의 장점에 해당하는 것은?

① 차량과 기사의 효율적 활용이 가능하다.
② 영업용 트럭의 이용을 증대시킬 수 있다.
③ 교통혼잡을 완화하고 환경오염을 방지할 수 있다.
④ 네트워크를 통하여 경제적인 효과를 거둘 수 있다.

 ①, ③, ④는 공동배송의 장점이다.

80 선박운송과 비교해서 트럭운송의 단점이라고 할 수 없는 것은?

① 시스템의 일관성이 없다.
② 수송 단위가 작다.
③ 연료비와 인건비 등 수송단가가 낮다.
④ 공해 · 에너지 문제가 있다.

 선박운송과 비교해서 트럭운송은 연료비와 인건비 등 수송단가가 상대적으로 높다.

2023 제2회 화물운송종사자격시험 기출분석문제

01 고속도로 편도2차로 이상에서 적재중량 1.5톤 초과하는 화물자동차의 최고 속도는?

① 90km/h　　② 70km/h
③ 80km/h　　④ 100km/h

 해설 편도 2차로 이상 고속도로에서 적재중량 1.5톤 초과하는 화물자동차의 최고속도는 매시 80킬로미터이다.

02 다음 중 앞지르기 금지 장소가 아닌 것은?

① 터널 안　　② 횡단보도
③ 교차로　　④ 다리 위

 해설 모든 차의 운전자는 교차로, 터널 안, 다리 위, 도로의 구부러진 곳, 비탈길의 고갯마루 부근 또는 가파른 비탈길의 내리막 등 시·도경찰청장이 도로에서의 위험을 방지하고 교통의 안전과 원활한 소통을 확보하기 위하여 필요하다고 인정하는 곳으로서 안전표지로 지정한 곳에서는 다른 차를 앞지르지 못한다.

03 도로교통법상 서행하여야 하는 장소로 옳은 것은?

① 지방경찰청장이 안전표시로 지정한 곳
② 교통정리를 하고 있는 교차로
③ 신호기가 없는 철길건널목을 통과하려는 경우
④ 보행자전용도로 통행 시

 해설 ① 시·도경찰청장이 도로에서의 위험을 방지하고 교통의 안전과 원활한 소통을 확보하기 위하여 필요하다고 인정하여 안전표지로 지정한 곳에서는 서행하여야 한다.
② 교통정리를 하고 있지 않는 교차로에서 서행을 하여야 한다.
③ 일시정지를 해야할 장소이다.
④ 보행자의 걸음 속도로 운행하거나 일시정지해야 한다.

04 고속도로에서 운행이 제한되는 차량의 총중량 기준은?

① 40톤　　② 36톤
③ 44톤　　④ 42톤

 해설 고속도로에서 운행 제한 기준은 차량의 축하중 10톤, 총중량 40톤을 초과한 차량이다. 또한, 적재물을 포함한 차량의 길이 16.7m, 폭 2.5m, 높이 4m를 초과한 차량이다.

05 운전 중 휴대용 전화 사용의 교통법규 위반 시 부과되는 벌점은?

① 30점　　② 15점
③ 10점　　④ 5점

 해설 운전 중 휴대용 전화 사용의 교통법규 위반에 따른 벌점은 15점이다.

06 신호기가 없는 철길건널목을 통과하려는 경우 철길건널목 앞에서 어떻게 해야하는가?

① 일시정지　　② 엔진정지
③ 서행　　④ 정차

 해설 일시정지해야 한다. 일시정지는 반드시 차가 멈추어야 하되, 얼마간의 시간 동안 정지 상태를 유지하여야 하는 교통상황을 의미한다.

07 운전면허의 행정처분 감경사유와 거리가 먼 것은?

① 모범운전자로서 처분 당시 2년 이상 교통 봉사활동에 종사하고 있는 경우
② 운전이 가족의 생계를 유지할 중요한 수단이 되는 경우
③ 교통사고를 일으키고 도주한 운전자를 검거하여 경찰서장 이상의 표창을 받은 경우
④ 정기 적성검사에 대한 연기신청을 할 수 없었던 불가피한 사유가 있었던 경우

 모범운전자로서 처분 당시 3년 이상 교통봉사활동에 종사하고 있는 경우이다. 감경사유에 해당하는 사람들은 음주측정요구에 불응·도주·단속경찰관 폭행의 전력이나 과거 5년 이내에 인적피해 교통사고·음주운전·운전면허 취소 및 정지의 전력이 없어야 한다.

08 소방시설 주변의 정차와 주차를 금지하는 표시의 색채는?

① 파란색   ② 녹색
③ 노란색   ④ 빨간색

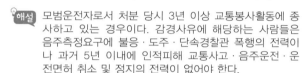 노면표시의 색채 기준(도로교통법 시행규칙 별표6)
• 파란색 : 전용차로표시 및 노면전차전용로표시
• 분홍색, 연한녹색 또는 녹색 : 노면색깔유도선표시
• 노란색 : 중앙선표시, 주차금지표시, 정차·주차금지표시, 정차금지지대표시, 보호구역 기점·종점 표시의 테두리와 어린이보호구역 횡단보도 및 안전지대 중 양방향 교통을 분리하는 표시
• 빨간색 또는 흰색 : 소방시설 주변 정차·주차금지표시 및 보호구역(어린이·노인·장애인) 또는 주거지역 안에 설치하는 속도제한표시의 테두리선

09 교통사고처리특례법상 특례의 적용 배제 사유가 아닌 것은?

① 신호·지시위반사고
② 중앙선침범사고
③ 보행자 보호의무 위반사고
④ 속도위반(10km/h 초과) 과속사고

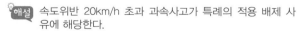 속도위반 20km/h 초과 과속사고가 특례의 적용 배제 사유에 해당한다.

10 화물자동차운수사업의 종류가 아닌 것은?

① 화물자동차운송사업
② 화물자동차휴게사업
③ 화물자동차운송주선사업
④ 화물자동차운송가맹사업

 화물자동차운수사업이란 화물자동차운송사업, 화물자동차운송주선사업 및 화물자동차운송가맹사업을 말한다(화물자동차 운수사업법 제2조제2호).

11 최대적재량 1.5톤 초과의 화물자동차가 차고지가 아닌 도로에 밤샘주차한 경우 일반 화물자동차운송사업자에게 부과되는 과징금은?

① 10만 원   ② 20만 원
③ 30만 원   ④ 60만 원

 일반 화물자동차운송사업자에게는 20만 원, 개인 화물자동차운송사업자에게는 10만원의 과징금이 부과된다(규칙 별표3).

12 화물운송주선사업에서 신고한 운송주선약관을 준수하지 않은 경우에 부과되는 과징금은?

① 30만 원   ② 10만 원
③ 15만 원   ④ 20만 원

 화물운송주선사업에서 신고한 운송주선약관을 준수하지 않은 경우 20만 원의 과징금이 부과된다(규칙 별표3).

13 화물자동차운송사업자가 적재물배상보험 등에 가입하지 않은 기간이 10일 이내인 경우의 과태료는?

① 10만 원   ② 1만 5천 원
③ 3만 원   ④ 5만 원

 운송사업자(미가입 화물자동차 1대당)가 가입하지 않은 기간이 10일 이내인 경우는 1만 5천 원이고, 10일을 초과한 경우에는 1만 5천 원에 11일째부터 기산하여 1일당 5천 원을 가산한 금액이다. 과태료 총액은 자동차 1대당 50만 원을 초과하지 못한다.

정답 07.① 08.④ 09.④ 10.② 11.② 12.④ 13.②

14 화물종사자격 시험 합격자가 합격 후 교육받아야 하는 과목이 아닌 것은?

① 자동차응급처치방법
② 화물자동차 운수사업법령 및 도로관계 법령
③ 안전운행에 관한 사항
④ 운송서비스에 관한 사항

 화물종사자격 시험 합격자는 ①, ②, ④와 교통안전에 관한 사항, 화물취급요령에 관한 사항 등을 화물자동차 운수사업법 시행규칙 제18조에 의거해 8시간의 교육을 이수해야 한다.

15 화물자동차운송가맹사업을 경영하려는 자는 누구의 허가를 받아야 하는가?

① 국토교통부장관
② 경찰청장
③ 관할 시·도경찰청장
④ 행안부장관

16 화물을 인도기한이 지난 후 얼마 이내에 인도하지 않으면 그 화물을 멸실된 것으로 보는가?

① 1개월 　　② 3개월
③ 6개월 　　④ 12개월

 화물이 인도기한이 지난 후 3개월 이내에 인도되지 아니하면 그 화물은 멸실된 것으로 본다(화물자동차 운수사업법 제7조제2항).

17 자동차관리법상 내부의 특수 설비로 인하여 승차 인원이 10인 이내로 제한된 자동차 종류는?

① 승합자동차 　　② 승용자동차
③ 화물자동차 　　④ 특수자동차

 승합자동차는 11인 이상을 운송하기에 적합하게 제작된 자동차이다. 다만 다음의 하나에 해당하는 자동차는 승차인원에 관계없이 이를 승합자동차로 본다(법 제3조).
• 내부의 특수한 설비로 인하여 승차인원이 10인 이하로 된 자동차
• 국토교통부령으로 정하는 경형자동차로서 승차인원이 10인 이하인 전방조종자동차

18 시·도지사가 직권으로 말소등록할 수 있는 경우가 아닌 것은?

① 자동차의 차대가 등록원부상의 차대와 다른 경우
② 자동차 운행정치 명령에도 불구하고 해당 자동차를 계속 운행하는 경우
③ 차령이 초과된 경우
④ 자동차를 폐차한 경우

 차령이 초과된 경우는 자동차소유자(재산관리인 및 상속자 포함)가 자동차등록증·등록번호판 및 봉인을 반납하고 시·도지사에게 말소등록을 신청해야 하는 경우에 해당한다(법 제13조).

19 자동차검사의 종류에 해당하지 않는 것은?

① 튜닝검사 　　② 정기검사
③ 수시검사 　　④ 임시검사

 자동차검사의 종류에는 신규검사, 정기검사, 튜닝검사, 임시검사, 수리검사 등이 있다(법 제43조). 자동차검사는 한국교통안전공단이 대행하고 있으며, 정기검사는 지정정비사업자도 대행할 수 있다.

20 차령이 9년인 중형 승합차와 사업용 대형 승합자동차의 자동차정기검사의 유효기간은?

① 3년 　　② 1년
③ 6개월 　　④ 2년

 자동차정기검사의 유효기간(규칙 별표 15의2 2023. 5. 25 개정)

구분		검사유효기간
중형 승합자동차 및 사업용 대형 승합자동차	차령이 8년 이하인 경우	1년
	차령이 8년 초과된 경우	6월

21 등록 이전에 운행이 가능한 자동차는?

① 승용자동차 　　② 화물자동차
③ 특수자동차 　　④ 이륜자동차

 이륜자동차를 제외한 자동차는 자동차등록원부에 등록한 후가 아니면 이를 운행할 수 없다. 다만, 임시운행허가를 받아 허가기간 내에 운행하는 경우에는 그러하지 않다(자동차관리법 제5조).

22 도로관리청이 시 · 도지사인 경우 자동차전용도로를 지정하고자 할 때 누구의 의견을 들어야 하는가?

① 경찰서장
② 관할 시 · 도경찰청장
③ 경찰청장
④ 행안부장관

 자동차전용도로의 지정(법 제48조)

도로관리청	내용
국토교통부장관	경찰청장의 의견
특별시장 · 광역시장 · 도지사 또는 특별자치도지사	관할 시 · 도경찰청장의 의견
특별자치시장, 시장 · 군수 또는 구청장	관할 경철서장의 의견

23 도로법의 목적과 관계없는 것은?

① 도로 노선의 지정
② 자동차의 안전점검
③ 도로공사의 시행
④ 도로망의 계획 수립

 도로법의 목적(법 제1조)
이 법은 도로망의 계획수립, 도로 노선의 지정, 도로공사의 시행과 도로의 시설 기준, 도로의 관리 · 보전 및 비용 부담 등에 관한 사항을 규정하여 국민이 안전하고 편리하게 이용할 수 있는 도로의 건설과 공공복리의 향상에 이바지함을 목적으로 한다.

24 다음 중 대기환경보전법의 목적이 아닌 것은?

① 국민건강이나 환경에 관한 위해 예방
② 자동차의 성능 및 안전 확보
③ 대기환경을 적정하고 지속가능하게 관리 · 보전
④ 모든 국민이 건강하고 쾌적한 환경에서 생활할 수 있게 함

 대기환경보전법은 대기오염으로 인한 국민건강이나 환경에 관한 위해를 예방하고 대기환경을 적정하고 지속가능하게 관리 · 보전하여 모든 국민이 건강하고 쾌적한 환경에서 생활할 수 있게 하는 것을 목적으로 한다.

25 공회전 제한장치의 부착 명령은 누가 내릴 수 있는가?

① 시장, 군수
② 구청장
③ 시 · 도지사
④ 환경부장관

 시 · 도지사는 대중교통용 자동차 등 환경부령으로 정하는 자동차에 대하여 시 · 도 조례에 따라 공회전 제한장치의 부착을 명령할 수 있다.

26 다음 중 운송장 기재사항이 아닌 것은?

① 화물의 가격
② 화물의 크기
③ 화물의 안정성
④ 화물의 수량

 운송장 기재사항 : 운송장 번호와 바코드, 송하인 주소 · 성명 및 전화번호, 수하인 주소 · 성명 및 전화번호, 주문번호 또는 고객번호, 화물명, 화물의 가격, 화물의 크기(중량, 사이즈), 운임의 지급방법, 운송요금, 발송지(집하점), 도착지(코드), 집하자, 인수자 날인, 특기사항, 면책사항, 화물의 수량 등이다.

27 쌀 · 매트 · 카페트 등의 물품에 대한 운송장 부착 요령으로 옳지 않은 것은?

① 물품의 정중앙에 부착한다.
② 테이프로 떨어지지 않도록 한다.
③ 운송장을 여러 장 붙인다.
④ 운송장 바코드가 가려지지 않도록 한다.

 1개 화물에 1매의 운송장이 부착되어야 한다.

28 물품의 상품가치를 높이기 위한 개개의 포장을 무엇이라 하는가?

① 완충포장
② 낱개포장
③ 속포장
④ 외부포장

정답 22.② 23.② 24.② 25.③ 26.③ 27.③ 28.②

29 열수축성 플라스틱 필림을 파렛트 화물에 씌우고 필림을 수축시켜 파렛트와 밀착시키는 방식은?

① 밴드걸기 방식
② 스트레치 방식
③ 주연어프 방식
④ 슈링크 방식

 슈링크 방식은 물이나 먼지도 막아내기 때문에 우천 시 하역이나 야적 보관이 가능하다. 그러나 상품에 따라서는 이용할 수 없고, 비용이 많이 든다.
① 밴드걸기 방식 : 나무상자를 파렛트에 쌓는 경우의 붕괴 방지에 많이 사용되는 방법
② 스트레치 방식 : 스트레치 포장기를 사용하여 플라스틱 필림을 파렛트 화물에 감아 움직이지 않게 하는 방법
③ 주연어프 방식 : 파렛트의 가장자리를 높게 하여 포장 화물을 안쪽으로 기울여 화물이 갈라지는 것을 방지하는 방법

30 화물의 하역방법으로 옳지 않은 것은?

① 화물은 한 줄로 높이 쌓지 말아야 한다.
② 길이가 고르지 못한 화물은 한쪽 끝이 맞도록 한다.
③ 종류가 다른 것을 적치할 때에는 가벼운 것을 밑에 쌓는다.
④ 야외에 적치할 때에는 밑받침을 하고 덮개로 덮는다.

 ③ 종류가 다른 것을 적치할 때에는 무거운 것을 밑에 쌓는다.

31 창고 내 입·출고 작업요령으로 옳지 않은 것은?

① 창고 내 작업안전통로를 충분히 확보한다.
② 화물더미의 상층과 하층에서 동시에 작업하지 않는다.
③ 컨베이어 벨트 위로는 절대 올라가지 않는다.
④ 무거운 화물의 경우 떨어뜨리지 않도록 뒷걸음질로 운반한다.

 화물을 운반하는 경우에는 시야를 확보해야 하며 뒷걸음질로 운반하지 않도록 해야 한다.

32 차량 내 화물의 적재방법으로 틀린 것은?

① 최대한 무게가 골고루 분산되도록 한다.
② 볼트와 같이 세밀한 물건은 상자에 넣어 쌓는다.
③ 한쪽으로 기울지 않게 한 줄로 높게 쌓는다.
④ 이동거리 길이에 상관없이 로프나 체인으로 묶는다.

 차량 내 화물 적재 시 가벼운 물건이라도 너무 높게 적재하지 않으며, 한 줄로 높이 쌓지 말고 같은 종류·규격끼리 적재해야 한다. 차량에 물건을 적재할 때에는 적재중량을 초과하지 않아야 한다.

33 화물의 상차에 대한 내용으로 적절하지 않은 것은?

① 화물의 상차 시 적재하중을 초과하지 않도록 해야 한다.
② 가벼운 화물이라도 너무 높게 적재하지 않아야 한다.
③ 가벼운 것은 아래, 무거운 것은 위로 적재한다.
④ 둥글고 구르기 쉬운 물건, 볼트와 같이 세밀한 물건은 상자에 넣어 쌓는다.

 화물의 상차 작업 시에는 무게 중심을 고려하여 가벼운 것은 위, 무거운 것은 아래에 적재해야 한다.

34 파렛트 화물의 붕괴 방지요령으로 풀붙이기와 밴드걸기의 병용 방식은?

① 수평 밴드걸기 풀 붙이기 방식
② 주연어프 방식
③ 슈링크 방식
④ 스트레치 방식

 ② 주연어프 방식 : 파렛트의 가장자리를 높게 하여 포장 화물을 안쪽으로 기울여 화물이 갈라지는 것을 방지하는 방식
③ 슈링크 방식 : 열수축성 플라스틱 필림을 파렛트 화물에 씌우고 슈링크 터널을 통과시킬 때 가열하여 필림을 수축시켜 파렛트와 밀착시키는 방식
④ 스트레치 방식 : 스트레치 포장기를 사용하여 플라스틱 필림을 파렛트 화물에 감아 움직이지 않게 하는 방식

35 다음 중 파손사고 또는 오손사고의 원인으로 옳지 않은 것은?

① 화물을 던지거나 발로 차거나 끄는 경우
② 적재 시 무분별한 적재로 압착되는 경우
③ 적재 시 중량물을 하단에 적재하는 경우
④ 수량에 비해 포장이 약한 경우

 해설 ③ 중량물은 하단, 경량물은 상단 적재 규정을 준수하는 것은 오손사고의 대책에 해당한다.
①, ② 파손사고의 원인이고, ④는 오손사고의 원인이 될 수 있다.

36 화물인계 방문시간에 수하인 부재시 조치요령으로 틀린 것은?

① 부재 중 방문표 활용으로 방문근거를 남긴다.
② 수하인에게 연락하여 어떻게 처리할 지를 확인한다.
③ 수하인이 지정하는 장소에 전달하고 수하인에게 알린다.
④ 수하인과 통화되지 않을 경우에는 집 문 앞에 두고 간다.

해설 수하인의 부재로 배송이 곤란한 경우에는 수하인에게 연락하여 지정하는 장소에 전달하고 수하인에게 알린다.

37 운송물의 인도일에 대한 설명으로 틀린 것은?

① 운송장에 인도예정일의 기재가 있는 경우에는 그 기재된 날
② 운송장에 인도예정일의 기재가 없는 경우 일반지역은 수탁일로부터 1일
③ 운송장에 기재된 인도예정일의 특정시간까지 운송
④ 운송물의 수탁일로부터 산간벽지 · 도서지역은 3일

해설 운송장에 인도예정일의 기재가 없는 경우에는 운송장에 기재된 운송물 수탁일로부터 일반지역은 2일, 도서 · 산간벽지는 3일까지 운송물을 인도한다.

38 트레일러에 대한 설명으로 옳지 않은 것은?

① 동력부분은 트레일러, 적하부분은 트랙터를 말한다.
② 세미트레일러가 가동 중의 트레일러 가운데 가장 많다.
③ 풀트레일러는 적재량, 용적 모두 세미트레일러보다는 유리하다.
④ 풀트레일러는 기둥, 파이프, H빔 등의 수송목적으로 사용된다.

 해설 자동차를 동력부분과 적하부분으로 나누었을 때 지칭하는 명칭은 동력부분이 트랙터, 적하부분은 트레일러라 말한다.

39 일반 잡화 및 냉동품의 운반용으로 사용되는 트레일러의 종류는?

① 컨테이너 트레일러
② 선저 트레일러
③ 벤 트레일러
④ 탱크 트레일러

 해설 세미 트레일러는 세미 트레일러용 트랙터에 연결하여 총하중의 일부분이 견인하는 자동차에 의해서 지탱되도록 설계된 트레일러이다. 가장 일반적으로 벤 트레일러, 컨테이너 트레일러, 선저 트레일러, 탱크 트레일러 등 다양한 운반 용도로 사용되고 있다.
① 컨테이너 트레일러 : 주로 해상 컨테이너의 운반에 사용
② 선저 트레일러 : 코일 등의 원통형 화물 운송에 사용
④ 탱크 트레일러 : 액체 연료를 운반하는 데 사용

40 이사화물의 일부 멸실에 대한 손해배상책임은 고객의 통지없이 몇 일 지나면 소멸되는가?

① 30일   ② 10일
③ 15일   ④ 7일

 해설 **책임의 특별소멸사유와 시효**(이사화물표준약관 제18조)
이사화물의 일부 멸실 또는 훼손에 대한 사업자의 손해배상책임은 고객이 이사화물을 인도받은 날로부터 30일 이내에 그 일부 멸실 또는 훼손의 사실을 사업자에게 통지하지 아니하면 소멸한다.

정답 35.③ 36.④ 37.② 38.① 39.③ 40.①

41 교통사고의 요인 중 환경요인에 해당하지 않는 것은?

① 기상　　　　　② 차량의 교통량
③ 교통 도덕　　　④ 차량 구조장치

 ④ 차량 구조장치는 차량요인에 해당한다.

42 고속도로에서 사고 발생 시 무료 견인서비스를 제공하는 기관은?

① 112
② 한국도로공사(1588-2504)
③ 119
④ 한국교통안전공단(1577-0990)

 한국도로공사(1588-2504)에서는 고속도로 무료 견인서비스를 운영한다. 10km까지는 무료로 이동해주고, 그 후에는 km당 2천 원 정도에 견인서비스를 이용할 수 있다.

43 안전운전과 방어운전에 대한 설명으로 틀린 것은?

① 안전운전과 방어운전은 별개의 개념으로 밀접한 관련성이 없다.
② 안전운전은 운전자 자신이 위험한 운전을 하거나 교통사고를 유발하지 않도록 주의하여 운전하는 것이다.
③ 방어운전은 자기 자신이 사고의 원인을 만들지 않는 운전을 말하는 것이다.
④ 방어운전은 타인의 사고를 유발하지 않는 운전이다.

 안전운전과 방어운전은 서로 간에 안전과 밀접한 관련성을 가지고 있다.

44 교통사고 요인 중 중간적 요인은?

① 운전자의 성격　　② 운전조작의 잘못
③ 안전지식의 결여　④ 사고 직전의 과속

 교통사고 요인 중 중간적 요인에는 운전자의 성격, 지능, 심신기능 등과 음주·과로, 불량한 운전태도 등이 있다.
②, ④는 직접적 요인이고, ③은 간접적 요인에 해당한다.

45 운전자가 전방에 있는 대상물의 거리를 눈으로 측정하는 기능은?

① 정지시력
② 심시력
③ 시력
④ 동체시력

 전방에 있는 대상물까지의 거리를 목측하는 것을 심경각이라고 하며, 그 기능을 심시력이라고 한다.

46 어린이 교통행동 특성에 대한 설명으로 옳지 않은 것은?

① 사고가 다양한다.
② 주의력이 부족하다.
③ 판단력이 부족하다.
④ 모방행동이 많다.

 ① 사고방식이 단순하다.

47 음주운전 교통사고의 특징으로 옳지 않은 것은?

① 사고 발생 시 치사율이 높은 편이다.
② 주차 중인 자동차와 같은 정지물체 등에 충돌할 가능성이 높다.
③ 차 대 차 또는 차 대 사람 사고의 발생 가능성이 높다.
④ 대향차의 전조등에 의한 현혹현상 발생 시 정상운전보다 교통사고 위험이 증가한다.

 음주운전 교통사고는 차량 단독 도로이탈사고, 전신주·가로시설물·가로수 등과 같은 고정물체와의 충돌 등 차량 단독 사고가 발생할 가능성이 높다.

48 자동차의 배출가스가 정상 연소시에서는 어떤 색을 띠는가?

① 무색　　　　② 엷은 황색
③ 검은색　　　④ 회색

 완전연소 때 배출되는 가스의 색은 정상상태에서 무색 또는 약간 엷은 청색을 띤다.
③ 농후한 혼합가스가 들어가 불완전 연소되는 경우이다.

49 공기압 점검은 어떤 장치와 관련이 있는가?

① 주행장치 ② 조향장치
③ 완충장치 ④ 구동장치

 공기압은 타이어 마모에 영향을 주는 요소로서 엔진에서 발생한 동력이 최종적으로 바퀴에 전달되어 자동차가 노면 위를 달리게 하는 주행장치와 관련이 있다. 공기압이 규정압력보다 낮으면 트레드 접지면에서의 운동이 커져서 마모가 빨라지게 된다.

50 엔진 시동이 꺼져 재시동이 불가할 때의 점검으로 옳지 않은 것은?

① 연료량 확인
② 엔진오일과 필터 점검
③ 연료파이프 공기 유입 확인
④ 연료탱크 내 이물질 혼입 여부 확인

 ② 엔진출력이 감소되며 매연 과다 발생 시에 점검을 한다.

51 주행장치와 관련된 설명으로 틀린 것은?

① 휠은 자동차의 구동력과 제동력을 전달하는 역할을 한다.
② 휠과 타이어는 차량의 중량을 지지한다.
③ 휠은 제동 시 브레이크와 마찰로 인한 열을 방출한다.
④ 휠과 타이어는 자동차의 진행방향을 바꾸는 장치이다.

 운전석에 있는 핸들에 의해 앞바퀴의 방향을 틀어서 자동차의 진행방향을 바꾸는 장치는 조향장치이다.

52 엔진에서 발생한 동력을 바퀴에 전달되어 자동차가 노면 위를 달리게 하는 장치는?

① 시동장치 ② 주행장치
③ 조향장치 ④ 현가장치

 주행장치로서 휠과 타이어가 대표적이다.

53 혹한기 운전 중 시동 꺼짐에 대한 점검사항으로 옳지 않은 것은?

① 워터 세퍼레이터 내 결빙 확인
② 라디에이터 손상 상태 확인
③ 연료 차단 솔레노이드 밸브 작동 상태 확인
④ 연료파이프 및 호스 연결 부분 공기 유입 확인

 ② 주행 시 엔진이 과열되었을 때 점검해야 할 내용이다.

54 내륜차와 외륜차에 대한 설명으로 틀린 것은?

① 내륜차는 앞바퀴 안쪽과 뒷바퀴 안쪽의 차이이다.
② 외륜차는 앞바퀴 바깥쪽과 뒷바퀴 바깥쪽의 차이이다.
③ 내륜차는 대형차일수록 크고, 외륜차는 소형차일수록 크다.
④ 전진할 경우 내륜차, 후진할 경우 외륜차에 의한 교통사고 위험이 있다.

 ③ 내륜차와 외륜차는 대형차일수록 크다.

55 자동차가 출발할 때 앞 범퍼 부분이 들리는 현상은?

① 노즈 업 ② 바운싱
③ 피칭 ④ 롤링

 ① 노즈 업(스쿼트 현사) : 자동차가 출발할 때 구동바퀴는 이동하려 하지만 차체는 정지하고 있기 때문에 앞 범퍼 부분이 들리는 현상 ↔ 앞 범퍼 부분이 내려가는 현상 (노즈 다운)
② 바운싱 : 상·하 진동
③ 피칭 : 앞·뒤 진동
④ 롤링 : 좌·우 진동

56 엔진 과회전 현상에 대한 예방 및 조치 방법으로 틀린 것은?

① 최대회전속도를 초과한 운전 금지
② 고단에서 저단으로 급격한 기어변속 금지
③ 에어 클리너 오염 확인 후 청소
④ 내리막길 주행 시 과도한 엔진 브레이크 사용 지양

 ③ 엔진 출력 감소와 매연 과대 발생 시 조치 방법이다.

정답 49.① 50.② 51.④ 52.② 53.② 54.③ 55.① 56.③

57 커브길 안전운전 방법으로 옳지 않은 것은?

① 핸들 조작 시에는 가속이나 감속하지 않는다.
② 부득이 한 경우가 아니면 급핸들 조작이나 급제동은 하지 않는다.
③ 주간에는 전조등, 야간에는 경음기을 사용하여 내 차의 존재를 알린다.
④ 중앙선을 침범하거나 도로 중앙으로 치우쳐 운전하지 않는다.

해설 ③ 주간에는 경음기, 야간에는 전조등을 사용하여 내 차의 존재를 알린다.

58 고속도로에서의 안전운행과 관련하여 옳지 않은 것은?

① 고속도로 진·출입 시 속도감각에 유의하여 운전한다.
② 고속도로에서는 속도가 빨라질수록 주시점은 멀리 둔다.
③ 속도의 흐름과 도로사정, 날씨 등에 따라 안전거리를 확보한다.
④ 차로 변경 시는 최소한 30m 전방으로부터 방향지시등을 켠다.

해설 고속도로에서 차로 변경 시는 최소한 100m 전방으로부터 방향지시등을 켜야 한다.

59 방호울타리의 기능으로 옳지 않은 것은?

① 보행자의 무단 횡단을 방지한다.
② 운전자의 시선을 유도한다.
③ 충돌 시 차량이 튕겨나가야 한다.
④ 차량의 손상이 적도록 해야 한다.

해설 ③ 주행 중 차량이 도로 밖, 대향차로 또는 보도 등으로 이탈하거나 구조물과 직접 충돌하는 것을 방지하여 탑승자의 상해 및 자동차의 파손을 최소로 줄이고, 자동차를 정상적인 진행방향으로 복귀시킨다.

60 언덕길에서의 운행요령으로 옳지 않은 것은?

① 내려갈 때는 미리 감속하여 천천히 내려간다.
② 내려가는 중간에 불필요하게 급제동하지 않는다.
③ 올라갈 때 정차 시에는 풋 브레이크만 사용해야 한다.
④ 올라갈 때와 내려갈 때 동일한 기어를 선택해야 한다.

해설 오르막길 정차 시에는 풋브레이크와 핸드 브레이크를 동시에 사용해야 한다.

61 중앙분리대와 길어깨 옆 차도에 접속하여 설치하는 부분은?

① 측대   ② 분리대
③ 비상주차대   ④ 중앙분리대

해설 측대는 운전자의 시선을 유도하고 옆 부분의 여유를 확보하기 위하여 중앙분리대 또는 길어깨에 차도와 동일한 구조로 차로와 접속하여 설치하는 부분이다(도로의 구조·시설 기준에 관한 규칙 제2조). 측대의 폭은 설계속도가 80km/h 이상인 경우는 0.5m 이상으로 하고, 80km/h 미만인 경우는 0.25m 이상으로 한다.

62 터널 안 화재 발생 시 행동요령으로 옳지 않은 것은?

① 소화기를 이용하여 조기 진화를 시도한다.
② 터널 밖으로 이동이 불가능한 경우에는 최대한 갓길 쪽에 정차한다.
③ 엔진을 끄고 차문을 닫은 뒤 키를 가지고 하차한다.
④ 비상벨을 누르거나 비상전화로 화재 발생을 알린다.

해설 ③ 엔진을 끄고 키를 꽂아둔 채 하차해야 한다.
터널 내 화재 시 행동요령
• 운전자는 차를 터널 밖으로 신속히 이동한다.
• 사고 차량의 부상자를 도와준다.
• 조기 진화가 불가능한 경우에는 젖은 수건 등으로 코와 입을 막고 낮은 자세로 연기를 피해 유도등을 따라 신속하게 터널 밖으로 대피한다.

63 위험물 운송에 대한 설명으로 옳지 않은 것은?

① 도로교통법, 고압가스안전관리법 등 관계 법규 · 기준을 준수한다.
② 노면이 나쁜 도로를 통과할 경우 가스 누설, 밸브 이완 등을 점검한다.
③ 일시 정차 시에는 안전한 장소를 선택하여 안전에 주의한다.
④ 긴급한 경우에는 도움 받기 위해 사람이 많은 곳으로 이동해야 한다.

해설 부득이하게 운행경로를 변경하려는 경우에는 사전에 소속 사업소, 회사 등에 연락하여 비상사태에 대비하고, 가능한 사람들이 적은 경로를 선택하도록 해야 한다.

64 야간운행 시 안전운전 요령으로 옳지 않은 것은?

① 주간보다 속도를 낮추어 주행한다.
② 해가 저물면 곧바로 전조등을 점등한다.
③ 자동차가 교행할 때에는 조명장치를 상향 조정한다.
④ 가급적 전조등이 비치는 곳 끝까지 살핀다.

해설 자동차가 교행할 때에는 조명장치를 하향 조정한다.

65 여름철 뜨거운 태양 아래 오래 주차한 후 출발할 때의 순서로 옳은 것은?

① 시동을 켠다 – 창문을 연다 – 에어컨을 쎄게 튼다 – 출발
② 시동을 켠다 – 에어컨을 쎄게 튼다 – 창문을 연다 – 출발
③ 에어컨을 쎄게 튼다 – 시동을 켠다 – 창문을 연다 – 출발
④ 에어컨을 쎄게 튼다 – 창문을 연다 – 시동을 켠다 – 출발

해설 여름철 뜨거운 태양 아래 오래 주차 후 출발할 때에는 출발 전에 창문을 열어 실내의 더운 공기를 뺀 다음 운행을 하도록 한다.

66 고객의 욕구로 옳지 않는 것은?

① 기억되기를 바란다.
② 관심을 가져 주기를 바라지 않는다.
③ 칭찬받고 싶어한다.
④ 중요한 사람으로 인식되기를 바란다.

해설 ② 고객은 관심을 가져 주기를 바란다.

67 올바른 인사방법으로 옳지 않은 것은?

① 항상 밝고 명랑한 표정의 미소를 짓는다.
② 정중하게 머리만을 까닥하게 한다.
③ 턱을 지나치게 내밀지 않도록 한다.
④ 손을 주머니에 넣거나 의자에 앉아서 하지 않는다.

해설 올바른 인사방법은 머리와 상체를 직선으로 하여 상대방의 발끝이 보일 때까지 천천히 숙여야 한다.

68 운전자가 지켜야 할 기본자세로 옳지 않은 것은?

① 추측 운전
② 교통법규 이해와 준수
③ 주의력 집중
④ 배기가스로 인한 대기오염 최소화 노력

해설 운전자는 추측운전을 하지 않아야 한다. 또한, 심신상태가 안정된 상태에서 자신의 운전기술을 과신하지 말고 항상 안전운전을 해야 한다.

69 물류관리의 목적과 가장 거리가 먼 것은?

① 시장 능력의 강화
② 고객서비스 수준 향상
③ 물류와 상류의 통합
④ 물류비 감소

해설 물류관리는 재화의 효율적인 흐름을 계획, 실행, 통제할 목적으로 행해지는 제반활동으로 비용절감과 시장 능력의 강화, 고객서비스 수준 향상, 물류비 감소 등이 목표이다.
③ 기업경영에 있어서 물류의 역할 가운데 하나는 물류와 상류 분리를 통한 유통합리화 기여이다.

정답 63.④ 64.③ 65.① 66.② 67.② 68.① 69.③

70 피터 드러커가 "현 산업 중 최첨단 분야이며 엄청난 양의 경영 업적과 가치를 이루어낼 수 있는 미개척분야"라고 강조한 분야은?

① 제조　　　　　② 물류
③ 정보　　　　　④ 통신

 물류는 공급자로부터 생산자, 유통업자를 거쳐 최종소비자에게 이르는 재화의 흐름으로 최근에는 단순히 장소적 이동을 의미하는 운송의 개념에서 발전하여 자재조달이나 폐기, 회수 등까지 총괄하는 경향을 가지고 있다.

71 물류관리의 목표로 가장 적절한 것은?

① 재화의 시간적·장소적 효용가치 약화
② 고객 서비스 수준 향상과 물류비의 감소
③ 작업의 효율화로 상품의 재고량 소진
④ 사업자지향적 물류관리 확립

 물류관리의 목표는 비용절감과 재화의 시간적·장소적 효용가치의 창조를 통한 시장 능력의 강화와 고객 서비스 수준 향상, 물류비의 감소 등이다.

72 수·배송 활동의 3단계에 포함되지 않는 것은?

① 통제　　　　　② 실시
③ 계획　　　　　④ 판매

 수·배송 활동의 각 단계에서의 물류정보처리 기능
③ 계획 : 수송수단 선정, 수송경로 선정, 소송로트 선정, 다이어그램 시스템 설계, 배송센터 수 및 위치 선정, 배송지역 결정 등
② 실시 : 배차 수배, 화물적재 지시, 배송지시, 발송정보 착하지 연락, 반송화물 정보관리, 화물 추적 파악 등
① 통제 : 운임계산, 차량적재효율 분석, 차량가동 분석, 반품운임 분석, 빈 용기운임 분석, 오송 분석, 교착수송 분석, 사고분석 등

73 제4자 물류에 대한 설명으로 틀린 것은?

① 제4자 물류는 공급망의 일부 활동을 관리하는 것이다.
② 제4자 물류 공급자는 광범위한 공급망의 조직을 관리한다.
③ 제4자 물류의 핵심은 고객에게 제공되는 서비스를 극대화하는 것이다.
④ 제4자 물류는 제3자 물류의 기능에 컨설팅 업무를 추가 수행하는 것이다.

 제4자 물류는 다양한 조직들의 효과적인 연결을 목적으로 하는 통합체로서 공급망의 모든 활동과 계획관리를 전담하는 것이다.

74 "서비스는 사람마다 다르다."와 관련된 고객서비스의 특징은?

① 무형성　　　　② 동시성
③ 소멸성　　　　④ 무소유권

 고객서비스의 특징 가운데 무형성은 보이지 않는 것으로 서비스를 하는 사람마다 다를 수 있음을 의미한다.

75 1970년대 수·배송시스템에 해당하는 것은?

① 공급망 관리
② 전사적자원관리
③ 경영정보시스템
④ 수송망 관리

 ③ 경영정보시스템 : 1970년대는 경영정보시스템 단계의 시기로서 창고보관·수송을 신속히 하여 주문처리시간을 줄이는 데 초점을 둔 단계이다.
① 공급망 관리 : 1990년대 중반 이후 최종고객까지 포함하여 공급망 상의 업체들이 수요, 구매정보 등을 상호 공유하는 통합 공급망관리 단계이다.
② 전사적자원관리 : 1980년대에서 1990년대 정보기술을 이용하여 수송, 제조, 구매, 주문관리기능을 포함하여 합리화하는 로지스틱스 활동의 단계이다.

76 화물이 터미널을 경우하여 수송될 때 수반되는 자료 및 정보를 신속하게 수집하여 이를 효율적으로 관리하는 동시에 화주에게 적기에 정보를 제공해주는 시스템은?

① 터미널화물정보시스템
② 단위적재시스템
③ 유닛로드시스템
④ 화물정보시스템

 ① 터미널화물정보시스템 : 한 터미널에서 다른 터미널까지 수송되어 수하인에게 이송될 때까지의 전 과정에서 발생하는 각종 정보를 전산시스템으로 수집·관리·공급·처리하는 종합정보관리체제이다.
② 단위적재시스템 : 단위적재를 함으로써 하역을 기계화하고 수송, 보관 등을 일괄해서 합리화하는 체계를 말한다.
③ 유닛로드시스템 : 하역·수송·보관의 전체적인 비용절감을 위하여, 출발지에서 도착지까지 중간 하역작업 없이 일정한 방법으로 수송·보관하는 시스템이다.

77 운송에서 트럭운송이 주류인 원인과 가장 거리가 먼 것은?

① 다양한 고객 욕구 수용
② 운임의 안정화
③ 운송단위가 소량
④ 신속하고 정확한 문전운송

 트럭운송의 단점으로 운임의 안정화 어려움이 있다.
①, ③, ④은 트럭운송의 특징에 해당한다.

78 택배종사자의 서비스 자세로 옳지 않은 것은?

① 복장과 용모는 단정히 하고 고객과의 약속을 지킨다.
② 고객에게 무뚝뚝하고 사무적인 표정으로 서비스한다.
③ 내가 판매한 상품을 배달하고 있다고 생각하면서 배달한다.
④ 늘 고객만족을 위해 최선을 다하는 자세를 갖도록 한다.

 ② 택배종사자는 항상 웃는 얼굴로 서비스를 해야 한다.

79 관성항법과 더불어 어두운 밤에도 목적지에 유도하는 측위통신망을 무엇이라 하는가?

① SCM   ② GPS
③ CALS   ④ TRS

 ① SCM : 공급망관리
② GPS : 범지구측위시스템
③ CALS : 통합판매·물류·생산시스템
④ TRS : 주파수 공용통신

80 철도·선박과 비교할 때 트럭수송의 장점은?

① 수송 단위가 작다.
② 포장의 간소화·간략화가 가능하다.
③ 수송 단가가 높다.
④ 공해·에너지 문제가 있다.

 트럭수송의 장점으로는 배송서비스를 탄력적으로 운영, 일관된 서비스 가능 등이 있다.
①, ③, ④는 트럭수송의 단점이다.

정답 76.④ 77.② 78.② 79.② 80.②

제1부

교통 및 화물자동차운수사업
관련 법규

제1장 도로교통법령

1 총칙

01 중요

도로교통법상 도로에 해당하는 장소가 아닌 것은?

① 도로법에 따른 도로
② 군부대 내 도로
③ 유료도로법에 따른 유료도로
④ 농어촌도로 정비법에 따른 농어촌도로

해설
도로교통법상 도로(도로교통법 제2조) : 도로법에 따른 도로, 유료도로법에 따른 유료도로, 농어촌도로 정비법에 따른 농어촌도로, 그 밖에 현실적으로 불특정 다수의 사람 또는 차마가 통행할 수 있도록 공개된 장소로서 안전하고 원활한 교통을 확보할 필요가 있는 장소

02

도로교통법상 '차도'의 정의로 옳은 것은?

① 차마가 한 줄로 도로의 정하여진 부분을 통행하도록 차선으로 구분한 부분
② 차로와 차로를 구분하기 위하여 그 경계 지점을 안전표지로 표시한 선
③ 연석선, 안전표지 또는 그와 비슷한 인공구조물을 이용하여 경계를 표시하여 모든 차가 통행할 수 있도록 설치된 도로의 부분
④ 차마의 통행 방향을 명확하게 구분하기 위하여 도로에 황색 실선이나 황색 점선 등의 안전표지로 표시한 선 또는 중앙분리대나 울타리 등으로 설치한 시설물

해설
① 차로, ② 차선, ④ 중앙선

03

자동차가 완전히 멈추는 상태는?

① 정지
② 서행
③ 제동
④ 중지

해설
정지는 0km/h인 상태로서 완전히 정지상태의 이행을 의미한다.

04

운전자가 5분을 초과하지 아니하고 차를 정지시키는 것으로 주차 외의 정지상태를 무엇이라고 하는가?

① 일시정지
② 정차
③ 서행
④ 대기

05

운전자가 차를 즉시 정지시킬 수 있는 정도로 느린 속도로 진행하는 것을 의미하는 것은?

① 일시정지
② 정차
③ 안전운전
④ 서행

해설
서행은 운전자가 차를 즉시 정지시킬 수 있는 정도의 느린 속도로 진행하는 것, 일시정지는 차의 운전자가 그 차의 바퀴를 일시적으로 완전히 정지시키는 것을 말한다(도로교통법 제2조).

06 중요

도로교통법상 중앙선을 올바르게 설명한 것은?

① 차도의 가장자리에 황색선으로 표시한 선
② 차도와 보도를 구분하기 위해 도로상에 표시한 선
③ 차도상에 황색선을 끊이지 않고 연속적으로 표시한 선
④ 도로에 황색 실선 또는 황색 점선 등의 안전표지로 표시한 선

2 신호기 및 안전표지

01

다음 중 차량신호등의 종류가 아닌 것은?

① 황색등화의 점멸
② 녹색화살표등화의 점멸
③ 적색화살표등화의 점멸
④ 적색×표 표시 등화의 점멸

해설

차량신호등의 종류 : 녹색의 등화, 황색의 등화, 적색의 등화, 황색등화의 점멸, 적색등화의 점멸, 녹색화살표의 등화, 황색화살표의 등화, 적색화살표의 등화, 황색화살표등화의 점멸, 적색화살표등화의 점멸, 녹색화살표의 등화(하향), 적색×표 표시의 등화, 적색×표 표시 등화의 점멸(도로교통법 시행규칙 별표2)

02

차량의 녹색신호에 대한 설명으로 옳지 않은 것은?

① 보행자는 횡단보도를 횡단하여서는 안 된다.
② 비보호좌회전 표시가 있는 곳에서는 좌회전할 수 있다.
③ 차마는 직진할 수 있다.
④ 차마는 우회전할 수 없다.

해설

차량 신호등의 녹색 등화 시 차마는 직진 또는 우회전할 수 있다(도로교통법 시행규칙 별표2 참조).

03 중요

녹색등화에서 교차로 내를 직진 중에 황색등화로 바뀌었을 때 알맞은 조치는?

① 속도를 줄여 서행하면서 진행한다.
② 일시정지하여 다음 신호를 기다린다.
③ 계속 진행하여 교차로 밖으로 나간다.
④ 일시정지하여 좌우를 확인한 후 진행한다.

해설

황색등화 시 이미 교차로 내에 진입하였다면 신속히 교차로 밖으로 진행하고, 교차로 진입 전일 때에는 정지선에 정지한다.

※ 차량 신호등 신호의 종류 및 신호의 뜻

(규칙 별표2) 중요

① 원형 등화

신호의 종류	신호의 뜻
녹색의 등화	• 차마는 **직진 또는 우회전**할 수 있다. • 비보호좌회전표지 또는 비보호좌회전표시가 있는 곳에서는 좌회전할 수 있다.
황색의 등화	• 차마는 **정지선이 있거나 횡단보도**가 있을 때에는 그 직전이나 교차로의 직전에 **정지**하여야 하며, 이미 교차로에 **차마의 일부라도 진입**한 경우에는 신속히 교차로 **밖으로 진행**하여야 한다. • 차마는 우회전할 수 있고 우회전하는 경우에는 보행자의 횡단을 방해하지 못한다.
적색의 등화	• 차마는 정지선, 횡단보도 및 교차로의 직전에서 정지해야 한다. • 차마는 우회전하려는 경우 정지선, 횡단보도 및 교차로의 직전에서 정지한 후 신호에 따라 진행하는 다른 차마의 교통을 방해하지 않고 우회전할 수 있지만, 우회전 삼색등이 적색의 등화인 경우 우회전할 수 없다.
황색 등화의 점멸	차마는 다른 교통 또는 안전표지의 표시에 주의하면서 진행할 수 있다.
적색 등화의 점멸	차마는 정지선이나 횡단보도가 있을 때에는 그 직전이나 교차로의 직전에 일시정지한 후 다른 교통에 주의하면서 진행할 수 있다.

② 화살표 등화

신호의 종류	신호의 뜻
녹색화살표의 등화	차마는 화살표시 방향으로 진행할 수 있다.
황색화살표의 등화	화살표시 방향으로 진행하려는 차마는 정지선이 있거나 횡단보도가 있을 때에는 그 직전이나 교차로의 직전에 정지하여야 하며, 이미 교차로에 차마의 일부라도 진입한 경우에는 신속히 교차로 밖으로 진행하여야 한다.
적색화살표의 등화	화살표시 방향으로 진행하려는 차마는 정지선, 횡단보도 및 교차로의 직전에서 정지하여야 한다.
황색화살표 등화의 점멸	차마는 다른 교통 또는 안전표지의 표시에 주의하면서 화살표시 방향으로 진행할 수 있다.
적색화살표 등화의 점멸	차마는 정지선이나 횡단보도가 있을 때에는 그 직전이나 교차로의 직전에 일시정지한 후 다른 교통에 주의하면서 화살표시 방향으로 진행할 수 있다.

③ 사각형 등화

신호의 종류	신호의 뜻
녹색화살표의 등화(하향)	차마는 화살표로 지정한 차로로 진행할 수 있다.
적색×표 표시의 등화	차마는 ×표가 있는 차로로 진행할 수 없다.
적색×표 표시 등화의 점멸	차마는 ×표가 있는 차로로 진입할 수 없고, 이미 차마의 일부라도 진입한 경우에는 신속히 그 차로 밖으로 진로를 변경하여야 한다.

04 중요

다음 교통안전표지 중 지시표지에 해당하는 것은?

①

②

③

④

해설
① 규제표지 : 도로교통의 안전을 위하여 각종 제한, 금지 등의 규제를 하는 경우에 이를 도로사용자에게 알리는 표지이다.
② 주의표지 : 도로상태가 위험하거나 도로 또는 그 부근에 위험물이 있는 경우에 필요한 안전조치를 할 수 있도록 이를 도로사용자에게 알리는 표지이다.
③ 지시표지 : 도로의 통행방법, 통행구분 등 도로교통의 안전을 위하여 필요한 지시를 하는 경우에 도로사용자가 이에 따르도록 알리는 표지이다.
④ 보조표지 : 주의표지 · 규제표지 또는 지시표지의 주기능을 보충하여 도로사용자에게 알리는 표지이다.

05

다음 중 회전교차로를 알리는 표지판은?

①

②

③

④

해설
② 양측방향통행표지, ③ 우회로표지, ④ 좌측면통행표지이다.

06

노면표시에서 사용되는 각종 선에 대한 설명으로 옳지 않은 것은?

① 점선의 경우에는 차선 변경이 허용된다.
② 실선의 경우에는 차선 변경이 제한된다.
③ 실선의 복선은 제한의 의미를 강조하기 위함이다.
④ 점선과 실선의 복선의 경우에는 실선 쪽에서 점선 쪽으로의 차선 변경만 허용된다.

해설
황색실선과 점선의 복선은 자동차가 점선이 있는 측에서는 반대방향의 교통에 주의하면서 넘어갔다가 다시 돌아올 수 있으나 실선이 있는 쪽에서는 넘어갈 수 없음을 표시하는 것이다.

※ **교통안전표지의 종류**(규칙 제8조) 중요

① 주의표지 : 도로상태가 위험하거나 도로 또는 그 부근에 위험물이 있는 경우에 필요한 안전조치를 할 수 있도록 이를 도로사용자에게 알리는 표지

+자형 교차로	철길건널목	우선도로	강변도로

② 규제표지 : 도로교통의 안전을 위하여 **각종 제한, 금지 등의 규제**를 하는 경우에 이를 도로사용자에게 알리는 표지

통행금지	직진금지	최고속도 제한	일시정지

③ 지시표지 : 도로의 통행방법, 통행구분 등 도로교통의 안전을 위하여 필요한 **지시**를 하는 경우에 도로사용자가 이에 따르도록 알리는 표지

좌측면 통행	자동차 전용도로	횡단보도	버스전용차로

④ 보조표지 : 주의표지 · 규제표지 또는 지시표지의 **주기능을 보충**하여 도로사용자에게 알리는 표지

거리	시간	노면상태	견인지역

⑤ 노면표시 : 도로교통의 안전을 위하여 각종 주의 · 규제 · 지시 등의 내용을 노면에 기호, 문자 또는 선으로 도로사용자에게 알리는 표시

버스전용차로	유턴금지	정차금지 지대	일시정지

3 차마의 통행

01

차마의 통행원칙에 대한 설명으로 틀린 것은?

① 보행자의 안전을 위해 설치된 안전지대에 진입할 수 있다.
② 보도와 차도가 구분된 도로에서는 차도를 통행해야 한다.
③ 보도와 차도가 구분된 도로에서 도로 외의 곳으로 출입할 때에는 보도를 횡단하여 통행할 수 있다.
④ 도로(보도와 차도가 구분된 도로에서는 차도)의 중앙 우측부분을 통행해야 한다.

> **해설**
> ① 차마의 운전자는 안전지대 등 안전표지에 의하여 진입이 금지된 장소에 들어가서는 안 된다(도로교통법 제13조제5항).

02

차도를 통행할 수 있는 사람 또는 행렬이 아닌 것은?

① 현수막을 휴대한 행렬
② 유모차를 밀고 가는 사람
③ 말·소 등의 큰 동물을 몰고 가는 사람
④ 군부대나 그 밖에 이에 준하는 단체의 행렬

> **해설**
> **차도를 통행할 수 있는 사람 또는 행렬**(도로교통법 시행령 제7조)
> • 말·소 등의 큰 동물을 몰고 가는 사람
> • 사다리, 목재, 그 밖에 보행자의 통행에 지장을 줄 우려가 있는 물건을 운반 중인 사람
> • 도로에서 청소나 보수 등 작업을 하고 있는 사람
> • 군부대나 그 밖에 이에 준하는 단체의 행렬
> • 기(旗) 또는 현수막 등을 휴대한 행렬
> • 장의(葬儀) 행렬

03

안전기준을 넘는 승차 및 적재의 허가를 할 수 있는 사람은?

① 시장·군수
② 출발지 경찰서장
③ 시·도지사
④ 국토교통부장관

> **해설**
> 안전기준을 넘는 화물의 적재허가를 받은 사람은 화물의 길이 또는 폭의 양 끝에 너비 30cm, 길이 50cm 이상의 빨간 헝겊 표지를 달아야 한다

04 중요

차로에 따른 통행방법으로 올바르지 않은 것은?

① 편도 3차로 일반도로에서 대형 승합자동차는 2차로로 통행할 수 있다.
② 편도 2차로 일반도로에서 중형 승합자동차는 1차로를 통행할 수 있다.
③ 편도 4차로 고속도로에서 화물자동차는 4차로로 통행할 수 있다.
④ 편도 3차로 고속도로에서 건설기계는 2차로로 통행할 수 있다.

> **해설**
> 편도 3차로 고속도로에서 건설기계는 오른쪽 차로로 통행할 수 있다(도로교통법 시행규칙 별표9 참조).

※ 차로에 따른 통행차의 기준(규칙 별표9)

도로		차로 구분	통행할 수 있는 차종
고속도로 외의 도로		왼쪽 차로	승용자동차 및 경형·소형·중형 승합자동차
		오른쪽 차로	대형승합자동차, 화물자동차, 특수자동차, 법 제2조제18호나목에 따른 건설기계, 이륜자동차, 원동기장치자전거
고속도로	편도 2차로	1차로	앞지르기하려는 모든 자동차(다만, 차량통행량 증가 등 도로상황으로 인하여 부득이하게 시속 80km 미만으로 통행할 수밖에 없는 경우에는 앞지르기하는 경우가 아니라도 통행할 수 있음)
		2차로	모든 자동차
	편도 3차로 이상	1차로	앞지르기하려는 승용자동차 및 앞지르기를 하려는 경형·소형·중형 승합자동차(다만, 차량통행량 증가 등 도로상황으로 인하여 부득이하게 시속 80km 미만으로 통행할 수밖에 없는 경우에는 앞지르기하는 경우가 아니라도 통행할 수 있음)
		왼쪽 차로	승용자동차 및 경형·소형·중형 승합자동차
		오른쪽 차로	대형 승합자동차, 화물자동차, 특수자동차, 법 제2조제18호나목에 따른 건설기계

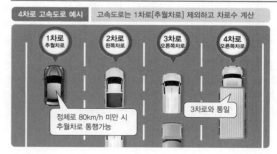

4차로 고속도로 예시   고속도로는 1차로[추월차로] 제외하고 차로수 계산

1차로 추월차로 / 2차로 왼쪽차로 / 3차로 오른쪽차로 / 4차로 오른쪽차로

정체로 80km/h 미만 시 추월차로 통행가능

3차로와 통일

4 자동차 등의 속도(규칙 제19조) 중요

01 중요

편도 2차로 이상 고속도로에서 적재중량 1.5톤 초과 화물자동차의 최고속도는?(단, 서해안 고속도로 제외)

① 80km/h 　② 90km/h
③ 100km/h ④ 110km/h

해설

편도 2차로 이상 고속도로(도로교통법 시행규칙 제19조 참조)

구분	최고속도	최저속도
승용차, 승합차, 화물차 (적재중량 1.5톤 이하)	100km/h	50km/h
화물차(적재중량 1.5톤 초과), 특수자동차, 건설기계, 위험물운반자동차	80km/h	50km/h

02

고속도로 편도2차로 이상에서 적재중량 1.5톤 초과하는 화물자동차의 최고 속도는?

① 90km/h 　② 70km/h
③ 80km/h 　④ 100km/h

해설

편도 2차로 이상 고속도로에서 적재중량 1.5톤 초과하는 화물자동차의 최고속도는 매시 80킬로미터이다.

03

자동차전용도로에서의 최고속도는?

① 60km/h 　② 80km/h
③ 90km/h 　④ 100km/h

해설

자동차전용도로에서의 최고속도 : 90km/h(도로교통법 시행규칙 제19조제1항제2호)

04 중요

최고속도의 100분의 20을 줄인 속도로 운행해야 하는 경우는?

① 노면이 얼어붙은 경우
② 눈이 20mm 이상 쌓인 경우
③ 비가 내려 노면이 젖어 있는 경우
④ 폭우 · 폭설 · 안개 등으로 가시거리가 100m 이내인 경우

해설

①, ②, ④는 최고속도의 100분의 50을 줄인 속도로 운행해야 하는 경우이다(도로교통법 시행규칙 제19조).

※ 도로별 차로에 따른 운행속도

도로 구분			최고속도	최저속도
일반도로	주거지역, 상업지역, 공업지역		매시 50km 이내 (다만, 시 · 도경찰청장이 원활한 소통을 위하여 특히 필요하다고 인정하여 지정한 노선 또는 구간에서는 매시 60km 이내)	제한 없음
	그 외 지역		매시 60km 이내 (다만, 편도 2차로 이상의 도로에서는 매시 80km 이내)	
자동차전용도로			매시 90km	매시 30km
고속도로	편도 1차로		매시 80km	매시 50km
	편도 2차로 이상	모든 고속도로	• 매시 100km • 매시 80km : 적재중량 1.5톤 초과 화물자동차, 특수자동차, 건설기계, 위험물운반자동차	매시 50km
		지정 · 고시한 노선 또는 구간의 고속도로	• 매시 120km 이내 • 매시 90km 이내 : 적재중량 1.5톤 초과 화물자동차, 특수자동차, 건설기계, 위험물운반자동차	매시 50km

※ 비 · 안개 · 눈 등으로 인한 악천후 시의 운행 속도

도로의 상태	감속운행 속도
• 비가 내려 노면이 젖어 있는 경우 • 눈이 20mm 미만 쌓인 경우	최고속도의 20/100 감속
• 폭우, 폭설, 안개 등으로 가시거리가 100m 이내인 경우 • 노면이 얼어붙은 경우 • 눈이 20mm 이상 쌓인 경우	최고속도의 50/100 감속

5 서행 및 일시정지 등

01

도로교통법상 서행하여야 하는 장소로 옳은 것은?

① 지방경찰청장이 안전표시로 지정한 곳
② 교통정리를 하고 있는 교차로
③ 신호기가 없는 철길건널목을 통과하려는 경우
④ 보행자전용도로 통행 시

해설

① 시 · 도경찰청장이 도로에서의 위험을 방지하고 교통의 안전과 원활한 소통을 확보하기 위하여 필요하다고 인정하여 안전표지로 지정한 곳에서는 서행하여야 한다.
② 교통정리를 하고 있지 않는 교차로에서 서행을 하여야 한다.
③ 일시정지를 해야할 장소이다.
④ 보행자의 걸음 속도로 운행하거나 일시정지해야 한다.

02

다음 중 반드시 일시정지해야 할 장소는?

① 도로가 구부러진 곳
② 비탈길 고갯마루 부근
③ 교통정리를 하고 있는 교차로
④ 교통정리가 없고 좌우를 확인할 수 없는 교차로

해설

일시정지 장소(도로교통법 제31조제2항)
교통정리를 하고 있지 않고 좌우를 확인할 수 없거나 교통이 빈번한 교차로, 시 · 도경찰청장이 도로에서의 위험을 방지하고 교통의 안전과 원활한 소통을 확보하기 위하여 필요하다고 인정하여 안전표지로 지정한 곳

※ 정 지

의미	자동차가 완전히 멈추는 상태(당시 속도가 0km/h인 상태로서 완전한 정지상태의 이행)
이행하여야 할 장소	• 황색등화 시 차마는 정지선이 있거나 횡단보도가 있는 경우에는 그 직전이나 교차로의 직전에 정지 • 적색등화 시 차마는 정지선, 횡단보도 및 교차로의 직전에 정지

※ 서 행

의미	차가 즉지 정지할 수 있는 느린 속도로 진행하는 것
이행하여야 할 장소	• 교통정리를 하고 있지 않는 교차로 • 도로가 구부러진 부근 • 비탈길의 고갯마루 부근 • 가파른 비탈길의 내리막 • 시 · 도경찰청장이 도로에서의 위험을 방지하고 교통의 안전과 원활한 소통을 확보하기 위하여 필요하다고 인정하여 안전표지로 지정한 곳

※ 일시정지

의미	반드시 차가 멈추어야 하되, 얼마간의 시간 동안 정지 상태를 유지하여야 하는 교통상황(정지상황의 일시적 전개)
이행하여야 할 장소	• 보도와 차도가 구분된 도로에서 도로 외의 곳을 출입할 때에는 보도를 횡단하기 직전에 일시정지 • 신호기가 없는 철길건널목을 통과하려는 경우 철길건널목 앞에서 일시정지 • 보행자(자전거에서 내려서 자전거를 끌고 통행하는 자전거운전자 포함)가 횡단보도를 통행하고 있을 때에는 횡단보도 앞(정지선이 설치되어 있는 곳에서는 그 정지선)에서 일시정지 • 보행자전용도로 통행 시 보행자의 걸음 속도로 운행하거나 일시정지 • 교차로 또는 그 부근에서 긴급자동차가 접근한 때에는 교차로를 피하여 일시정지 • 교통정리를 하고 있지 아니하고 좌우를 확인할 수 없거나 교통이 빈번한 교차로 • 시 · 도경찰청장이 필요하다고 인정하여 안전표지로 지정한 곳
	• 어린이가 보호자 없이 도로를 횡단할 때, 도로에서 앉아 있거나 서 있을 때 또는 도로에서 놀이를 할 때 등 어린이에 대한 교통사고의 위험이 있는 것을 발견한 경우 • 앞을 보지 못하는 사람이 흰색지팡이를 가지거나 장애인보조견을 동반하고 도로를 횡단하고 있는 경우 또는 지하도나 육교 등 도로횡단시설을 이용할 수 없는 지체장애인이나 노인 등이 도로를 횡단하고 있는 경우 • 적색등화의 점멸 시 정지선이나 횡단보도가 있을 때에는 그 직전이나 교차로의 직전에 일시정지

6 교차로 통행방법 등

01

교차로 통행방법에 대한 설명으로 옳은 것은?

① 우회전을 하는 차는 신호에 관계없이 보행자에 주의하여 진행한다.
② 좌회전을 하려는 차는 미리 도로의 중앙선을 따라 서행하여야 한다.
③ 차의 운전자는 회전교차로에서는 시계방향으로 통행하여야 한다.
④ 차의 운전자는 교차로에 들어가려고 할 때에는 반드시 일시정지해야 한다.

해설
① 우회전을 하는 차는 신호에 따라 정지하거나 진행하는 보행자 또는 자전거 등에 주의하여야 한다.
③ 회전교차로에서 모든 차의 운전자는 회전교차로에서는 반시계방향으로 통행하여야 한다.
④ 교통정리를 하고 있지 않고 일시정지나 양보를 표시하는 안전표지가 설치되어 있는 교차로에 들어가려고 할 때에는 다른 차의 진행을 방해하지 않도록 일시정지하거나 양보해야 한다.

> **✏️ 더 알아보기**
>
> **회전교차로 통행방법**
> ① 모든 차의 운전자는 회전교차로에서는 반시계방향으로 통행하여야 한다.
> ② 모든 차의 운전자는 회전교차로에 진입하려는 경우에는 서행하거나 일시정지하여야 하며, 이미 진행하고 있는 다른 차가 있는 때에는 그 차에 진로를 양보하여야 한다.
> ③ 회전교차로 통행을 위하여 손이나 방향지시기 또는 등화로써 신호를 하는 차가 있는 경우 그 뒤차의 운전자는 신호를 한 앞차의 진행을 방해하여서는 아니 된다.

7 긴급자동차

01

다음 중 긴급자동차가 아닌 차는?

① 교통경찰이 타고 있는 자동차
② 도로관리를 위해 응급작업에 사용되는 자동차
③ 전신·전화의 수리공사 등 응급작업에 사용되는 자동차
④ 민방위업무를 수행하는 기관에서 긴급예방 또는 복구에 사용되는 자동차

※ 긴급자동차의 우선통행(법 제29조)

긴급하고 부득이한 경우	• 도로의 중앙이나 좌측 부분을 통행할 수 있다. • 정지하여야 하는 경우에도 정지하지 아니할 수 있다.
교차로 또는 그 부근	차마와 노면전차의 운전자는 교차로나 그 부근에서 긴급자동차가 접근하는 경우에는 교차로를 피하여 일시정지하여야 한다.
교차로 또는 그 부근 외의 곳	모든 차 또는 노면전차의 운전자는 교차로나 그 부근 외의 곳에서 긴급자동차가 접근한 경우에는 긴급자동차가 우선통행할 수 있도록 진로를 양보하여야 한다.

8 정비불량차의 운전금지 및 점검

01 중요

정비불량차에 해당한다고 인정하는 경우 이를 정지시키고 그 차를 점검할 수 있는 자는?

① 구청공무원
② 도로교통공단 직원
③ 경찰공무원
④ 과적차량 단속 공무원

해설
경찰공무원은 정비불량차에 해당한다고 인정하는 차가 운행되고 있는 경우에는 우선 그 차를 정지시킨 후 운전자에게 그 차의 자동차등록증 또는 자동차운전면허증을 제시하도록 요구하고 그 차의 장치를 점검할 수 있다(도로교통법 제41조제1항).

9 운전면허

01 중요

제2종 보통면허를 소지한 자가 운전할 수 있는 사업용 자동차는?

① 콘크리트믹서트럭
② 적재중량 2.5톤 화물자동차
③ 승차정원 12인승 승합자동차
④ 총중량 5톤의 특수자동차

해설
제2종 보통면허로 운전할 수 있는 차량(도로교통법 시행규칙 별표18) : 승용자동차, 승차정원 10명 이하의 승합자동차, 적재중량 4톤 이하의 화물자동차, 총중량 3.5톤 이하의 특수자동차(대형견인차, 소형견인차 및 구난차는 제외), 원동기장치자전거

02

다음 중 운전면허시험에 응시할 수 있는 자는?

① 약물중독자
② 18세 미만의 신체 건강한 자
③ 정신질환자나 뇌전증 환자
④ 왼쪽 팔꿈치 관절 이상을 잃은 자

해설
운전면허응시 결격사유(도로교통법 제82조제1항) : 양팔의 팔꿈치 관절 이상을 잃은 사람이나 양팔을 전혀 쓸 수 없는 사람

03

운전면허의 행정처분 감경사유와 거리가 먼 것은?

① 모범운전자로서 처분 당시 2년 이상 교통봉사 활동에 종사하고 있는 경우

② 운전이 가족의 생계를 유지할 중요한 수단이 되는 경우

③ 교통사고를 일으키고 도주한 운전자를 검거하여 경찰서장 이상의 표창을 받은 경우

④ 정기 적성검사에 대한 연기신청을 할 수 없었던 불가피한 사유가 있었던 경우

해설

모범운전자로서 처분 당시 3년 이상 교통봉사활동에 종사하고 있는 경우이다.
감경사유에 해당하는 사람들은 음주측정요구에 불응·도주·단속경찰관 폭행의 전력이나 과거 5년 이내에 인적피해 교통사고·음주운전·운전면허 취소 및 정지의 전력이 없어야 한다.

※ 운전할 수 있는 차의 종류(규칙 별표18) 중요

운전면허		운전할 수 있는 차량
종별	구분	
제1종	대형면허	승용자동차, 승합자동차, 화물자동차, 건설기계[덤프트럭, 아스팔트살포기, 노상안정기, 콘크리트믹서트럭, 콘크리트펌프, 천공기(트럭적재식), 콘크리트 믹서트레일러, 아스팔트콘크리트재생기, 도로보수트럭, 3톤 미만의 지게차], 특수자동차(대형견인차·소형견인차 및 구난차는 제외), 원동기장치자전거
	보통면허	승용자동차, 승차정원 15명 이하 승합자동차, 적재중량 12톤 미만 화물자동차, 건설기계(도로를 운행하는 3톤 미만 지게차로 한정), 총중량 10톤 미만 특수자동차(대형견인차·소형견인차 및 구난차는 제외), 원동기장치자전거
	소형면허	3륜화물자동차, 3륜승용자동차, 원동기장치자전거
	특수면허 / 대형견인차	견인형 특수자동차, 제2종 보통면허로 운전할 수 있는 차량
	특수면허 / 소형견인차	총중량 3.5톤 이하의 견인형 특수자동차, 제2종 보통면허로 운전할 수 있는 차량
	특수면허 / 구난차	구난형 특수자동차, 제2종 보통면허로 운전할 수 있는 차량
제2종	보통면허	승용자동차, 승차정원 10명 이하 승합자동차, 적재중량 4톤 이하 화물자동차, 총중량 3.5톤 이하 특수자동차(대형견인차·소형견인차 및 구난차는 제외), 원동기장치자전거
제2종	소형면허	이륜자동차(측차부 포함), 원동기장치자전거
	원동기장치자전거면허	원동기장치자전거

04

화물자동차운전자가 교통사고로 사람을 사상한 후 구호조치를 하지 않았을 때의 처벌은?

① 면허취소

② 면허정지 90일

③ 면허정지 100일

④ 면허정지 150일

해설

교통사고로 사람을 죽게 하거나 다치게 하고 구호조치를 하지 않았을 때 : 면허취소(도로교통법 시행규칙 별표28 참조)

05

다음 중 벌점에 대한 내용으로 옳지 않은 것은?

① 정지처분은 1회의 위반·사고로 인한 벌점 또는 처분벌점이 40점 이상이 된 때부터 결정하여 집행한다.

② 모범운전자에게는 무조건 면허정지처분의 집행기간을 1/2로 감경한다.

③ 처분벌점이 40점 미만인 사람이 벌점감경교육을 마친 경우에는 20점을 감경한다.

④ 처분벌점이 40점 미만인 경우 최종의 위반일 또는 사고일로부터 위반 및 사고 없이 1년이 경과한 때에는 그 처분벌점은 소멸한다.

해설

② 모범운전자도 처분벌점에 교통사고 야기로 인한 벌점이 포함된 경우에는 감경하지 않는다(도로교통법 시행규칙 별표28 참조)

06

교통사고로 인한 인명피해 발생 시 운전면허 행정처분기준으로서 가해자에게 중상 1명당 벌점이 몇 점 부과되는가?

① 5점

② 15점

③ 30점

④ 90점

해설

인적피해 교통사고 벌점기준(도로교통법 시행규칙 별표28 참조)

구분	내용	벌점
사망 1명마다	사고발생 시부터 72시간 이내에 사망한 때	90
중상 1명마다	3주 이상의 치료를 요하는 의사의 진단이 있는 사고	15
경상 1명마다	3주 미만 5일 이상의 치료를 요하는 의사의 진단이 있는 사고	5
부상신고 1명마다	5일 미만의 치료를 요하는 의사의 진단이 있는 사고	2

07

4톤 초과 화물자동차가 정차·주차금지위반으로 방치된 경우에 범칙금은 얼마인가?

① 10만원
② 7만원
③ 5만원
④ 3만원

해설

정차·주차금지위반(신속한 소방활동을 위해 특히 필요하다고 인정하여 안전표지가 설치된 곳에서의 정차·주차금지위반은 제외), 주차금지위반, 정차·주차방법위반 등의 범칙행위에 대해 4톤 초과화물자동차는 5만 원, 4톤 이하 화물자동차는 4만원의 범칙금액이 부과된다.

08 중요

도로교통법상 물적 피해가 발생한 교통사고를 일으킨 후 도주한 경우의 운전면허 행정처분 벌점은?

① 15점
② 30점
③ 60점
④ 100점

해설

물적 피해가 발생한 교통사고를 일으킨 후 도주한 때의 벌점 : 15점(도로교통법 시행규칙 별표28 참조)

09

도로교통법상 어린이보호구역에서 신호 또는 지시를 따르지 않은 5톤 화물차의 고용주에게 부과되는 과태료 금액은?

① 7만 원
② 11만 원
③ 14만 원
④ 17만 원

해설

어린이보호구역에서의 과태료(도로교통법 시행령 별표7)

위반행위 및 행위자	4톤 초과 화물자동차, 특수자동차	4톤 이하 화물자동차
신호 또는 지시를 따르지 않은 차의 고용주 등	14만 원	13만 원

※ 교통법규 위반 시 벌점

위반사항	벌점
• 술에 취한 상태(혈중알코올농도 0.03% 이상 0.08% 미만)	100
• 속도위반(80km/h 초과 100km/h 이하)	80
• 속도위반(60km/h 초과 80km/h 이하)	60
• 정차·주차위반에 대한 조치불응 • 난폭운전으로 형사입건된 때 • 안전운전의무위반	40
• 속도위반(40km/h 초과 60km/h 이하) • 철길건널목 통과방법위반 • 어린이통학버스 특별보호 위반	30
• 신호·지시위반 • 운전 중 휴대용 전화 사용	15
• 앞지르기방법 위반 • 안전거리 미확보(진로변경 방법 위반 포함)	10

10

술에 취한 운전자에 대한 운전면허 취소처분기준이 아닌 것은?

① 술에 만취한 상태(혈중알코올농도 0.08% 이상)에서 운전한 때
② 술에 취한 상태의 기준(혈중알코올농도 0.03% 이상 0.08% 미만)을 넘어서 운전한 때
③ 술에 취한 상태의 기준을 넘어 운전하거나 술에 취한 상태의 측정에 불응한 사람이 다시 술에 취한 상태(혈중알코올농도 0.03% 이상)에서 운전한 때
④ 술에 취한 상태의 기준(혈중알코올농도 0.03% 이상)을 넘어서 운전을 하다가 교통사고로 사람을 죽게 하거나 다치게 한 때

해설

②는 운전면허 정지처분 기준이다(도로교통법 시행규칙 별표28 참조)

11

혈중알코올농도 0.03% 이상 0.08% 미만인 상태에서 운전한 경우의 벌점은?

① 30점   ② 50점
③ 100점   ④ 150점

해설

술에 취한 상태의 기준을 넘어서 운전한 때(혈중알코올농도 0.03퍼센트 이상 0.08퍼센트 미만)의 벌점 : 100점(도로교통법 시행규칙 별표28)

※ 범칙행위 및 범칙금액(운전자)(영 별표8)

범칙행위	차종별 범칙금액 (만 원)	
	4톤 초과 화물자동차, 특수자동차, 건설기계	4톤 이하 화물자동차
• 속도위반(60km/h 초과) • 어린이통학버스 운전자의 의무위반(좌석안전띠를 매도록 하지 않는 경우는 제외) • 인적사항 제공의무 위반(주·정차된 차만 손괴한 것이 분명한 경우에 한정)	13	12
• 속도위반(40km/h 초과 60km/h 이하) • 승객의 차 안 소란행위 방치운전 • 어린이통학버스 특별보호 위반	10	9
신속한 소방활동을 위해 특히 필요하다고 인정하여 안전표지가 설치된 곳에서의 정차·주차 금지 위반	9	8
• 신호·지시위반 • 중앙선침범·통행구분위반 • 속도위반(20km/h 초과 40km/h 이하) • 횡단·유턴·후진위반 • 앞지르기 방법위반 • 앞지르기 금지시기·장소위반 • 철길건널목 통과방법위반 • 회전교차로 통행방법위반 • 횡단보도 보행자 횡단방해(신호 또는 지시에 따라 횡단하는 보행자 통행방해 포함) • 보행자전용도로 통행위반(보행자전용도로 통행방법 위반 포함) • 승차인원 초과, 승객 또는 승하차자 추락방지조치위반 • 어린이·앞을 보지 못하는 사람 등의 보호위반 • 운전 중 휴대용 전화 사용 • 운전 중 운전자가 볼 수 있는 위치에 영상 표시 • 운전 중 영상표시장치 조작 • 운행기록계 미설치 자동차운전금지 등의 위반 • 고속도로·자동차전용도로 갓길통행	7	6
• 고속도로버스전용차로·다인승전용차로 통행위반 • 긴급자동차에 대한 양보·일시정지 위반 • 긴급한 용도나 그밖에 허용된 사항 외에 경광등이나 사이렌 사용	7	6
• 통행금지·제한위반 • 일반도로 전용차로 통행위반 • 고속도로·자동차전용도로 안전거리 미확보 • 앞지르기의 방해금지위반 • 교차로 통행방법 위반 • 회전교차로 진입·진입방법 위반 • 교차로에서의 양보운전위반 • 보행자의 통행방해 또는 보호 불이행 • 정차·주차금지위반(신속한 소방활동을 위해 특히 필요하다고 인정하여 안전표지가 설치된 곳에서의 정차·주차 금지 위반은 제외) • 주차금지위반 • 정차·주차방법위반 • 정차·주차위반에 대한 조치 불응 • 적재제한위반·적재물 추락방지위반 또는 영유아나 동물을 안고 운전하는 행위 • 안전운전의무위반 • 도로에서의 시비·다툼 등으로 차마의 통행방해행위 • 급발진·급가속·엔진 공회전 또는 반복적·연속적인 경음기 울림으로 소음 발생행위 • 화물 적재함에의 승객탑승운행행위 • 고속도로 지정차로 통행위반 • 고속도로·자동차전용도로 횡단·유턴·후진위반 • 고속도로·자동차전용도로 정차·주차금지위반 • 고속도로 진입위반 • 고속도로·자동차전용도로 고장 등의 경우 조치 불이행	5	4
• 혼잡완화 조치위반 • 지정차로 통행위반·차로너비보다 넓은 차 통행금지 위반(진로변경금지 장소에서의 진로변경 포함) • 속도위반(20km/h 이하) • 진로변경방법위반 • 급제동금지위반 • 끼어들기금지위반 • 서행의무위반 • 일시정지위반	3	3
• 방향전환·진로변경 시 신호 불이행 • 운전석 이탈 시 안전확보 불이행 • 동승자 등의 안전을 위한 조치위반 • 시·도경찰청 지정·공고사항위반 • 좌석안전띠 미착용 • 어린이통학버스와 비슷한 도색·표지 금지위반	3	3
• 최저속도위반 • 일반도로 안전거리 미확보 • 등화점등·조작 불이행(안개·강우·강설 때는 제외) • 불법부착장치차 운전(교통단속용 장비의 기능을 방해하는 장치를 한 차의 운전 제외)	2	2

• 돌 · 유리병 · 쇳조각이나 그 밖에 도로에 있는 사람이나 차마를 손상시킬 우려가 있는 물건을 던지거나 발사하는 행위 • 도로를 통행하고 있는 차마에서 밖으로 물건을 던지는 행위	모든 차마 : 5
특별교통안전교육의 미이수 • 과거 5년 이내에 술에 취한 상태에서의 운전 금지 규정을 1회 이상 위반하였던 사람으로서 다시 같은 조를 위반하여 운전면허효력 정지처분을 받게 되거나 받은 사람이 그 처분기간이 끝나기 전에 특별교통안전교육을 받지 않은 경우	차종 구분 없음 : 15
• 위의 경우 외의 경우	10
경찰관의 실효된 면허증 회수에 대한 거부 또는 방해	차종 구분 없음 : 3

※ 어린이보호구역 및 노인 · 장애인보호구역에 서의 과태료(영 별표7)

범칙행위		차종별 과태료 금액(만 원)	
		4톤 초과 화물자동차, 특수자동차, 건설기계	4톤 이하 화물자동차
신호 또는 지시를 따르지 않은 차의 고용주 등		14	13
제한속도를 준수하지 않은 차의 고용주 등 • 60km/h 초과 • 40km/h 초과 60km/h 이하 • 20km/h 초과 40km/h 이하 • 20km/h 이하		17 14 11 7	16 13 10 7
정차 · 주차금지위반, 주차금지위반, 정차 · 주차방법위반 및 시간제한 규정을 위반하여 정차 또는 주차를 한 차의 고용주 등	어린이 보호구역	13(14)	12(13)
	노인 · 장애인 보호구역	9(10)	8(9)

※ 괄호 안의 금액은 같은 장소에서 2시간 이상 정차 또는 주차 위반을 하는 경우에 적용한다.

※ 어린이보호구역 및 노인 · 장애인보호구역에 서의 범칙금액(영 별표10)

범칙행위	차종별 범칙금액(만 원)	
	4톤 초과 화물자동차, 특수자동차, 건설기계	4톤 이하 화물자동차
• 신호 · 지시위반 • 횡단보도 보행자 횡단방해 • 정차 · 주차금지위반(어린이보호구역) • 주차금지위반(어린이보호구역) • 정차 · 주차방법위반(어린이보호구역) • 정차 · 주차위반에 대한 조치 불응 (어린이보호구역)	13	12

• 속도위반
  −60km/h 초과
  −40km/h 초과 60km/h 이하
  −20km/h 초과 40km/h 이하
  −20km/h 이하
	16
	13
	10
	6
		15
		12
		9
		6

• 통행금지 · 제한위반 • 보행자 통행방해 또는 보호 불이행 • 정차 · 주차금지위반(노인 · 장애인보호구역) • 주차금지위반(노인 · 장애인보호구역) • 정차 · 주차방법위반(노인 · 장애인보호구역) • 정차 · 주차위반에 대한 조치 불응 (노인 · 장애인보호구역)	9	8

제2장 교통사고처리특례법

1 처벌의 특례 중요

01

교통사고처리특례법상 특례의 적용 배제 사유가 아닌 것은?

① 교차로 내 사고
② 신호·지시위반사고
③ 속도위반(20km/h 초과) 과속사고
④ 보도침범위반사고

> **해설**
> 교차로 내 사고는 특례의 적용 배제 사유에 해당하지 않는다.

02 중요

교통사고처리특례법상 특례의 적용 배제 사유가 아닌 것은?

① 신호·지시위반사고
② 중앙선침범사고
③ 보행자 보호의무 위반사고
④ 속도위반(10km/h 초과) 과속사고

> **해설**
> 속도위반 20km/h 초과 과속사고가 특례의 적용 배제 사유이다. 그밖에 철길건널목 통과방법 위반사고, 보행자 보호의무 위반사고, 무면허운전사고, 주취운전·약물복용 운전사고, 보도침범·보도횡단방법 위반사고, 승객추락 방지의무 위반사고, 어린이보호구역 내 안전운전의무 위반으로 어린이의 신체를 상해에 이르게 한 사고 등이 해당한다.

2 처벌의 가중

01

특정범죄가중법상 사고로 부상당한 피해자를 방치하고 도주 시 벌금형의 내용으로 맞는 것은?

① 2천만 원 이하 벌금
② 5백만 원 이상 3천만 원 이하 벌금
③ 1천5백만 원 이하 벌금
④ 5백만 원 이하 벌금

> **해설**
> 피해자를 상해에 이르게 하고 도주한 경우에는 1년 이상의 유기징역 또는 5백만 원 이상 3천만 원 이하의 벌금에 처한다(특정범죄가중처벌 등에 관한 법률 제5조의3제1항 참조).

02 중요

사망사고를 야기한 운전자에 대한 처벌 중 적합하지 않은 것은?

① 피해자를 구호하는 등의 조치를 하지 않고 사망에 이르게 하고 도주한 경우에는 무기 또는 5년 이상의 징역에 처한다.
② 피해자를 구호하는 등의 조치를 하지 않고 도주한 후에 피해자가 사망한 경우에는 3년 이상의 유기징역에 처한다.
③ 교통사고를 일으켜 사람을 죽게 하고 구호조치를 하지 않은 때에는 운전면허를 취소하여야 한다.
④ 사망한 피해자를 유기하고 도주한 경우에는 사형, 무기 또는 5년 이상의 징역에 처한다.

> **해설**
> 사고운전자가 피해자를 사망에 이르게 하고 도주하거나 도주 후에 피해자가 사망한 경우에는 무기 또는 5년 이상의 징역에 처한다.

03

사고운전자가 피해자를 사망에 이르게 하고 도주하거나 도주 후에 피해자가 사망한 경우의 올바른 가중처벌은?

① 사형 또는 무기징역
② 5년 이상의 징역이나 무기징역
③ 3년 이하의 징역이나 1,500만 원 이하의 벌금형
④ 5년 이하의 징역이나 2,000만 원 이하의 벌금형

> **해설**
> 특정범죄가중처벌 등에 관한 법률 제5조의3제1항제1호 참조

※ 도주사고

사고운전자 가중처벌(특정범죄 가중처벌 등에
관한 법률 제5조의3)

위반사항		처벌
사고운전자가 피해자를 구호하는 등의 조치를 하지 않고 도주한 경우	피해자를 사망에 이르게 하고 도주하거나 도주 후에 피해자가 사망한 경우	무기 또는 5년 이상의 징역
	피해자를 상해에 이르게 한 경우	1년 이상의 유기징역 또는 500만 원 이상 3천만 원 이하의 벌금
사고운전자가 피해자를 사고 장소로부터 옮겨 유기하고 도주한 경우	피해자를 사망에 이르게 하고 도주하거나 도주 후에 피해자가 사망한 경우	사형, 무기 또는 5년 이상의 징역
	피해자를 상해에 이르게 한 경우	3년 이상의 유기징역

3 중대 법규위반 교통사고 중요

01 중요

신호 · 지시 위반사고의 성립요건으로 옳지 않은
것은?

① 운전자의 부주의에 의한 과실
② 신호기가 설치되어 있는 교차로나 횡단보도
③ 신호기의 고장이나 황색 점멸신호등의 경우
④ 지시표지판(규제표지 중 통행금지 · 진입금지 · 일시정지표지)이 설치된 구역 내

해설
③은 신호 · 지시 위반사고의 장소적 요건의 예외사항에 해당한다.

02

교통사고처리특례법상의 중대한 교통사고로서 과
속으로 인한 사고의 성립요건에 대한 설명으로
옳지 않은 것은?

① 과속 차량에 충돌되어 인적피해를 입은 경우
② 고속도로나 자동차전용도로에서 법정속도 20km/h를 초과한 경우
③ 제한속도 20km/h를 초과하여 과속으로 운행하면서 사고가 발생한 경우
④ 불특정 다수의 사람 또는 차마의 통행을 위하여 공개된 장소가 아닌 곳에서 사고가 발생한 경우

해설
불특정 다수의 사람 또는 차마의 통행을 위하여 공개된 장소로서 안전하고 원활한 교통을 확보할 필요가 있는 장소일 것을 요건으로 한다.

03

다음 중 형사입건 대상인 중앙선침범 사고는?

① 빙판 등 부득이한 중앙선침범
② 의도적 유턴, 회전 중 중앙선침범
③ 교차로 좌회전 중 일부 중앙선침범
④ 사고 피양 급제동으로 인한 중앙선침범

해설
①, ③, ④는 공소권 없는 사고로 처리된다.

04

중앙선 침범이 적용되는 사례로 옳지 않은 것은?

① 교차로 좌회전 중 일부 중앙선침범 사고
② 전방주시 태만으로 인한 중앙선침범 사고
③ 차내 잡담 등 부주의로 인한 중앙선침범 사고
④ 졸다가 뒤늦게 급제동하여 중앙선을 침범한 사고

해설
①은 공소권 없는 사고로 처리된다.

05 중요

철길건널목 통과방법 위반사고 성립요건 중 운전
자의 과실이 아닌 것은?

① 안전미확인 통행 중 사고
② 철길건널목 직전 일시정지 불이행
③ 고장 시 승객대피 · 차량이동 조치 불이행
④ 철길건널목 신호기 등의 고장으로 발생한 사고

해설
④ 철길건널목 신호기 · 경보기 등의 고장으로 발생한 사고는 철길건널목 통과방법 위반사고의 예외사항이다.

06

교통사고처리특례법 적용이 배제되는 사유인 철길건널목 통과방법 위반에 해당되지 않는 경우는?

① 안전 미확인 통행 중 사고
② 철길건널목 직전 일시정지 불이행
③ 고장 시 승객 대피, 차량이동 조치 불이행
④ 신호기의 지시에 따라 일시정지하지 아니하고 통과한 경우

해설

신호기 등이 표시하는 기호에 따르는 때에는 일시정지하지 아니하고 통과할 수 있다.

07

철길건널목의 종류에서 경보기와 건널목 교통안전표지만 설치하는 경우는 몇 종에 해당하는가?

① 4종   ② 3종
③ 1종   ④ 2종

해설

철길건널목의 종류
• 제1종 : 차단기, 건널목경보기 및 건널목 교통안전표지가 설치되어 있는 경우
• 제2종 : 경보기와 건널목 교통안전표지만 설치하는 경우
• 제3종 : 건널목 교통안전표지만 설치하는 경우

08 중요

다음 중 무면허운전에 해당하지 않는 것은?

① 면허정지기간 중에 운전하는 경우
② 면허취소처분을 받은 자가 운전하는 경우
③ 유효기간이 지난 운전면허증으로 운전하는 경우
④ 위험물을 운반하는 화물자동차가 적재중량 3톤을 초과함에도 제1종 대형면허로 운전하는 경우

해설

④ 위험물을 운반하는 화물자동차가 적재중량 3톤을 초과함에도 제1종 보통면허로 운전하는 경우 무면허운전에 해당한다.

09 중요

다음 중 보도침범사고인 것은?

① 횡단보도를 건너던 보행자가 자동차에 충돌하여 인적피해를 입은 경우
② 과속차량(20km/h 초과)에 충돌되어 인적피해를 입은 경우
③ 탑승객이 승하차 중 문이 열린 상태로 발차하여 승객이 추락함으로써 인적피해를 입은 경우
④ 보도상에서 보행 중 제차에 충돌되어 인적피해를 입은 경우

해설

① 횡단보도 보행자 보호의무 위반사고
② 속도위반(20km/h 초과) 과속사고
③ 승객추락 방지의무 위반사고

10

어린이보호구역으로 지정될 수 있는 장소가 아닌 것은?

① 초 · 중등교육법에 따른 초등학교 또는 중학교
② 영유아교육법에 따른 어린이집 중 정원 100명 이상의 어린이집
③ 학원의 설립 · 운영 및 과외교습에 관한 법률에 따른 학원 중 학원 수강생이 100명 이상인 학원
④ 유아교육법에 따른 유치원

해설

① 초 · 중등교육법에 따른 초등학교 또는 특수학교

11

승객 추락방지의무 위반 사고에 해당하는 것은?

① 문을 연 상태에서 출발하여 탑승한 승객이 추락한 경우
② 승객이 임의로 차문을 열고 상체를 내밀어 추락한 경우
③ 사고방지를 위한 급제동 시 승객이 밖으로 추락한 경우
④ 화물자동차 적재함에 사람을 태우고 운행하던 중 운전자가 급제동하여 추락한 경우

해설
②, ③, ④는 적용 배제 사례이다.

12

교통사고처리특례법상 음주운전에 대한 설명으로 옳지 않은 것은?

① 특정인만이 이용하는 장소에서의 음주운전으로 인한 운전면허 행정처분은 불가하다.
② 음주운전 자동차에 충돌되어 대물피해를 입은 경우 가해자가 보험에 가입되어 있다면 '공소권 없음'으로 처리된다.
③ 호텔, 백화점, 고층건물의 주차장 내의 통행로와 주차선 안에서의 음주운전도 처벌된다.
④ 공장이나 관공서, 학교, 사기업 등의 정문 안쪽 통행로가 문, 차단기에 의하여 도로와 차단되는 경우에는 음주운전이 성립하지 않는다.

해설
④는 음주운전이 성립한다.

13

중앙선 침범이 적용되는 사례로 옳지 않은 것은?

① 커브길 과속으로 중앙선을 침범한 사고
② 빙판에 미끄러져 중앙선을 침범한 사고
③ 빗길 과속으로 중앙선을 침범한 사고
④ 졸다가 뒤늦게 급제동하여 중앙선을 침범한 사고

해설
②는 공소권 없는 사고로 처리된다.

제3장 화물자동차 운수사업법령

1 총 칙

01

화물자동차의 규모에 따른 구분으로 대형 화물자동차의 총중량 기준은?

① 15톤 이상
② 10톤 이상
③ 5톤 이상
④ 3톤 이상

해설

대형 화물자동차는 최대적재량이 5톤 이상이거나 총중량이 10톤 이상인 화물자동차이다.

02 중요

다음은 밴형 화물자동차가 충족해야 할 구조적인 요건에 대한 설명이다. 옳지 않은 것은?

① 승차인원이 3명 이하여야 한다.
② 승차인원이 4인이라고 하더라도 호송경비업무 허가를 받은 경비업자의 호송용 차량은 밴형 화물자동차로 운행이 가능하다.
③ 2001년 11월 30일 전에 화물자동차운송사업 등록을 한 6인승 밴형 화물자동차의 경우에는 밴형 화물자동차로 운행이 가능하다.
④ 물품적재장치의 바닥면적이 승차장치의 바닥면적보다 좁아야 한다.

해설

밴형 화물자동차는 다음의 요건을 충족하는 구조이어야 한다(화물자동차 운수사업법 시행규칙 제3조).
• 물품적재장치의 바닥면적이 승차장치의 바닥면적보다 넓을 것
• 승차정원이 3명 이하일 것(다만, 다음의 하나에 해당하는 경우는 예외)
  − 경비업법 제4조제1항에 따라 같은 법 제2조제1호나목의 호송경비업무 허가를 받은 경비업자의 호송용 차량
  − 2001년 11월 30일 전에 화물자동차운송사업 등록을 한 6인승 밴형 화물자동차

03 중요

자동차관리법상 화물자동차의 규모별 세부기준에 대한 설명으로 옳지 않은 것은?

① 소형 − 최대적재량이 1톤 이하인 것으로서 총중량이 3.5톤 이하인 화물자동차
② 경형(일반형) − 배기량이 1,000cc 미만으로서 길이 3.6m, 너비 1.6m, 높이 2.0m 이하인 화물자동차
③ 중형 − 최대적재량이 1톤 초과 3톤 미만이거나 총중량이 3톤 초과 10톤 미만인 화물자동차
④ 대형 − 최대적재량이 5톤 이상이거나 총중량이 10톤 이상인 화물자동차

해설

③ 중형 : 최대적재량이 1톤 초과 5톤 미만이거나 총중량이 3.5톤 초과 10톤 미만인 화물자동차(자동차관리법 시행규칙 별표1 참조)

※ 화물자동차의 규모별 세부기준(자동차관리법 규칙 별표1)

종류	세부기준
경형	• 초소형 : 배기량 250cc(전기차는 최고정격출력 15kW) 이하, 길이 3.6m, 너비 1.5m, 높이 2.0m 이하인 화물자동차 • 일반형 : 배기량 1,000cc 미만, 길이 3.6m, 너비 1.6m, 높이 2.0m 이하인 화물자동차
소형	최대적재량이 1톤 이하인 것으로서 총중량이 3.5톤 이하인 화물자동차
중형	최대적재량이 1톤 초과 5톤 미만이거나 총중량이 3.5톤 초과 10톤 미만인 화물자동차
대형	최대적재량이 5톤 이상이거나 총중량이 10톤 이상인 화물자동차

※ 화물자동차의 유형별 세부기준(자동차관리법 규칙 별표1)

유형	세부기준
일반형	보통의 화물운송용인 것
덤프형	적재함을 원동기의 힘으로 기울여 적재물을 중력에 의하여 쉽게 미끄러뜨리는 구조의 화물운송용인 것
밴형	지붕구조의 덮개가 있는 화물운송용인 것

특수 용도형	특정한 용도를 위하여 특수한 구조로 하거나 기구를 장치한 것으로서 일반형, 덤프형, 밴형에 속하지 않는 화물운송용인 것

04 중요

다음 중 화물자동차운수사업에 대한 설명으로 옳은 것은?

① 화물자동차운송사업, 화물자동차운송주선사업 및 화물자동차운송가맹사업

② 다른 사람의 요구에 응하여 화물자동차를 사용하여 화물을 유상으로 운송하는 사업

③ 다른 사람의 요구에 응하여 자기 화물자동차를 사용하여 유상으로 화물을 운송하거나 소속 화물자동차운송가맹점에 의뢰하여 화물을 운송하게 하는 사업

④ 다른 사람의 요구에 응하여 유상으로 화물운송계약을 중개·대리하거나 화물자동차운송사업 또는 화물자동차운송가맹사업을 경영하는 자의 화물운송수단을 이용하여 자기의 명의와 계산으로 화물을 운송하는 사업

> **해설**
> ② 화물자동차운송사업, ③ 화물자동차운송가맹사업, ④ 화물자동차운송주선사업

05

다음 중 운송주선사업자에 대한 설명으로 틀린 것은?

① 운송주선사업자는 자기 명의로 다른 사람에게 화물자동차운송주선사업을 경영하게 할 수 없다.

② 운송주선사업자는 자기의 명의로 운송계약을 체결한 화물에 대하여 그 계약금액 중 일부를 제외한 나머지 금액으로 다른 운송주선사업자와 재계약하여 이를 운송하도록 하여서는 안 된다.

③ 운송주선사업자는 화주로부터 중개 또는 대리를 의뢰받은 화물에 대하여 다른 운송주선사업자에게 수수료를 받고 중개 또는 대리를 의뢰할 수 있다.

④ 운송주선사업자는 운송사업자에게 화물의 종류·무게 및 부피 등을 거짓으로 통보하여서는 아니 된다.

> **해설**
> ③ 운송주선사업자는 화주로부터 중개 또는 대리를 의뢰받은 화물에 대하여 다른 운송주선사업자에게 수수료나 그 밖의 대가를 받고 중개 또는 대리를 의뢰하여서는 안 된다(화물자동차운수사업법 제26조제2항).

06

화물자동차 운수사업법령상 화물자동차운송사업의 종류에 해당하는 것은?

① 퀵서비스운송

② 오토바이운송

③ 렌터카운송

④ 용달화물자동차운송

> **해설**
> 화물자동차운송사업은 다른 사람의 요구에 응하여 화물자동차를 사용하여 화물을 유상으로 운송하는 사업을 말한다(화물자동차운수사업법 제2조제3호).

07

화물자동차운송가맹점에 해당하는 않는 것은?

① 운송가맹사업자의 화물정보망을 이용하여 운송화물을 배정받아 화물을 운송하는 운송사업자

② 다른 사람의 요구에 응하여 화물자동차를 사용하여 화물을 유상으로 운송하는 사업자

③ 운송가맹사업자의 화물운송계약을 중개·대리하는 운송주선사업자

④ 운송가맹사업자의 화물정보망을 이용하여 운송화물을 배정받아 화물을 운송하는 자로서 화물자동차 운송사업의 경영의 일부를 위탁받은 사람

> **해설**
> ② 화물자동차운송사업에 해당한다.

> ✏ **더 알아보기**
>
> **밴형 화물자동차의 충족 요건**(규칙 제3조)
> • 물품적재장치의 바닥면적이 승차장치의 바닥면적보다 넓을 것
> • 승차정원이 3명 이하일 것. 다만 다음의 경우 예외
> – 경비업법에 따라 호송경비업무 허가를 받은 경비업자의 호송용 차량
> – 2001년 11월 30일 전에 화물자동차운송사업 등록을 한 6인승 밴형 화물자동차

2 화물자동차운송사업

01 중요

화물자동차운송사업을 경영하려는 자는 누구에게 허가를 받아야 하는가?

① 경찰청장
② 시 · 도지사
③ 행정안전부장관
④ 국토교통부장관

해설

화물자동차운송사업을 경영하려는 자는 국토교통부장관의 허가를 받아야 한다(화물자동차 운수사업법 제3조제1항).

02 중요

화물자동차운송사업의 허가에 대한 설명 중 틀린 것은?

① 화물자동차운송사업을 경영하려는 자는 국토교통부장관의 허가를 받아야 한다.
② 화물자동차운송가맹사업의 허가를 받은 자는 국토교통부장관에게 화물자동차운송사업의 허가를 받지 않아도 된다.
③ 화물자동차운송사업의 허가를 받은 자가 허가사항을 변경하려면 국토교통부장관의 변경허가를 받아야 한다.
④ 운송사업자는 허가를 받은 날부터 3년 이내의 범위에서 대통령령이 정하는 기간마다 허가기준에 관한 사항을 국토교통부장관에게 신고해야 한다.

해설

④ 운송사업자는 허가받은 날부터 5년의 범위에서 대통령령으로 정하는 기간마다 허가기준에 관한 사항을 국토교통부장관에게 신고하여야 한다(화물자동차 운수사업법 제3조제9항).

03

다음 중 화물의 기준에 적합하지 않은 것은?

① 악취가 나는 수산물
② 혐오감을 주는 동물
③ 폭발성 · 인화성 · 부식성 물품
④ 화주 1명당 화물의 중량이 10kg 이상일 것

해설

화물의 기준(화물자동차 운수사업법 시행규칙 제3조의2)
• 화주 1명당 화물의 중량이 20kg 이상일 것
• 화주 1명당 화물의 용적이 40,000cm³ 이상일 것

• 해당 화물 물품 : 불결하거나 악취가 나는 농산물 · 수산물 또는 축산물, 혐오감을 주는 동물 또는 식물, 기계 · 기구류 등 공산품, 합판 · 각목 등 건축기자재, 폭발성 · 인화성 또는 부식성 물품

04 중요

화물자동차운송사업의 허가를 취소할 수 있는 경우는?

① 부정한 방법으로 화물자동차운송사업 허가를 받은 경우
② 화물자동차운전자의 취업현황을 보고하지 아니한 경우
③ 중대한 교통사고로 인해 많은 사상자를 발생하게 한 경우
④ 자동차관리법에 의한 검사를 받지 아니하고 화물자동차를 운행한 경우

해설

화물자동차운송사업의 허가취소 사유(화물자동차 운수사업법 제19조)
• 부정한 방법으로 화물자동차운송사업 허가를 받은 경우
• 결격사유에 해당하게 된 경우(다만, 법인의 임원 중 결격사유에 해당하는 자가 있는 경우에 3개월 이내에 그 임원을 개임하면 허가를 취소하지 않음)
• 화물자동차 교통사고와 관련하여 거짓이나 그 밖의 부정한 방법으로 보험금을 청구하여 금고 이상의 형을 선고받고 그 형이 확정된 경우

05 중요

운임 및 요금을 정하여 국토교통부장관에게 신고해야 하는 운송사업자는?

① 용달 화물자동차운송사업자
② 이륜자동차로 화물을 운송하는 운송사업자
③ 덤프형 화물자동차로 화물을 운송하는 운송사업자
④ 구난형 특수자동차를 사용하여 고장차량 등을 운송하는 운송사업자

해설

운임 및 요금을 정하여 미리 국토교통부장관에게 신고해야 하는 운송사업자(화물자동차 운수사업법 시행령 제4조)
• 구난형 특수자동차를 사용하여 고장차량 · 사고차량 등을 운송하는 운송사업자 또는 운송가맹사업자(화물자동차를 직접 소유한 운송가맹사업자만 해당)
• 밴형 화물자동차를 사용하여 화주와 화물을 함께 운송하는 운송사업자 및 운송가맹사업자(화물자동차를 직접 소유한 운송가맹사업자만 해당)

더 알아보기

화물자동차운송사업의 허가사항 변경신고 대상
(영 제3조) **중요**

- 상호의 변경
- 대표자의 변경(법인인 경우만 해당)
- 화물취급소의 설치 또는 폐지
- 화물자동차의 대폐차(代廢車)
- 주사무소 · 영업소 및 화물취급소의 이전(다만, 주사무소 경우 관할 관청의 행정구역 내에서의 이전만 해당)

06

화물자동차 운수사업법의 운송약관에 대한 설명으로 틀린 것은?

① 운송약관에는 손해배상 및 면책에 관한 사항을 적어야 한다.
② 운송사업자는 운송약관을 정하여 국토교통부장관에게 신고해야 한다.
③ 운송약관신고서에는 원가계산서 및 요금 · 운임의 신 · 구대비표를 첨부해야 한다.
④ 운송사업자는 운송약관을 신고 또는 변경신고할 때에는 운송약관신고서를 관할관청에 제출해야 한다.

해설
운송약관신고서에 첨부할 서류(화물자동차 운수사업법 시행규칙 제16조제2항) : 운송약관, 운송약관의 신 · 구대비표(변경신고인 경우만 해당)

07

운송사업자의 책임에 대한 설명으로 옳지 않은 것은?

① 화물이 인도기한이 지난 후 1개월 이내에 인도되지 않으면 그 화물은 멸실된 것으로 본다.
② 국토교통부장관은 손해배상에 관하여 화주가 요청하면 이에 관한 분쟁을 조정할 수 있다.
③ 당사자 쌍방이 조정안을 수락하면 당사자 간에 조정안과 동일한 합의가 성립된 것으로 본다.
④ 국토교통부장관은 분쟁조정 업무를 한국소비자원 또는 소비자단체에 위탁할 수 있다.

해설
① 화물이 인도기한이 지난 후 3개월 이내에 인도되지 않으면 그 화물은 멸실된 것으로 본다.

08 중요

화물자동차 운전자의 요건에 해당하지 않는 것은?

① 화물자동차를 운전하기에 적합한 운전면허를 가지고 있을 것
② 18세 이상일 것
③ 운전경력 2년 이상일 것
④ 화물자동차 운수사업용 자동차를 운전한 경력이 있는 경우에는 그 운전경력이 1년 이상

해설
20세 이상일 것

09

화물자동차운송사업의 운전업무 종사자격 결격사유가 아닌 것은?

① 피성년후견인 또는 피한정후견인
② 운수사업법을 위반하여 징역 이상의 실형을 선고받고 그 집행이 끝나거나 집행이 면제된 날부터 3년이 지나지 아니한 자
③ 운수사업법을 위반하여 징역 이상의 형의 집행유예를 선고받고 그 유예기간 중에 있는 자
④ 파산선고를 받고 복권되지 아니한 자

해설
② 화물자동차 운수사업법을 위반하여 징역 이상의 실형을 선고받고 그 집행이 끝나거나(집행이 끝난 것으로 보는 경우를 포함) 집행이 면제된 날부터 2년이 지나지 아니한 자(화물자동차 운수사업법 제4조제3호)

10

화물자동차 운수사업법상 화물운송종사자격 정지기간 중에 화물자동차운수사업의 운전업무에 종사한 때의 처분은?

① 자격취소 ② 자격정지 10일
③ 자격정지 30일 ④ 자격정지 50일

해설
화물운송종사자격 정지기간 중에 화물자동차운수사업의 운전업무에 종사한 경우 그 자격을 취소하여야 한다(화물자동차 운수사업법 제23조제1항 참조).

11 중요

화물자동차 운수사업법상 화물운송 중에 과실로 교통사고를 일으켜 2명 이상을 사망하게 한 경우 처분기준은?

① 자격취소
② 자격정지 40일
③ 자격정지 50일
④ 자격정지 60일

해설

화물운송 중에 과실로 교통사고를 일으켜 사람을 사망하게 하거나 다치게 한 경우의 처분기준(화물자동차 운수사업법 시행규칙 별표3의2)
• 사망자 2명 이상 : 자격취소
• 사망자 1명 및 중상자 3명 이상 : 자격정지 90일
• 사망자 1명 또는 중상자 6명 이상 : 자격정지 60일

12

화물자동차운송사업의 운전업무 종사자격 결격사유가 아닌 것은?

① 피성년후견인 또는 피한정후견인
② 운수사업법을 위반하여 징역 이상의 실형을 선고받고 그 집행이 끝나거나 집행이 면제된 날부터 3년이 지나지 아니한 자
③ 운수사업법을 위반하여 징역 이상의 형의 집행유예를 선고받고 그 유예기간 중에 있는 자
④ 파산선고를 받고 복권되지 아니한 자

해설

② 화물자동차 운수사업법을 위반하여 징역 이상의 실형을 선고받고 그 집행이 끝나거나(집행이 끝난 것으로 보는 경우를 포함) 집행이 면제된 날부터 2년이 지나지 아니한 자(화물자동차 운수사업법 제4조제3호)

13 중요

화물운송종사자격이 취소된 날부터 몇 년이 경과하여야 화물운송종사자격을 재취득할 수 있는가?

① 1년
② 2년
③ 3년
④ 5년

해설

화물자동차 운수사업법 제23조제1항(제7호는 제외)에 따라 화물운송종사자격이 취소(화물운송종사자격을 취득한 자가 제4조제1호에 해당하여 제23조제1항제1호에 따라 허가가 취소된 경우는 제외)된 날부터 2년이 지나지 아니한 자는 화물운송종사자격을 취득할 수 없다(화물자동차 운수사업법 제9조제2호).

14

화물자동차운수사업의 경영개선 및 운송서비스 향상을 위해 운수사업자를 지도할 수 있는 자는?

① 대통령
② 국토교통부장관
③ 행정안전부장관
④ 한국교통안전공단 이사장

해설

국토교통부장관 또는 시·도지사는 화물자동차운수사업의 경영개선 또는 운송서비스의 향상을 위해 필요하다고 인정하면 화물자동차운수사업의 경영에 관하여 운수사업자를 지도할 수 있다(화물자동차 운수사업법 제41조제1항).

15 중요

다음 중 운송사업자의 준수사항으로 틀린 것은?

① 운송사업자는 허가받은 사항의 범위에서 사업을 성실하게 수행해야 하며 부당한 운송조건을 제시하거나 정당한 사유 없이 운송계약의 인수를 거부하거나 그밖에 화물운송질서를 현저하게 해치는 행위를 하여서는 안 된다.
② 운송사업자는 화물자동차운전자의 과로를 방지하고 안전운행을 확보하기 위해 운전자를 과도하게 승차근무하게 하여서는 안 된다.
③ 운송사업자는 해당 화물자동차운송사업에 종사하는 운수종사자가 준수사항을 성실히 이행하도록 지도·감독해야 한다.
④ 운송사업자는 화물운송의 대가로 받은 운임 및 요금의 전부 또는 일부에 해당하는 금액을 화주, 다른 운송사업자 또는 화물자동차운송주선사업을 경영하는 자에게 되돌려줄 수 있다.

해설

④ 운송사업자는 화물운송의 대가로 받은 운임 및 요금의 전부 또는 일부에 해당하는 금액을 부당하게 화주, 다른 운송사업자 또는 화물자동차운송주선사업을 경영하는 자에게 되돌려 주는 행위를 하여서는 안 된다(화물자동차 운수사업법 제11조제6항).

16

화물자동차운송사업에 종사하는 운수종사자의 준수사항으로 옳지 않은 것은?

① 차량의 청결상태를 양호하게 유지할 것
② 운행하기 전에 일상점검 및 확인을 할 것

③ 부당한 운임 또는 요금을 요구하거나 받을 것
④ 적재된 화물의 이탈을 방지하기 위한 덮개·포장·고정장치 등을 하고 운행할 것

해설

운수종사자의 금지행위(화물자동차 운수사업법 제12조제1항)
• 정당한 사유 없이 화물을 중도에서 내리게 하는 행위
• 정당한 사유 없이 화물의 운송을 거부하는 행위
• 부당한 운임 또는 요금을 요구하거나 받는 행위
• 고장 및 사고차량 등 화물의 운송과 관련하여 자동차관리사업자와 부정한 금품을 주고받는 행위
• 일정한 장소에 오랜 시간 정차하여 화주를 호객(呼客)하는 행위
• 문을 완전히 닫지 아니한 상태에서 자동차를 출발시키거나 운행하는 행위
• 택시요금미터기의 장착 등 택시유사표시행위
• 덮개·포장·고정장치 등 필요한 조치를 하지 아니하고 화물자동차를 운행하는 행위
• 최고속도제한장치를 무단으로 해체하거나 조작하는 행위

17 중요

운송사업자가 화물자동차운전자를 채용 시 그 명단을 어디에 제출해야 하는가?

① 한국교통안전공단　　② 협회
③ 관할 관청　　　　　　④ 관할 경찰서

해설

운송사업자는 화물자동차운전자를 채용하거나 채용된 화물자동차운전자가 퇴직하였을 때에는 그 명단을 협회에 제출하여야 하며, 협회는 이를 종합하여 연합회에 보고하여야 한다(화물자동차 운수사업법 시행규칙 제19조제1항).

18

업무개시명령에 대한 설명으로 옳지 않은 것은?

① 정당한 사유 없이 집단으로 화물운송을 거부하여 국가경제에 심각한 위기를 초래한 경우 업무개시를 명할 수 있다.
② 업무개시를 명하는 주체는 국토교통부장관이다.
③ 업무개시명령을 하려면 국무회의의 심의를 거쳐야 한다.
④ 업무개시명령은 운송사업자에게만 할 수 있다.

해설

④ 업무개시명령은 운송사업자 또는 운수종사자에게 할 수 있다(화물자동차 운수사업법 제14조).

19

국토교통부장관이 운송사업자에게 부과·징수한 과징금의 사용용도가 아닌 것은?

① 화물 터미널의 건설과 확충
② 공동차고지의 건설과 확충
③ 신고포상금의 지급
④ 화물자동차 휴게소 건설

해설

과징금의 사용용도(화물자동차 운수사업법 제21조제4항)
• 화물 터미널의 건설과 확충
• 공동차고지(사업자단체, 운송사업자 또는 운송가맹사업자가 운송사업자 또는 운송가맹사업자에게 공동으로 제공하기 위하여 설치하거나 임차한 차고지)의 건설과 확충
• 경영개선이나 그 밖에 화물에 대한 정보 제공사업 등 화물자동차운수사업의 발전을 위하여 필요한 사업
• 신고포상금의 지급

20 중요

화물자동차운송사업의 허가를 반드시 취소하여야 하는 사유에 해당하지 않는 것은?

① 부정한 방법으로 화물자동차운송사업의 허가를 받은 경우
② 징역 이상의 형의 집행유예를 선고받고 그 유예기간 중에 있는 경우
③ 화물자동차 교통사고와 관련하여 거짓이나 그 밖의 부정한 방법으로 보험금을 청구하여 금고 이상의 형을 선고받고 그 형이 확정된 경우
④ 화물운송종사자격이 없는 자에게 화물을 운송하게 한 경우

해설

④의 경우 허가 정지사유이다(화물자동차 운수사업법 제19조 참조).

21 중요

화물의 훼손으로 인한 손해배상책임에 관한 분쟁조정업무를 처리할 수 있는 기관이 아닌 것은?

① 국토교통부장관
② 한국소비자원
③ 등록한 소비자단체
④ 화물운송사업자협회

해설

운송사업자의 책임(화물자동차 운수사업법 제7조)
- 국토교통부장관은 손해배상에 관하여 화주가 요청하면 국토교통부령으로 정하는 바에 따라 이에 관한 분쟁을 조정할 수 있다.
- 국토교통부장관은 화주가 분쟁조정을 요청하면 지체 없이 그 사실을 확인하고 손해내용을 조사한 후 조정안을 작성하여야 한다.
- 당사자 쌍방이 조정안을 수락하면 당사자 간에 조정안과 동일한 합의가 성립된 것으로 본다.
- 국토교통부장관은 분쟁조정 업무를 한국소비자원 또는 등록한 소비자단체에 위탁할 수 있다.

🖊 더 알아보기

경영개선이나 그 밖에 화물에 대한 정보 제공사업 등 화물자동차운수사업의 발전을 위하여 필요한 사업(영 제8조의2)
- 공영차고지의 설치 · 운영사업
- 특별시장 · 광역시장 · 특별자치시장 · 도지사 또는 특별자치도지사(시 · 도지사)가 설치 · 운영하는 운수종사자의 교육시설에 대한 비용의 보조사업
- 사업자단체가 실시하는 교육훈련사업

3 화물자동차운송주선 · 가맹사업

01

운송주선사업자가 준수하여야 할 사항으로 옳지 않은 것은?

① 신고한 운송주선약관을 준수할 것
② 적재물배상 보험 등에 가입한 상태에서 운송주선사업을 영위할 것
③ 자가용 화물자동차의 소유자 또는 사용자에게 화물운송을 주선할 것
④ 허가증에 기재된 상호만을 사용할 것

해설

③ 자가용 화물자동차의 소유자 또는 사용자에게 화물운송을 주선하지 않아야 한다.
- 운송주선사업자가 이사화물운송을 주선하는 경우 화물 운송을 시작하기 전에 운송주선사업자의 성명 및 연락처, 화주의 성명 및 연락처, 화물의 인수 및 인도 일시와 출발지 및 도착지, 화물의 종류와 수량, 운송 화물자동차의 종류 및 대수 · 작업인원 · 포장 및 정리여부 · 장비사용 내역, 운임 및 그 세부내역이 포함된 견적서 또는 계약서를 화주에게 발급할 것

02

다음에 해당하는 사업으로 옳은 것은?

> 다른 사람의 요구에 응하여 자기 화물자동차를 사용하여 유상으로 화물을 운송하거나 화물정보망을 이용하여 소속 화물자동차 운송가맹점에 의뢰하여 화물을 운송하는 사업을 말한다.

① 화물자동차서비스사업
② 화물자동차운송사업
③ 화물자동차운송주선사업
④ 화물자동차운송가맹사업

4 적재물배상보험 등의 가입

01

적재물배상 책임보험에 가입하지 않아도 되는 경우는?

① 운송가맹사업자
② 배출가스저감장치를 차체에 부착함에 따라 총중량이 10톤 이상이 된 화물자동차 중 최대적재량이 5톤 미만인 화물자동차
③ 최대적재량이 5톤 이상인 화물자동차 중 일반형 화물자동차를 소유하고 있는 운송사업자
④ 이사화물을 취급하는 운송주선사업자

해설

②의 경우는 제외된다.

적재물배상 책임보험 또는 공제에 가입하여야 하는 자(화물자동차 운수사업법 제35조)
최대적재량이 5톤 이상이거나 총중량이 10톤 이상인 화물자동차 중 일반형 · 밴형 및 특수용도형 화물자동차와 견인형 특수자동차를 소유하고 있는 운송사업자(건축폐기물 · 쓰레기 등 경제적 가치가 없는 화물을 운송하는 차량으로서 국토교통부장관이 정하여 고시하는 화물자동차, 대기환경보전법에 따른 배출가스저감장치를 차체에 부착함에 따라 총중량이 10톤 이상이 된 화물자동차 중 최대적재량이 5톤 미만인 화물자동차, 특수용도형 화물자동차 중 자동차관리법에 따른 피견인자동차는 제외), 이사화물 운송주선사업자, 운송가맹사업자

02

보험 의무가입자 및 보험회사가 책임보험계약 등의 전부 또는 일부를 해제하거나 해지할 수 없는 경우는?

① 화물자동차운송사업을 휴업하거나 폐업한 경우
② 화물자동차운송주선사업의 허가가 취소된 경우
③ 화물자동차운송가맹사업을 휴업하거나 폐업한 경우
④ 보험회사 등이 파산 등의 사유로 영업을 계속할 수 없는 경우

해설

보험 등 의무가입자 및 보험회사 등이 책임보험계약 등의 전부 또는 일부를 해제·해지 가능한 경우(화물자동차 운수사업법 제37조)
• 화물자동차운송사업의 허가사항이 변경(감차만을 말함)된 경우
• 화물자동차운송사업을 휴업하거나 폐업한 경우
• 화물자동차운송사업의 허가가 취소되거나 감차조치명령을 받은 경우
• 화물자동차운송주선사업의 허가가 취소된 경우
• 화물자동차운송가맹사업의 허가사항이 변경(감차만을 말함)된 경우
• 화물자동차운송가맹사업의 허가가 취소되거나 감차조치명령을 받은 경우
• 적재물배상보험 등에 이중으로 가입되어 하나의 책임보험계약 등을 해제하거나 해지하려는 경우
• 보험회사 등이 파산 등의 사유로 영업을 계속할 수 없는 경우

03

화물자동차운송사업자가 적재물 배상 책임보험 또는 공제에 가입하지 않은 기간이 10일 이내인 경우 부과되는 과태료는?

① 1만 5천 원
② 3만 원
③ 5만 원
④ 15만 원

해설

화물자동차운송사업자의 경우(미가입 화물자동차 1대당) : 적재물배상보험 등에 가입하지 않은 기간이 10일 이내인 경우 1만 5천 원, 가입하지 않은 기간이 10일을 초과한 경우 1만 5천 원에 11일째부터 기산하여 1일당 5천 원을 가산한 금액. 다만, 과태료의 총액은 자동차 1대당 50만 원을 초과하지 못한다(화물자동차 운수사업법 시행령 별표5).

※ 적재물배상책임보험 등의 가입범위

(영 제9조의7) 중요

운송사업자	각 화물자동차별로 가입
운송주선사업자	각 사업자별로 가입
운송가맹사업자	최대적재량이 5톤 이상이거나 총중량이 10톤 이상인 화물자동차 중 일반형·밴형 및 특수용도형 화물자동차와 견인형 특수자동차를 직접 소유한 자는 각 화물자동차별 및 각 사업자별로, 그 외의 자는 각 사업자별로 가입

※ 적재물배상보험 등에 가입하지 않은 경우의 과태료(영 별표5)

구분	위반행위	과태료 금액
운송사업자 (미가입 화물자동차 1대당)	가입하지 않은 기간이 10일 이내인 경우	1만 5천 원
	가입하지 않은 기간이 10일을 초과한 경우	• 1만 5천 원에 11일째부터 기산하여 1일당 5천 원을 가산한 금액 • 과태료 총액은 자동차 1대당 50만 원을 초과하지 못함
운송주선사업자	가입하지 않은 기간이 10일 이내인 경우	3만 원
	가입하지 않은 기간이 10일을 초과한 경우	• 3만 원에 11일째부터 기산하여 1일당 1만 원을 가산한 금액 • 과태료 총액은 100만 원을 초과하지 못함
운송가맹사업자	가입하지 않은 기간이 10일 이내인 경우	15만 원
	가입하지 않은 기간이 10일을 초과한 경우	• 15만 원에 11일째부터 기산하여 1일당 5만 원을 가산한 금액 • 과태료 총액은 자동차 1대당 500만 원을 초과하지 못함

5 화물운송종사자격 시험·교육

01 중요

운전적성정밀검사 중 특별검사를 받아야 하는 대상으로 옳은 것은?

① 화물자동차 운송사업용 자동차의 운전업무에 종사하다가 퇴직한 사람으로서 신규검사를 받은 날부터 3년이 지난 후 재취업하려는 사람
② 신규검사의 적합 판정을 받은 사람으로서 운전적성정밀검사를 받은 날부터 3년 이내에 취업하지 아니한 사람
③ 교통사고를 일으켜 사람을 사망하게 하거나 5주 이상의 치료가 필요한 상해를 입힌 사람

④ 운전면허 행정처분기준에 따라 산출된 누산점
수가 60점 이상인 사람

해설

①, ②는 자격유지검사 대상자이다(화물자동차 운수사업법 시행
규칙 제18조의2제2항).
④ 과거 1년간 행정처분기준에 따라 산출된 누산점수가 81점 이
상인 사람이 특별검사의 대상이다.

※ 운전적성정밀검사기준 등(규칙 제18조의2제2항)

신규검사	• 화물운송종사자격증을 취득하려는 사람 • 자격시험 실시일, 교통안전체험교육 시작일을 기준으로 최근 3년 이내에 신규검사 적합판정을 받은 사람은 제외
자격 유지검사	• 화물자동차운송사업용 자동차의 운전업무에 종사하다가 퇴직한 사람으로서 신규검사 또는 자격유지검사를 받은 날부터 3년이 지난 후 재취업하려는 사람(다만, 재취업일까지 무사고로 운전한 사람은 제외) • 신규검사 또는 자격유지검사의 적합판정을 받은 사람으로서 해당 검사를 받은 날부터 3년 이내에 취업하지 아니한 사람(해당 검사를 받은 날부터 취업일까지 무사고로 운전한 사람은 제외) • 65세 이상 70세 미만인 사람(자격유지검사의 적합판정을 받고 3년이 지나지 않은 사람 제외) • 70세 이상인 사람(자격유지검사의 적합판정을 받고 1년이 지나지 않은 사람 제외)
특별검사	• 교통사고를 일으켜 사람을 사망하게 하거나 5주 이상의 치료가 필요한 상해를 입힌 사람 • 과거 1년간 운전면허행정처분기준에 따라 산출된 누산점수가 81점 이상인 사람

02 중요

화물운송자격시험에서 합격할 경우 한국교통안전
공단에서 실시하는 교육을 받아야 한다. 이 교육
의 법정 교육시간은?

① 4시간   ② 6시간
③ 8시간   ④ 10시간

해설

자격시험에 합격한 사람은 8시간 동안 한국교통안전공단에서 실
시하는 화물자동차 운수사업법령 및 도로관계법령, 교통안전에
관한 사항, 화물취급요령에 관한 사항, 자동차 응급처치방법, 운송
서비스에 관한 사항에 관한 교육을 받아야 한다(화물자동차 운수
사업법 시행규칙 제18조의7제1항).

※ 교육과목(규칙 제18조의7)

교육시간	8시간
교육과목	• 화물자동차운수사업법령 및 도로관계법령 • 교통안전에 관한 사항 • 화물취급요령에 관한 사항 • 자동차 응급처치방법 • 운송서비스에 관한 사항
교육을 받은 것으로 보는 경우	자격시험에 합격한 사람이 교통안전체험 연구·교육시설의 교육과정 중 기본교육과정(8시간)을 이수한 경우

03

교통안전체험교육 또는 자격시험에 합격하고 교육
을 이수한 사람이 화물운송종사자격증의 발급을
신청할 때에는 어디에 화물운송종사자격증 발급
신청서를 제출하여야 하는가?

① 각 시·도   ② 도로교통공단
③ 한국교통안전공단   ④ 협회

해설

교통안전체험교육 또는 자격시험에 합격하고 교육을 이수한 사람
이 화물운송종사자격증 발급을 신청할 때에는 화물운송종사자격
증 발급 신청서에 사진 1장을 첨부하여 한국교통안전공단에 제출
하여야 한다(화물자동차 운수사업법 시행규칙 제18조의8제1항).

04 중요

운송사업자가 화물자동차운전자에게 화물운송종
사자격증명을 게시하게 해야 하는 위치로 맞는 것
은?

① 운전석 앞 창의 오른쪽 위
② 운전석 앞 창의 오른쪽 아래
③ 운전석 앞 창의 왼쪽 위
④ 운전석 앞 창의 왼쪽 아래

해설

운송사업자는 화물자동차운전자에게 화물운송종사자격증명을 화
물자동차 밖에서 쉽게 볼 수 있도록 운전석 앞 창의 오른쪽 위에
항상 게시하고 운행하도록 하여야 한다(화물자동차 운송사업법
시행규칙 제18조의10제1항).

05

화물운송 종사자격증의 재발급을 받고자 할 때, 신청서를 제출해야 하는 기관은?

① 국토교통부   ② 시, 도
③ 관할 경찰서   ④ 한국교통안전공단

해설

화물운송 종사자격증 또는 화물운송 종사자격증명의 기재사항에 착오나 변경이 있어 이의 정정을 받으려는 사람 또는 화물운송 종사자격증 등을 잃어버리거나 헐어 못 쓰게 되어 재발급을 받으려는 사람은 화물운송 종사자격증(명) 재발급 신청서에 화물운송 종사자격증(명)과 사진을 첨부하여 한국교통안전공단 또는 협회에 제출하여야 한다(화물자동차 운수사업법 시행규칙 제18조의9).

06 중요

화물자동차운송사업의 휴업 또는 폐업 신고를 하는 경우 화물운송종사자격증명을 반납하여야 하는 곳은?

① 도로교통공단   ② 국토교통부장관
③ 시 · 도지사   ④ 협회

해설

운송사업자가 협회에 화물운송종사자격증명을 반납하여야 하는 경우(화물자동차 운수사업법 시행규칙 제18조의10제2항)
• 퇴직한 화물자동차운전자의 명단을 제출하는 경우
• 화물자동차운송사업의 휴업 또는 폐업 신고를 하는 경우

6 사업자단체

01 중요

운수사업협회가 운영하는 사업이 아닌 것은?

① 경영자와 운수종사자의 교육훈련
② 화물자동차운수사업의 경영개선을 위한 지도
③ 화물자동차 협회에 가입된 업체에 대한 금융사업
④ 화물자동차운수사업의 건전한 발전과 운수사업자의 공동이익을 도모하는 사업

해설

운수사업협회의 사업(화물자동차 운수사업법 제49조)
1. 화물자동차운수사업의 건전한 발전과 운수사업자의 공동이익을 도모하는 사업
2. 화물자동차운수사업의 진흥 및 발전에 필요한 통계의 작성 및 관리, 외국 자료의 수집 · 조사 및 연구사업
3. 경영자와 운수종사자의 교육훈련

4. 화물자동차운수사업의 경영개선을 위한 지도
5. 이 법에서 협회의 업무로 정한 사항
6. 국가나 지방자치단체로부터 위탁받은 업무
7. 제1호부터 제5호까지의 사업에 따르는 업무

02

공제사업에 대한 설명으로 잘못된 것은?

① 운수사업자는 공제조합에 가입할 수 있다.
② 공제사업에 관하여는 보험업법을 적용한다.
③ 운수사업자가 설립한 협회의 연합회는 국토교통부장관의 허가를 받아 적재물배상 공제사업 등을 할 수 있다.
④ 공제조합에 가입한 운수사업자는 공제사업에 필요한 분담금을 부담하여야 한다.

해설

보험업법을 적용하지 않는 공제사업(화물자동차 운수사업법 제51조의6)
• 조합원의 사업용 자동차의 사고로 생긴 배상 책임 및 적재물 배상에 대한 공제
• 조합원이 사업용 자동차를 소유 · 사용 · 관리하는 동안 발생한 사고로 그 자동차에 생긴 손해에 대한 공제

7 자가용 화물자동차의 사용 중요

01 중요

자가용으로 사용되는 화물차로서 시 · 도지사에게 신고하고 화물운송용으로 사용할 수 있는 차종은?

① 총중량이 3.5톤 이하인 화물자동차
② 최대적재량이 2톤인 화물자동차
③ 특수자동차를 제외한 화물자동차로서 최대적재량이 2.5톤 이상인 화물자동차
④ 최대적재량이 1톤 이상인 화물자동차

해설

사용신고대상 화물자동차(화물자동차 운수사업법 시행령 제12조)
1. 국토교통부령으로 정하는 특수자동차(자동차관리법 시행규칙 별표1에 따른 특수자동차. 다만, 자동차관리법 시행규칙 별표1에 따른 경형 및 소형 특수자동차 중 특별시 · 광역시 · 특별자치시 · 도 또는 특별자치도의 조례로 정하는 경우는 제외)
2. 특수자동차를 제외한 화물자동차로서 최대적재량이 2.5톤 이상인 화물자동차

02

자가용 화물자동차의 유상운송의 허가사유가 아닌 것은?

① 고유가로 인한 운송비 절감을 위해 긴급히 필요한 경우
② 영농조합법인이 그 사업을 위해 화물자동차를 직접 소유·운영하는 경우
③ 천재지변 또는 이에 준하는 비상사태로 인하여 수송력 공급을 긴급히 증가시킬 필요가 있는 경우
④ 사업용 화물자동차·철도 등 화물운송수단의 운행이 불가능하여 이를 일시적으로 대체하기 위한 수송력 공급이 긴급히 필요한 경우

해설

유상운송의 허가사유(화물자동차 운수사업법 시행규칙 제49조)
• 천재지변이나 이에 준하는 비상사태로 인하여 수송력 공급을 긴급히 증가시킬 필요가 있는 경우
• 사업용 화물자동차·철도 등 화물운송수단의 운행이 불가능하여 이를 일시적으로 대체하기 위한 수송력 공급이 긴급히 필요한 경우
• 농어업경영체 육성 및 지원에 관한 법률 제16조에 따라 설립된 영농조합법인이 그 사업을 위하여 화물자동차를 직접 소유·운영하는 경우

8 보칙

01

화물자동차 운수사업법에 따른 운수종사자에 대한 교육내용이 아닌 것은?

① 화물자동차운수사업 관계 법령 및 도로교통 관계 법령
② 교통안전에 관한 사항
③ 운전적성에 대한 정밀검사의 시행
④ 화물운수와 관련한 업무수행에 필요한 사항

해설

운수종사자 교육(화물자동차 운수사업법 제59조)
1. 화물자동차 운수사업 관계법령 및 도로교통 관계 법령
2. 교통안전에 관한 사항
3. 화물운수와 관련한 업무수행에 필요한 사항
4. 그 밖에 화물운수 서비스 증진 등을 위하여 필요한 사항

9 벌칙

01

화물자동차 운수사업법상 허가를 받지 않거나 부정한 방법으로 허가를 받고 화물자동차운송사업을 경영한 자에 대한 벌칙은?

① 1년 이하 징역 또는 1천만 원 이하 벌금
② 1년 이하 징역 또는 2천만 원 이하 벌금
③ 2년 이하 징역 또는 2천만 원 이하 벌금
④ 3년 이하 징역 또는 3천만 원 이하 벌금

해설

• 3년 이하의 징역 또는 3천만 원 이하의 벌금 : 거짓이나 부정한 방법으로 화물자동차 유가보조금을 교부받은 자
• 1년이하의 징역 또는 1천만 원 이하의 벌금 : 화물운송 종사자 격증을 빌려 준 사람
• 500만 원 이하의 과태료 : 운수종사자의 교육을 받지 않은 자

※ 과징금 금액(규칙 별표3)

(단위 : 만 원)

위반내용	화물자동차 운송사업		화물 운송 주선 사업	화물 자동차 운송 가맹 사업
	일반	개인		
최대적재량 1.5톤 초과의 화물자동차가 차고지와 지방자치단체의 조례로 정하는 시설 및 장소가 아닌 곳에서 밤샘주차한 경우	20	10	–	20
최대적재량 1.5톤 이하의 화물자동차가 주차장, 차고지 또는 지방자치단체의 조례로 정하는 시설 및 장소가 아닌 곳에서 밤샘주차한 경우	20	5	–	20
신고한 운임 및 요금 또는 화주와 합의된 운임 및 요금이 아닌 부당한 운임 및 요금을 받은 경우	40	20	–	40
화주로부터 부당한 운임 및 요금의 환급을 요구받고 환급하지 않은 경우	60	30	–	60
신고한 운송약관 또는 운송 가맹약관을 준수하지 않은 경우	60	30	–	60

위반행위			
사업용 화물자동차의 바깥쪽에 일반인이 알아보기 쉽도록 해당 운송사업자의 명칭(개인화물자동차 운송사업자인 경우에는 그 화물자동차 운송사업의 종류)을 표시하지 않은 경우	10	5	—	10
화물자동차 운전자의 취업 현황 및 퇴직 현황을 보고하지 않거나 거짓으로 보고한 경우	20	10	—	10
화물자동차 운전자에게 차 안에 화물운송 종사자격증명을 게시하지 않고 운행하게 한 경우	10	5	—	10
화물자동차 운전자에게 운행기록계가 설치된 운송사업용 화물자동차를 해당 장치 또는 기기가 정상적으로 작동되지 않는 상태에서 운행하도록 한 경우	20	10	—	20
개인화물자동차 운송사업자가 자기 명의로 운송계약을 체결한 화물에 대하여 다른 운송사업자에게 수수료나 그 밖의 대가를 받고 그 운송을 위탁하거나 대행하게 하는 등 화물운송 질서를 문란하게 하는 행위를 한 경우	180	90	—	—
운수종사자에게 휴게시간을 보장하지 않은 경우	180	60	—	180
밴형 화물자동차를 사용해 화주와 화물을 함께 운송하는 운송사업자가 일정한 장소에 오랜 시간 정차하여 화주를 호객하는 행위를 하거나 소속 운수종사자로 하여금 같은 행위를 지시한 경우	60	30	—	60
신고한 운송주선약관을 준수하지 않은 경우	—	—	20	—
허가증에 기재되지 않은 상호를 사용한 경우	—	—	20	—
화주에게 견적서 또는 계약서를 발급하지 않은 경우(화주가 견적서 또는 계약서 발급을 원치 않는 경우 제외)	—	—	20	—
화주에게 사고확인서를 발급하지 않은 경우(화물의 멸실, 훼손 또는 연착에 대하여 사업자가 고의 또는 과실이 없음을 증명하지 못한 경우로 한정)	—	—	20	—

제4장 자동차관리법령

1 총 칙

01

자동차관리법상 자동차의 종류가 아닌 것은?

① 승용자동차   ② 삭도궤도차

③ 화물자동차   ④ 이륜자동차

> **해설**
> 자동차관리법에 따른 자동차는 승용자동차, 승합자동차, 화물자동차, 특수자동차 및 이륜자동차이다(자동차관리법 제3조제1항).

02 중요

자동차관리법의 적용이 제외되는 자동차로 볼 수 없는 것은?

① 농업용 트랙터

② 궤도에 의하여 운행되는 차량

③ 1명의 사람을 운송하기에 적합하게 제작된 이륜자동차

④ 공중선에 의하여 운행되는 차량

> **해설**
> 자동차관리법 적용이 제외되는 자동차는 건설기계관리법에 따른 건설기계, 농업기계화 촉진법에 따른 농업기계, 군수품관리법에 따른 차량, 궤도 또는 공중선에 의하여 운행되는 차량, 의료기기법에 따른 의료기기이다.

2 자동차의 등록

01

다음 중 자동차의 등록에 대한 설명으로 틀린 것은?

① 자동차 소유권의 득실변경은 등록을 해야 그 효력이 생긴다.

② 임시운행허가를 받아 허가 기간 내에 운행하는 경우에는 자동차등록원부에 등록하지 않고 운행할 수 있다.

③ 자동차(이륜자동차 포함)는 자동차등록원부에 등록한 후가 아니면 이를 운행하지 못한다.

④ 등록원부의 열람이나 그 등본 또는 초본을 발급받으려는 자는 시 · 도지사에게 신청해야 한다.

> **해설**
> ③ 이륜자동차는 제외(자동차관리법 제5조)

02 중요

고의로 자동차등록번호판을 가리거나 알아보기 곤란하게 한 자에 대한 처벌기준은?

① 3년 이하의 징역 또는 1천만 원 이하의 벌금

② 2년 이하의 징역 또는 500만 원 이하의 벌금

③ 1년 이하의 징역 또는 1천만 원 이하의 벌금

④ 100만 원 이하의 벌금

> **해설**
> 고의로 자동차등록번호판을 가리거나 알아보기 곤란하게 한 자는 1년 이하의 징역 또는 1천만 원 이하의 벌금에 처한다(자동차관리법 제81조).

03

고의로 자동차등록번호판을 가리거나 알아보기 곤란하게 한 자에 대한 처벌기준은?

① 3년 이하의 징역 또는 1천만 원 이하의 벌금

② 2년 이하의 징역 또는 500만 원 이하의 벌금

③ 1년 이하의 징역 또는 1천만 원 이하의 벌금

④ 100만 원 이하의 벌금

> **해설**
> 고의로 자동차등록번호판을 가리거나 알아보기 곤란하게 한 자는 1년 이하의 징역 또는 1천만 원 이하의 벌금에 처한다(자동차관리법 제81조제1의2호).

04

자동차 말소등록을 신청해야 하는 자동차소유자가 말소등록 신청을 하지 않은 경우 과태료로 틀린 것은?

① 신청 지연기간이 10일 이내인 경우 : 5만원

② 신청 지연기간이 10일 초과 54일 이내인 경우

: 5만원에 11일째부터 계산하여 1일마다 1만 원을 더한 금액
③ 신청 지연기간이 55일 이상인 경우 : 50만원
④ 자동차를 수출하는 경우 : 30만 원

해설

④ 자동차를 수출하는 경우 : 20만 원
· 말소등록을 신청해야 하는 경우 : 폐차를 요청, 차령이 초과, 반품한 경우, 수출의 경우 등

3 자동차의 안전기준 및 자기인증

01

자동차관리법상 자동차의 안전기준 및 자기인증에 대한 설명으로 틀린 것은?

① 자동차는 대통령령으로 정하는 구조 및 장치가 안전운행에 필요한 성능과 기준에 적합하지 않으면 운행하지 못한다.
② 자동차부품을 제작 · 조립 또는 수입하는 자는 그 자동차부품이 부품안전기준에 적합함을 스스로 인증해야 한다.
③ 자동차자기인증을 하려는 자는 자동차의 제작 · 시험 · 검사시설 등을 국토교통부장관에게 등록해야 한다.
④ 자동차제작자 등은 제작 등을 한 자동차가 안전기준에 적합하지 않거나 안전운행에 지장을 주는 등의 결함이 있는 경우에는 사실의 공개 여부를 국토교통부장관과 협의해야 한다.

해설

④ 자동차제작자 등이나 부품제작자 등(자동차와 별도로 자동차부품을 판매하는 경우만 해당)은 제작 등을 한 자동차 또는 자동차부품이 자동차안전기준 또는 부품안전기준에 적합하지 아니하거나 설계, 제조 또는 성능상의 문제로 안전에 지장을 주는 등의 결함이 있는 경우에는 그 사실을 안 날부터 자동차 소유자가 그 사실과 그에 따른 시정조치 계획을 명확히 알 수 있도록 우편발송, 휴대전화를 이용한 문자메시지 전송 등 국토교통부령으로 정하는 바에 따라 지체 없이 그 사실을 공개하고 시정조치를 하여야 한다. 다만, 자동차안전기준 또는 부품안전기준 중 연료소비율의 과다 표시, 원동기 출력의 과다 표시, 그 밖에 이와 유사한 경우로서 국토교통부령으로 정하는 결함에 대하여는 시정조치를 갈음하여 경제적 보상을 할 수 있다(자동차관리법 제31조제1항).

02 중요

자동차 소유자가 국토교통부령으로 정하는 항목에 대하여 튜닝을 하려는 경우에는 누구의 승인을 받아야 하는가?

① 국토교통부장관
② 시장 · 군수 · 구청장
③ 도지사
④ 환경부장관

해설

자동차 소유자가 국토교통부령으로 정하는 항목에 대하여 튜닝을 하려는 경우에는 시장 · 군수 · 구청장의 승인을 받아야 한다(자동차관리법 제34조제1항).

4 자동차의 점검 및 정비명령 등(법 제37조)

01

자동차의 점검 및 정비명령 등에 관한 설명으로 옳지 않은 것은?

① 자동차안전기준에 적합하지 아니하거나 안전운행에 지장이 있다고 인정되는 자동차에 대해서는 소유자에게 점검 · 정비 · 검사를 명할 수 있다.
② 승인을 받지 아니하고 튜닝한 자동차에 대해서는 소유자에게 종합검사를 명하여야 한다.
③ 정기검사를 받지 아니한 자동차에 대해서는 소유자에게 정기검사를 명하여야 한다.
④ 중대한 교통사고가 발생한 사업용 자동차에 대해서는 소유자에게 임시검사를 명하여야 한다.

해설

② 승인을 받지 아니하고 튜닝한 자동차에 대해서는 소유자에게 원상복구 및 임시검사를 명하여야 한다.

5 자동차의 검사

01 중요

차령이 2년 초과된 경우 사업용 대형 화물자동차의 자동차정기검사 유효기간은?

① 6월　　　　　　　② 1년
③ 2년　　　　　　　④ 4년

해설

사업용 대형 화물자동차의 자동차정기검사 유효기간 : 차령이 2년 이하인 경우는 1년, 2년 초과된 경우는 6월(자동차관리법 시행규칙 별표15의2)

※ 자동차검사(법 제43조) (※ 국토교통부장관이 실시)

신규검사	신규등록을 하려는 경우 실시하는 검사
정기검사	신규등록 후 일정 기간마다 정기적으로 실시하는 검사
튜닝검사	자동차를 튜닝한 경우에 실시하는 검사
임시검사	이 법 또는 이 법에 따른 명령이나 자동차소유자의 신청을 받아 비정기적으로 실시하는 검사
수리검사	전손 처리 자동차를 수리한 후 운행하려는 경우에 실시하는 검사

※ 자동차정기검사의 유효기간(규칙 별표15의2) 중요

구분		검사유효기간
비사업용 승용자동차 및 피견인자동차		2년(최초 4년)
사업용 승용자동차		1년(최초 2년)
경형·소형의 승합 및 화물자동차		1년
사업용 대형 화물자동차	차령이 2년 이하	1년
	차령이 2년 초과	6월
중형 승합자동차 및 사업용 대형 승합자동차	차령이 8년 이하	1년
	차령이 8년 초과	6월
그 밖의 자동차	차령이 5년 이하	1년
	차령이 5년 초과	6월

✏️ 더 알아보기

자동차의 차령기산일(영 제3조)
- 제작연도에 등록된 자동차 : 최초의 신규등록일
- 제작연도에 등록되지 않은 자동차 : 제작연도의 말일

02 중요

자동차종합검사기간 전에 자동차종합검사 부적합 판정을 받은 자동차 소유자는 부적합 판정을 받은 날부터 며칠 이내에 재검사를 신청하여야 하는가?

① 5일　　　　　② 10일
③ 15일　　　　　④ 30일

해설

종합검사기간 전 또는 후에 종합검사를 신청한 경우 재검사 신청 : 부적합 판정을 받은 날부터 10일 이내(자동차종합검사의 시행 등에 관한 규칙 제7조제1항제2호)

03

자동차종합검사 유효기간의 연장의 사유가 아닌 것은?

① 자동차를 도난당한 경우
② 사고 발생으로 인해 자동차를 장기간 정비할 필요 없는 경우
③ 형사소송법 등에 따라 자동차가 압수되어 운행할 수 없는 경우
④ 전시·사변 또는 이에 준하는 비상사태로 인하여 관할지역에서 종합검사 업무를 수행할 수 없다고 판단되는 경우

해설

검사 유효기간의 연장(자동차종합검사의 시행 등에 관한 규칙 제10조제1항) : 시·도지사는 종합검사의 대상인 자동차가 다음 각 호의 어느 하나에 해당하는 경우에는 일정기간을 정하여 검사 유효기간을 연장하거나 검사를 유예할 수 있다. 다만, 제1호에 해당하는 경우에는 대상 자동차, 유예기간 및 대상 지역 등을 공고하여야 한다.
1. 전시·사변 또는 이에 준하는 비상사태로 인하여 관할지역에서 종합검사 업무를 수행할 수 없다고 판단되는 경우
2. 자동차를 도난당한 경우, 사고발생으로 인하여 자동차를 장기간 정비할 필요가 있는 경우, 형사소송법 등에 따라 자동차가 압수되어 운행할 수 없는 경우, 면허취소 등으로 인하여 자동차를 운행할 수 없는 경우 및 그 밖에 부득이한 사유로 자동차를 운행할 수 없다고 인정되는 경우
3. 자동차 소유자가 폐차를 하려는 경우

※ 자동차종합검사의 대상과 유효기간(자동차종합검사의 시행 등에 관한 규칙 별표1 참조)

검사 대상		적용 차령	검사 유효기간
경형·소형의 승합 및 화물자동차	비사업용	차령이 3년 초과인 자동차	1년
	사업용	차령이 2년 초과인 자동차	1년
사업용 대형 화물자동차		차령이 2년 초과인 자동차	6개월

제5장 도로법령

1 총 칙

01 중요

도로법령에 따른 도로의 종류에 대한 설명으로 옳지 않은 것은?

① 고속국도 – 도로교통망의 중요한 축을 이루며 주요 도시를 연결하는 도로로서 자동차 전용의 고속교통에 사용되는 도로
② 일반국도 – 주요 도시, 지정항만, 주요 공항, 국가산업단지 또는 관광지 등을 연결하여 지방도와 함께 국가간선도로망을 이루는 도로
③ 특별시도, 광역시도 – 특별시 또는 광역시의 관할구역에 있는 도로
④ 시도 – 특별자치시, 시 또는 행정시의 관할구역에 있는 도로

해설

일반국도(도로법 제12조제1항) : 국토교통부장관이 주요 도시, 지정항만, 주요 공항, 국가산업단지 또는 관광지 등을 연결하여 고속국도와 함께 국가간선도로망을 이루는 도로 노선을 정하여 지정·고시한 도로

2 도로의 보전 및 공용부담

01

제한차량의 운행허가 신청서에 첨부해야 하는 서류가 아닌 것은?

① 차량 중량표
② 차량검사증
③ 운행자 신분증
④ 구조물 통과 하중 계산서

해설

제한차량 운행허가 신청서에 첨부하여야 하는 서류(도로법 시행규칙 제40조제2항) : 차량검사증 또는 차량등록증, 차량 중량표, 구조물 통과 하중 계산서(구조물 보강공사가 필요한 경우 구조물 보강공사 설계도면을 함께 첨부하여야 함)

02

차량의 구조나 적재화물의 특수성으로 인하여 관리청의 허가를 받으려는 자가 신청서에 적는 사항이 아닌 것은?

① 운행목적
② 운행방법
③ 도로의 종류 및 노선명
④ 운행자의 이름

해설

운행구간 및 그 총 연장, 차량의 제원, 운행기간 등

03

차량의 적재량 측정을 방해한 자에 대한 벌칙은?

① 1년 이하의 징역 또는 5백만 원 이하의 벌금
② 1년 이하의 징역 또는 1천만 원 이하의 벌금
③ 2년 이하의 징역 또는 1천만 원 이하의 벌금
④ 2년 이하의 징역 또는 2천만 원 이하의 벌금

해설

차량의 적재량 측정을 방해한 자는 1년 이하의 징역이나 1천만 원 이하의 벌금에 처한다(도로법 제115조제5호).

04 중요

자동차전용도로를 지정할 때 도로관리청이 시장·군수 또는 구청장이면 누구에게 의견을 물어봐야 하는가?

① 경찰청장
② 관할 경찰서장
③ 국토교통부장관
④ 관할 시·도경찰청장

해설

• 도로관리청이 국토교통부장관인 경우 : 경찰청장
• 도로관리청이 특별시장·광역시장·도지사 또는 특별자치도지사인 경우 : 관할 시·도경찰청장
• 도로관리청이 특별자치시장, 시장·군수 또는 구청장인 경우 : 관할 경찰서장

제6장 대기환경보전법령

1 총 칙

01

다음 중 대기환경보전법의 목적이 아닌 것은?

① 국민건강이나 환경에 관한 위해 예방
② 자동차의 성능 및 안전 확보
③ 대기환경을 적정하고 지속가능하게 관리 · 보전
④ 모든 국민이 건강하고 쾌적한 환경에서 생활할 수 있게 함

해설

대기환경보전법은 대기오염으로 인한 국민건강이나 환경에 관한 위해를 예방하고 대기환경을 적정하고 지속가능하게 관리 · 보전하여 모든 국민이 건강하고 쾌적한 환경에서 생활할 수 있게 하는 것을 목적으로 한다.

02 중요

대기환경보전법령에 따른 대기 중에 떠다니거나 흩날려 내려오는 입자의 물질을 무엇이라 하는가?

① 먼지   ② 온실가스
③ 가스   ④ 검댕

해설

② 온실가스 : 적외선 복사열을 흡수하거나 다시 방출하여 온실효과를 유발하는 대기 중의 가스상태 물질로서 이산화탄소, 메탄, 아산화질소, 수소불화탄소, 과불화탄소, 육불화황
③ 가스 : 물질이 연소 · 합성 · 분해될 때에 발생하거나 물리적 성질로 인하여 발생하는 기체상물질
④ 검댕 : 연소할 때에 생기는 유리 탄소가 응결하여 입자의 지름이 1미크론 이상이 되는 입자상물질

2 자동차배출가스의 규제

01

대기환경보전법상 자동차배출가스의 규제에 대한 설명으로 틀린 것은?

① 운행차의 배출가스 점검은 도로 또는 주차장에

서 실시해서는 안 된다.
② 자동차제작자는 제작차에서 나오는 배출가스가 환경부령으로 정하는 기간 동안 제작차배출허용기준에 맞게 성능을 유지하도록 제작하여야 한다.
③ 자동차의 소유자는 그 자동차에서 배출되는 배출가스가 환경부령으로 정하는 운행차배출허용기준에 맞게 운행하거나 운행하게 해야 한다.
④ 시 · 도지사는 자동차의 배출가스로 인한 대기오염 및 연료 손실을 줄이기 위해 필요하다고 인정하면 터미널, 차고지, 주차장 등의 장소에서 자동차의 원동기를 가동한 상태로 주차하거나 정차하는 행위를 제한할 수 있다.

해설

① 환경부장관, 특별시장 · 광역시장 · 특별자치시장 · 특별자치도지사 · 시장 · 군수 · 구청장은 자동차에서 배출되는 배출가스가 운행차배출허용기준에 맞는지 확인하기 위하여 도로나 주차장 등에서 자동차의 배출가스 배출상태를 수시로 점검하여야 한다(대기환경보전법 제61조제1항).

02

저공해자동차로의 전환 또는 개조 명령을 이행하지 않은 자에 부과되는 과태료는?

① 1천만 원 이하   ② 300만 원 이하
③ 100만 원 이하   ④ 50만 원 이하

해설

저공해자동차로의 전환 또는 개조 명령, 배출가스저감장치의 부착 · 교체 명령 또는 배출가스 관련 부품의 교체 명령, 저공해엔진(혼소엔진을 포함)으로의 개조 또는 교체 명령을 이행하지 아니한 자에게는 300만 원 이하의 과태료를 부과한다(대기환경보전법 제94조제2항).

03

국가나 지방자치단체가 저공해자동차의 보급, 배출가스저감장치의 부착 또는 교체와 저공해엔진으로의 개조 또는 교체를 촉진하기 위해 예산의 범

위에서 필요한 자금을 보조하거나 융자할 수 없는 사람은?

① 저공해자동차를 구입하거나 저공해자동차로 개조하는 자
② 자동차의 배출가스 관련 부품을 교체하는 자
③ 자동차의 엔진을 저공해엔진으로 개조 또는 교체하는 자
④ 배출가스가 매우 적게 배출되는 것으로서 환경부장관이 정하여 고시하는 자동차를 판매하는 자

해설

국가나 지방자치단체는 저공해자동차의 보급, 배출가스저감장치의 부착 또는 교체와 저공해엔진으로의 개조 또는 교체를 촉진하기 위하여 다음에 해당하는 자에 대하여 예산의 범위에서 필요한 자금을 보조하거나 융자할 수 있다(대기환경보전법 제58조 제3항).
• 저공해자동차를 구입하거나 저공해자동차로 개조하는 자
• 저공해자동차에 연료를 공급하기 위한 시설 중 다음의 시설을 설치하는 자 : 천연가스를 연료로 사용하는 자동차에 천연가스를 공급하기 위한 시설로서 환경부장관이 정하는 시설, 전기를 연료로 사용하는 자동차에 전기를 충전하기 위한 시설로서 환경부장관이 정하는 시설, 그 밖에 태양광·수소연료 등 환경부장관이 정하는 저공해자동차 연료공급시설
• 자동차에 배출가스저감장치를 부착 또는 교체하거나 자동차의 엔진을 저공해엔진으로 개조 또는 교체하는 자
• 자동차의 배출가스 관련 부품을 교체하는 자
• 권고에 따라 자동차를 조기에 폐차하는 자
• 그 밖에 배출가스가 매우 적게 배출되는 것으로서 환경부장관이 정하여 고시하는 자동차를 구입하는 자

04

대기환경보전법령에서 사용하는 용어에 대한 설명으로 옳지 않은 것은?

① "공회전제한장치"란 자동차에서 배출되는 대기오염물질을 줄이고 연료를 절약하기 위하여 자동차에 부착하는 장치를 말한다.
② "먼지"란 대기 중에 떠다니거나 흩날려 내려오는 입자상물질을 말한다.
③ "가스"란 물질이 연소·합성·분해될 때에 발생하거나 물리적 성질로 인하여 발생하는 기체상물질을 말한다.
④ "검댕"이란 연소할 때에 생기는 유리 탄소가 주가 되는 미세한 입자상물질을 말한다.

해설

④는 "매연"에 대한 설명이다. "검댕"이란 연소할 때에 생기는 유리 탄소가 응결하여 입자의 지름이 1미크론 이상이 되는 입자상물질을 말한다.

05

공회전 제한장치의 부착 명령은 누가 내릴 수 있는가?

① 시장, 군수
② 구청장
③ 시·도지사
④ 환경부장관

해설

시·도지사는 대중교통용 자동차 등 환경부령으로 정하는 자동차에 대하여 시·도 조례에 따라 공회전 제한장치의 부착을 명령할 수 있다.

> ✏️ **더 알아보기**
>
> **공회전 제한장치 부착명령 대상 자동차**(규칙 제79조의19)
> • 시내버스운송사업에 사용되는 자동차
> • 일반택시운송사업(군단위를 사업구역으로 하는 운송사업은 제외)에 사용되는 자동차
> • 화물자동차 운송사업에 사용되는 최대적재량 1톤 이하인 밴형 화물자동차로서 택배용으로 사용되는 자동차

06

대기환경보전법에서 환경부령으로 지정한 요건에 해당하는 자동차 소유자에게 시·도지사가 대기질 개선을 이유로 권고할 수 있는 사항이 아닌 것은?

① 저공해자동차로 전환
② 배출가스저감장치 부착
③ 저공해엔진으로 교체
④ 원동기자동차 구매

해설

시·도지사는 차령과 대기오염물질 등의 배출 정도에 따라 차량에 대해 조기 폐차나 저공해자동차로의 전환 또는 개조, 배출가스저감장치의 부착 또는 교체 및 배출가스 관련 부품의 교체, 저공해엔진(혼소엔진을 포함)으로의 개조 또는 교체를 권고할 수 있다.

제2부
화물취급요령

제1장 운송장 작성과 화물 포장

1 운송장 기능

01 중요

다음 중 운송장의 기능이 아닌 것은?

① 운송장이 작성되면 운송장에 기록된 내용과 약관에 기준한 계약이 성립된 것이 된다.
② 화물의 수탁 또는 배달 시 운송요금을 현금으로 받는 경우에는 운송장에 회사의 수령인을 날인하여 사용함으로써 영수증 역할을 한다.
③ 배달완료 정보처리에 이용되지만 사고 발생 시에 책임완수 여부를 증명해 주지는 않는다.
④ 현금, 신용, 착불 등 수입 형태와 입금이 되어야 할 영업점에 대한 관리자료까지 산출해 준다.

해설
③ 화물을 수하인에게 인도하고 운송장에 인수자의 수령확인을 받음으로써 배달완료 정보처리에 이용될 뿐만 아니라 물품 분실로 인한 민원이 발생한 경우에는 책임완수 여부를 증명해 주는 기능을 한다.

02 중요

다음 중 운송장에 기록하지 않아도 되는 것은?

① 운임의 지급방법
② 물품의 품명, 수량, 가격
③ 화물의 도착 예정일
④ 접수일자, 발송지, 도착지

03 중요

운송장에 반드시 기록되어 있어야 할 사항으로 옳지 않은 것은?

① 수하인의 주소　　② 주문번호
③ 운반비용　　　　④ 화물명

해설
운송장에 기록되어 있어야 할 사항 : 운송장 번호와 바코드, 송하인과 수하인의 주소와 성명 및 전화번호, 주문번호 또는 고객번호, 화물명, 화물의 가격, 화물의 크기(중량, 사이즈), 운임의 지급

방법, 운송요금, 발송지(집하점), 도착지(코드), 집하자, 인수자 날인, 특기사항(화물 취급 시 주의사항 등), 면책사항, 화물의 수량

2 운송장 기재 요령

01 중요

집하담당자가 운송장에 기재할 사항이 아닌 것은?

① 운송료
② 집하자의 성명
③ 면책확인서(별도 양식) 자필 서명
④ 접수일자, 발송점, 도착점, 배달예정일

해설
③ 면책확인서 자필 서명은 송하인 기재사항이다.

02 중요

운송장 기재 시 유의사항에 대한 설명으로 맞는 것은?

① 고객이 직접 운송장을 작성하도록 한다.
② 섬 지역과 같은 오지도 대도시와 동일한 배송예정일을 기재한다.
③ 운송장은 용지의 파손을 방지하기 위하여 꼭꼭 눌러서 기재하지 않는다.
④ 고객이 배송 의뢰한 모든 화물에 대해서는 추가적인 할증을 일체 요구하지 않는다.

해설
② 산간 오지, 섬 지역 등은 지역특성을 고려하여 배송예정일을 정한다.
③ 운송장은 꼭꼭 눌러 기재하여 맨 뒷면까지 잘 복사되도록 한다.
④ 고가품에 대하여는 그 품목과 물품가격을 정확히 확인하여 기재하고 할증료를 청구하여야 한다.

03 중요

산간 오지, 섬 지역으로 배송 의뢰한 고객의 운송장 기재 시 유의사항으로 맞는 것은?

① 고가품과 동일하게 할증료를 청구한다.
② 지역특성을 고려하여 배송예정일을 잡는다.
③ 배송불능 등의 상황을 대비하여 면책확인서를 미리 수령한다.
④ 배송 시 운송장 훼손에 대비하여 2장 이상의 운송장을 붙인다.

해설
산간 오지, 섬 지역 등은 지역특성을 고려하여 배송예정일을 정한다.

3 운송장 부착 요령

01 중요

운송장 부착요령으로 옳지 않은 것은?

① 운송장은 원칙적으로 접수 장소에서 매 건마다 작성하여 화물에 부착한다.
② 운송장과 물품이 정확히 일치하는지 확인한 후 운송장을 부착한다.
③ 취급주의 스티커는 운송장 바로 우측 옆에 붙여 눈에 띄게 한다.
④ 운송장은 정중앙 상단, 박스 모서리나 후면 또는 측면에 부착한다.

해설
④ 운송장은 물품의 정중앙 상단에 뚜렷하게 보이도록 부착하고, 박스 모서리나 후면 또는 측면에 부착하여 혼동을 주어서는 안 된다.

02

운송장을 부착하는 요령으로 옳지 않은 것은?

① 운송장은 반드시 물품의 정중앙 상단에 부착한다.
② 운송장 부착 시 운송장과 물품이 정확히 일치하는지 확인하고 부착한다.
③ 취급주의 스티커의 경우 운송장 바로 우측 옆에 붙여서 눈에 띄게 한다.
④ 접수 장소에서 매 건마다 작성하여 화물에 부착하는 것이 원칙이다.

해설
① 운송장은 물품의 정중앙 상단에 뚜렷하게 보이도록 부착해야 하나, 정중앙 상단에 부착이 어려운 경우 최대한 잘 보이는 곳에 부착한다.

03 중요

쌀·매트·카페트 등의 물품에 대한 운송장 부착 요령으로 옳지 않은 것은?

① 물품의 정중앙에 부착한다.
② 여러장의 운송장을 붙인다.
③ 운송장 바코드가 가려지지 않도록 한다.
④ 테이프로 떨어지지 않도록 한다.

해설
1개 화물에 1매의 운송장을 부착해야 된다.

4 운송화물의 포장

01 중요

포장의 기능에 대한 설명으로 틀린 것은?

① 판매촉진성 – 판매의욕을 환기시킴과 동시에 광고효과가 많은 기능
② 표시성 – 인쇄, 라벨 붙이기 등을 쉽게 하는 기능
③ 보호성 – 내용물의 변형과 파손으로부터 보호하는 기능
④ 편리성 – 이물질의 혼입과 오염을 방지하는 기능

해설
이물질의 혼입과 오염을 방지하는 기능은 보호성에 대한 설명이다. 편리성은 설명서, 증서, 서비스품, 팸플릿 등을 넣거나 진열이 쉽고 수송, 하역, 보관에 편리한 기능을 말한다.

02

종이나 플라스틱필름 등을 재료로 하는 포장으로 부드럽게 구부리기 쉬운 포장 형태는?

① 강성포장
② 유연포장
③ 방습포장
④ 반강성포장

해설
유연포장은 종이, 플라스틱필름, 알루미늄포일, 면포 등의 유연성 있는 재료로 하는 포장으로 부드럽게 구부리기 쉬운 포장 형태이다.

03

다음 중 유연포장의 재료로 알맞은 것은?

① 면포   ② 목상자
③ 골판지상자   ④ 금속제상자

해설

유연포장의 재료 : 종이, 플라스틱필름, 알루미늄포일(알루미늄박), 면포 등

※ 포장재료의 특성에 의한 분류 중요

유연포장	• 포장된 물품 또는 단위포장물이 포장 재료나 용기의 유연성 때문에 본질적인 형태는 변화되지 않으나 일반적으로 외모가 변화될 수 있는 포장 • 종이 · 플라스틱필름 · 알루미늄포일(알루미늄박) · 면포 등의 유연성이 풍부한 재료로 하는 포장 • 필름이나 엷은 종이 · 셀로판 등으로 포장하는 경우 부드럽게 구부리기 쉬운 포장 형태
강성포장	포장물이 포장재나 용기의 경직성으로 형태가 변화되지 않고 고정되어 있는 포장
반강성포장	강성을 가진 포장 중에서 약간의 유연성을 갖는 골판지상자, 플라스틱보틀 등에 의한 포장

04

물품의 상품가치를 높이기 위한 개개의 포장을 무엇이라 하는가?

① 완충포장   ② 낱개포장
③ 속포장   ④ 외부포장

05 중요

여러 개의 물품을 가열 · 수축시켜 고정하여 포장하는 방법은?

① 방청포장   ② 수축포장
③ 진공포장   ④ 압축포장

해설

① 방청포장 : 금속, 금속제품 및 부품을 수송 또는 보관할 때 녹의 발생을 막기 위하여 하는 포장
③ 진공포장 : 밀봉 포장된 상태에서 공기를 빨아들여 밖으로 뽑아 버림으로써 물품의 변질 등을 방지하기 위한 포장
④ 압축포장 : 포장비, 운송, 보관, 하역비 등을 절감하기 위해 상품을 압축하여 적은 용적이 되게 한 후 결속재로 결체하는 포장

06

운송화물의 포장이 부실하거나 불량한 경우의 처리방법으로 옳지 않은 것은?

① 포장비를 별도로 받지 않는다.
② 포장을 보강하도록 고객에게 양해를 구한다.
③ 포장이 미비하거나 포장 보강을 고객이 거부할 경우에는 집하를 거절할 수 있다.
④ 고객이 포장 보강을 거부할 경우에는 면책확인서에 고객의 자필 서명을 받고 집하한다.

해설

① 포장비를 별도로 받고 포장할 수 있다. 포장 재료비는 실비로 수령한다.

07 중요

특별품목에 대한 포장 또는 집하 시 유의사항이 아닌 것은?

① 물품의 특성을 잘 파악하여 물품의 종류에 따라 포장방법을 달리하여 취급한다.
② 김치 등의 식품류는 스티로폼으로 포장하는 것이 원칙이다.
③ 부패 또는 변질되기 쉬운 물품은 아이스박스를 사용한다.
④ 집하할 때 깨지기 쉬운 물품만 포장상태를 확인한다.

해설

④ 집하 시 반드시 모든 물품의 포장상태를 확인한다.

08

화물을 굴려서는 안 된다는 것을 나타내는 표시부호는?

①   ②

③   ④

해설

② 쌓기 금지(포장의 위에 다른 화물을 쌓으면 안 됨)
③ 갈고리 금지(갈고리를 사용해서는 안 됨)
④ 지게차 취급 금지(지게차를 사용한 취급 금지)

제2장 화물의 상·하차

1 화물 취급 전 준비사항

01

다음 중 화물취급 전의 준비사항이 아닌 것은?

① 위험물이나 유해물 취급 시에는 간편한 복장으로 신속히 작업한다.
② 화물의 포장이 거칠거나 미끄러움, 뾰족함 등은 없는지 확인한 후 작업에 착수한다.
③ 보호구의 자체 결함은 없는지 또는 사용방법은 알고 있는지 확인한다.
④ 작업도구는 해당 작업에 적합한 물품으로 필요한 수량만큼 준비한다.

해설
① 위험물, 유해물 취급 시에는 반드시 보호구를 착용하고 안전모는 턱 끈을 매어 착용한다.

02

화물취급요령에 대한 설명 중 틀린 것은?

① 적재함 아래쪽에 비하여 위쪽에 무거운 중량의 화물을 적재하지 않도록 한다.
② 운행 도중에는 적재된 화물의 상태를 파악할 수 없으므로 항상 운행 전에 검사한다.
③ 화물을 모두 적재한 후에는 먼저 화물이 차량 밖으로 떨어지지 않도록 앞뒤좌우로 차단한다.
④ 화물을 적재할 때에는 차량의 적재함 가운데부터 좌우로 적재하고 앞쪽이나 뒤쪽으로 중량이 치우치지 않도록 한다.

해설
② 운행 도중에도 적재된 화물의 상태를 파악해야 한다.

03

상차할 때의 확인사항으로 옳지 않은 것은?

① 배차계로부터 배차지시를 받는다.
② 샤시 잠금 장치는 안전한지 확실히 검사한다.

③ 다른 라인의 컨테이너 상차가 어려울 경우 배차계로 통보한다.
④ 손해 여부와 봉인번호를 체크하고 그 결과를 배차계에 통보한다.

해설
①은 상차 전의 확인사항이다.

2 창고 내 작업 및 입·출고 작업요령 중요

01

창고 내 입·출고 작업요령으로 잘못된 것은?

① 창고 내에서 흡연을 금한다.
② 창고 바닥의 물기와 기름기를 확실히 제거한다.
③ 컨베이어 벨트 위로는 올라가지 않는다.
④ 무거운 화물의 경우 떨어뜨리지 않도록 뒷걸음질로 운반한다.

해설
화물을 운반할 때, 시야를 확보해야 안전하므로 뒷걸음질로 운반해서는 안 된다.

02 중요

화물의 창고 입·출고 시 주의사항으로 틀린 것은?

① 화물 적하장소에 무단출입하지 않는다.
② 원기둥형의 운반은 뒤로 끌어서 이동시키도록 한다.
③ 창고 내 작업안전통로를 충분히 확보한다.
④ 운반통로의 맨홀이나 홈에 주의해야 한다.

해설
② 원기둥형을 굴릴 때는 앞으로 밀어서 굴리고 뒤로 끌어서는 안 된다.

03

화물의 입·출고 시 주의사항이 아닌 것은?

① 화물 적하장소에 무단출입하지 않는다.
② 원기둥형을 굴릴 때는 앞으로 밀어서 굴리고 뒤로 끌어서는 안 된다.
③ 화물을 쌓거나 내릴 때에는 가격 기준으로 하여야 한다.
④ 운반통로의 맨홀이나 홈에 주의해야 한다.

> **해설**
> ③ 화물을 쌓거나 내릴 때에는 순서에 맞게 신중히 하여야 한다.

3 하역방법

01 중요

하역방법에 대한 설명으로 틀린 것은?

① 부피가 큰 것을 쌓을 때는 무거운 것은 밑에, 가벼운 것은 위에 쌓는다.
② 길이가 고르지 못하면 한쪽 끝이 맞도록 한다.
③ 화물 적재 시 소화기, 소화전, 배전함 등의 설비사용에 장애를 주지 않도록 해야 한다.
④ 바닥으로부터의 높이가 2m 이상 되는 화물더미와 인접 화물더미 사이의 간격은 화물더미의 밑부분을 기준으로 20cm 이상으로 하여야 한다.

> **해설**
> ④ 바닥으로부터의 높이가 2m 이상 되는 화물더미와 인접 화물더미 사이의 간격은 화물더미의 밑부분을 기준으로 10cm 이상으로 하여야 한다.

02 중요

화물의 하역방법으로 옳지 않은 것은?

① 길이가 고르지 못한 화물은 한쪽 끝이 맞도록 한다.
② 화물은 한 줄로 높이 쌓아야 한다.
③ 야외에 적치할 때에는 밑받침을 하고 덮개로 덮는다.
④ 종류가 다른 것을 적치할 때에는 무거운 것을 밑에 쌓는다.

> **해설**
> ② 화물은 한 줄로 높이 쌓지 말아야 한다.

03

화물의 하역방법으로 옳지 않은 것은?

① 화물은 한 줄로 높이 쌓지 말아야 한다.
② 길이가 고르지 못한 화물은 한쪽 끝이 맞도록 한다.
③ 종류가 다른 것을 적치할 때에는 가벼운 것을 밑에 쌓는다.
④ 야외에 적치할 때에는 밑받침을 하고 덮개로 덮는다.

> **해설**
> ③ 종류가 다른 것을 적치할 때에는 무거운 것을 밑에 쌓는다.

4 차량 내 적재방법 중요

01 중요

차량 내 적재방법으로 옳지 않은 것은?

① 적재함의 문짝 또는 연결고리는 결함이 없는지 확인한다.
② 냉동 및 냉장차량은 공기가 화물 전체에 통하게 하여 균등한 온도를 유지하도록 열과 열 사이 및 주위에 공간을 남기도록 유의하고 화물을 적재하기 전에 적절한 온도로 유지되고 있는지 확인한다.
③ 화물 결박 시 옆으로 서서 고무바를 길게 잡고 크게 여러 번 당긴다.
④ 자동차에 화물 적하 시 적재함의 난간(문짝 위)에 서서 작업하지 않는다.

> **해설**
> ③ 화물 결박 시 옆으로 서서 고무바를 짧게 잡고 조금씩 여러 번 당긴다.

02

차량 내 화물의 적재방법으로 옳지 않은 것은?

① 적재 시 제품의 무게는 고려하지 않아도 된다.
② 볼트와 같이 세밀한 물건은 상자에 넣고 적재한다.
③ 가벼운 화물이라도 너무 높게 적재하지 않도록 한다.

④ 무거운 화물은 적재함의 중간부분에 무게가 집중될 수 있도록 적재한다.

해설
적재 시 제품의 무게를 반드시 고려해야 한다. 병이나 앰플 등은 파손의 우려가 높으므로 취급에 특히 주의한다.

03

차량 내 화물의 적재방법으로 옳지 않은 것은?

① 최대한 무게가 골고루 분산되도록 한다.
② 볼트와 같이 세밀한 물건은 상자에 넣어 쌓는다.
③ 한쪽으로 기울지 않게 한 줄로 높게 쌓는다.
④ 이동거리 길이에 상관없이 로프나 체인으로 묶는다.

해설
차량 내 화물 적재 시 한 줄로 높이 쌓지 말고 같은 종류·규격끼리 적재해야 한다.

04 중요

화물의 적재요령으로 옳지 않은 것은?

① 화물을 적재할 때에는 차량의 적재함 가운데부터 좌우로 적재하고 앞쪽이나 뒤쪽으로 중량이 치우치지 않도록 한다.
② 적재함 위쪽에 상대적으로 무거운 중량의 화물을 적재한다.
③ 화물을 모두 적재한 후에는 먼저 화물이 차량 밖으로 떨어지지 않도록 앞뒤좌우로 차단한다.
④ 화물의 이동(운행 중 쏠림)을 방지하기 위하여 윗부분부터 아래 바닥까지 팽팽히 고정한다.

해설
② 적재함 아래쪽에 비하여 위쪽에 무거운 중량의 화물을 적재하지 않도록 한다.

05 중요

차량 내 화물 적재방법으로 옳지 않은 것은?

① 한쪽으로 기울지 않게 쌓는다.
② 적재하중을 초과하지 않도록 한다.
③ 무거운 화물은 적재함의 뒷부분에 적재한다.
④ 가벼운 화물이라도 너무 높게 적재하지 않도록 한다.

해설
③ 화물을 적재할 때에는 최대한 무게가 골고루 분산될 수 있도록 하고, 무거운 화물은 적재함의 중간부분에 무게가 집중될 수 있도록 적재한다.

06

화물의 길이와 크기가 일정하지 않을 경우의 적재방법 중 옳은 것은?

① 길이에 관계없이 쌓는다.
② 작은 화물 위에 큰 화물을 놓는다.
③ 큰 화물과 작은 화물을 섞어서 쌓는다.
④ 길이가 고르지 못하면 한쪽 끝이 맞도록 한다.

해설
부피가 큰 것을 쌓을 때는 무거운 것을 밑에, 가벼운 것은 위에 쌓고, 작은 화물 위에 큰 화물을 놓지 말아야 한다. 길이가 고르지 못하면 한쪽 끝이 맞도록 한다.

5 운반방법 중요

01

화물을 운반할 때 주의사항으로 옳은 것은?

① 운반하는 물건이 시야를 가리지 않도록 한다.
② 필요한 경우에 뒷걸음질로 화물을 운반할 수 있다.
③ 작업장 주변의 화물상태, 차량통행 등을 주기적으로 살핀다.
④ 원기둥형을 굴릴 때는 앞으로 밀어 굴리고 뒤로 끌어야 한다.

해설
② 뒷걸음질로 화물을 운반해서는 안 된다.
③ 작업장 주변의 화물상태, 차량통행 등을 항상 살핀다.
④ 원기둥형을 굴릴 때는 앞으로 밀어 굴리고 뒤로 끌어서는 안 된다.

02

수작업이 요구되는 운반기준으로 옳은 것은?

① 취급물품이 중량물인 작업
② 단순하고 반복적인 작업
③ 취급물품의 형상, 성질, 크기 등이 일정한 작업
④ 얼마 동안 시간 간격을 두고 되풀이되는 소량 취급 작업

해설

①, ②, ③은 기계작업 운반기준이다.

03 중요

화물의 운송방법으로 옳지 않은 것은?

① 물품 및 박스의 날카로운 모서리나 가시를 제거한다.
② 화물을 운반할 때는 들었다 놓았다 하지 말고 직선거리로 운반한다.
③ 화물을 어깨에 메거나 받아들 때 한쪽으로 쏠리거나 꼬이더라도 충돌하지 않도록 공간을 확보하고 작업한다.
④ 단독으로 계속작업 시 성인 남자의 경우 화물의 적정 무게한도는 40kg이다.

해설

단독으로 화물 운반 시 인력운반중량 권장기준

구분	성인 남자	성인 여자
일시작업(시간당 2회 이하)	25~30kg	15~20kg
계속작업(시간당 3회 이상)	10~15kg	5~10kg

04

화물 운반 시 주의사항으로 적절하지 않은 것은?

① 작업장 주변의 화물상태를 항상 살핀다.
② 원기둥형을 굴릴 때는 앞으로 밀어 굴린다.
③ 원기둥형을 굴릴 때는 뒤로 끌어서 운반한다.
④ 운반하는 물건이 시야를 가리지 않도록 한다.

해설

③ 원기둥형을 굴릴 때는 앞으로 밀어 굴리고, 뒤로 끌어서는 안 된다.

05

기계작업이 요구되는 운반기준으로 옳은 것은?

① 취급물이 경량물인 작업
② 취급물이 중량물인 작업
③ 두뇌작업이 필요한 작업
④ 취급물의 형상, 성질, 크기 등이 일정하지 않은 작업

해설

①, ③, ④는 수작업 운반기준이다.

6 고압가스의 취급

01

고압가스의 취급 방법으로 올바르지 않은 것은?

① 고압가스는 운송시간이 길어져서는 안 되기 때문에 운행 중 지체하지 않고 운송한다.
② 노면이 나쁜 도로에서는 가능한 한 운행하지 않는다.
③ 고압가스의 성질 등 주의사항을 기재한 서면을 운전 중에 휴대한다.
④ 운반책임자와 운전자가 동시에 차량에서 이탈해서는 안 된다.

해설

부득이한 경우를 제외하고는 장시간 정차해서는 안 되나, 200km 이상 주행 시에는 중간에 충분한 휴식을 취해야 한다.

02 중요

고압가스 운반 시 주의사항으로 옳지 않은 것은?

① 운행 시 노면상태는 중요하지 않다.
② 200km 이상 거리를 운행하는 경우에는 중간에 충분한 휴식을 취한다.
③ 차량 고장, 교통사정 또는 운반책임자, 운전자 휴식 등 부득이한 경우를 제외하고는 장시간 정차하지 않는다.
④ 운반하는 고압가스의 명칭, 성질 및 이동 중의 재해방지를 위해 필요한 주의사항을 기재한 서면을 운반책임자 또는 운전자에게 교부하고 운반 중에 휴대시킨다.

해설

노면이 나쁜 도로에서는 가능한 한 운행하지 않는다. 부득이 운행할 때에는 운행 개시 전에 충전용기의 적재상황을 재검사하여 이상이 없는지를 확인한다. 노면이 나쁜 도로를 운행한 후에는 일시 정지하여 적재상황, 용기밸브, 로프 등의 풀림 등이 없는지를 확인한다.

7 컨테이너의 위험물 취급

01

컨테이너에 위험물을 수납하는 방법으로 옳지 않은 것은?

① 위험물 수납이 완료되면 즉시 문을 폐쇄한다.

② 위험물이 수납되어 수밀의 금속제 컨테이너를 적재하기 위해 설비를 갖추고 있는 선창에 적재할 경우에는 상호관계를 참조하여 적재한다.

③ 수납되는 위험물 용기의 포장 및 표찰이 완전한가를 충분히 점검하여 포장 및 용기가 파손되었거나 불완전한 것은 수납을 금지시켜야 한다.

④ 컨테이너에 수납되어 있는 위험물의 분류명, 표찰 및 컨테이너 번호를 내부에 표시한다.

해설

④ 컨테이너에 수납되어 있는 위험물의 분류명, 표찰 및 컨테이너 번호를 외측부 가장 잘 보이는 곳에 표시한다.

8 주유취급소의 위험물 취급기준

01

다음 중 주유취급소의 위험물 취급기준으로 옳은 내용은?

① 주유 시 원동기를 정지할 필요는 없다.

② 주유취급소의 탱크에 위험물을 주입할 때는 자동차를 탱크에 최대한 가깝게 한다.

③ 주유 시 사고에 대비하여 주유 중인 차량은 일부가 주유취급소 밖으로 나오도록 한다.

④ 고정주유설비에 유류를 공급하는 배관은 탱크로부터 고정주유설비에 직접 연결되어 있어야 한다.

해설

① 주유 시에는 원동기를 정지시켜야 한다.

② 주유취급소의 탱크에 위험물을 주입할 시에는 탱크에 연결되는 고정주유설비의 사용을 중지시키고 자동차 등을 탱크의 주입구에 접근시켜서는 안 된다.

③ 자동차 등의 일부 또는 전부가 주유취급소 밖으로 나온 채 주유해서는 안 된다.

02 중요

주유취급소의 규칙 및 취급기준으로 적당하지 않은 것은?

① 유분리장치에 고인 유류는 넘치지 않도록 한다.

② 자동차에 주유할 때는 자동차 원동기의 출력을 낮추어야 한다.

③ 자동차에 주유할 때에는 고정주유설비를 사용하여 직접 주유하여야 한다.

④ 주유취급소의 전용탱크에 위험물을 주입할 때는 그 탱크에 연결되는 고정주유설비의 사용을 중지하여야 한다.

해설

② 자동차 등을 주유할 때는 자동차 등의 원동기를 정지시킨다.

9 상 · 하차 작업 시 확인사항 중요

01 중요

화물의 상 · 하차 작업 시 확인사항으로 옳지 않은 것은?

① 적재 화물의 높이, 길이, 폭 등의 제한은 지키고 있는가?

② 작업 신호에 따라 작업이 잘 행하여지고 있는가?

③ 작업원에게 화물의 내용이나 특성, 비용 등을 주지시켰는가?

④ 위험물이나 긴 화물은 소정의 위험표지를 하였는가?

해설

③ 작업원에게 화물의 내용, 특성 등을 주지시키는 것은 맞으나 비용을 주지시킬 필요는 없다.

02

발판을 활용한 화물 이동 시 주의사항으로 틀린 것은?

① 발판은 경사를 완만하게 하여 사용한다.

② 발판을 이용하여 오르내릴 때는 3명 이상이 동시에 통행하지 않는다.

③ 발판의 넓이와 길이는 적합한 것이며 자체에 결함이 없는지 확인한다.

④ 발판은 움직이지 않도록 목마위에 설치하거나 발판 상 · 하 부위에 고정조치를 철저히 하도록 한다.

해설

발판을 이용하여 오르내릴 때에는 2명 이상이 동시에 통행하지 않는다.

제3장 적재물 결박·덮개 설치

1 화물붕괴 방지요령

01 중요

파렛트 화물의 붕괴 방지요령 중 슈링크 방식에 대한 설명으로 틀린 것은?

① 통기성이 좋다.
② 비용이 많이 든다.
③ 물이나 먼지를 막아낸다.
④ 우천 시의 하역이나 야적 보관이 가능하다.

해설

통기성이 없고 고열(120~130℃)의 터널을 통과하므로 상품에 따라서는 이용할 수가 없고 비용이 많이 든다.

02 중요

파렛트 화물의 붕괴 방지요령으로 풀붙이기와 밴드걸기의 병용 방식은?

① 수평 밴드걸기 풀 붙이기 방식
② 주연어프 방식
③ 슈링크 방식
④ 스트레치 방식

해설

② 주연어프 방식 : 파렛트의 가장자리를 높게 하여 포장화물을 안쪽으로 기울여 화물이 갈라지는 것을 방지하는 방식
③ 슈링크 방식 : 열수축성 플라스틱 필름을 파렛트 화물에 씌우고 슈링크 터널을 통과시킬 때 가열하여 필름을 수축시켜 파렛트와 밀착시키는 방식
④ 스트레치 방식 : 스트레치 포장기를 사용하여 플라스틱 필름을 파렛트 화물에 감아 움직이지 않게 하는 방식

03

파렛트 화물의 붕괴를 방지하기 위한 방식으로 옳지 않은 것은?

① 밴드걸기 방식
② 박스 테두리 방식
③ 스트레치 방식
④ 성형가공 방식

해설

① 밴드걸기 방식 : 나무상자를 파렛트에 쌓는 경우의 붕괴 방지

에 많이 사용되는 방식
② 박스 테두리 방식 : 파레트에 테두리를 붙이는 박스 파렛트 방식
③ 스트레치 방식 : 플라스틱 필름을 파렛트 화물에 감아 움직이지 않게 하는 방식

2 포장화물 운송 과정의 외압과 보호 요령 중요

01

포장화물 운송 시 받는 충격 중 트랙터와 트레일러를 연결할 때 받는 충격은?

① 낙하충격
② 흡수충격
③ 압축하중
④ 수평충격

해설

트레일러와 트랙터 연결 시 발생하는 충격은 수평충격이다.

02

포장화물의 보관 및 수송 중의 압축하중에 대한 설명으로 틀린 것은?

① 포장화물은 보관 또는 수송 중에 밑에 쌓은 화물이 반드시 압축하중을 받는다.
② 내하중은 포장재료에 따라 상당히 다르다.
③ 나무상자는 강도 변화가 상당히 많은 편이다.
④ 골판지는 시간·외부환경에 의해 변화 받기 쉽다.

해설

③ 나무상자는 강도 변화가 거의 없는 편이다.

※ 하역 시의 충격

수하역의 경우 낙하의 높이	견하역	100cm 이상
	요하역	10cm 정도
	파렛트 쌓기의 수하역	40cm 정도

제4장 운행요령

1 일반사항 중요

01

다음 중 화물자동차의 운행요령으로 잘못된 것은?

① 사고예방을 위하여 운전 전과 운전 중에 점검 및 정비를 철저히 하여야 한다.
② 주차 시에는 엔진을 끄고 주차 브레이크 장치로 완전 제동한다.
③ 배차지시에 따라 배정된 물자를 한정된 시간 내에 지정된 장소로 안전하고 정확하게 운행할 책임이 있다.
④ 평지에 주차하지 않고 경사진 곳에 주차하는 것도 상관없다.

해설
④ 가능한 한 경사진 곳에 주차하지 않는다.

2 운행에 따른 일반적 주의사항 중요

01

차량운행에 대한 설명 중 옳지 않은 것은?

① 운전에 지장이 없도록 충분한 수면을 취하고, 주취운전이나 운전 중 흡연 또는 잡담을 하지 않는다.
② 주차할 때에는 엔진을 끄지 않고 주차 브레이크 장치를 이용해 주차한다.
③ 내리막길을 운전할 때에는 기어를 중립에 두지 않는다.
④ 교통법규를 항상 준수하며 타인에게 양보할 수 있는 여유를 갖는다.

해설
② 주차할 때에는 엔진을 끄고 주차 브레이크 장치로 완전 제동한다.

3 컨테이너 상차 등에 따른 주의사항

01

컨테이너 상차 전의 확인사항으로 틀린 것은?

① 샤시 잠금장치는 안전한지를 확실히 검사한다.
② 배차계로부터 컨테이너 중량을 통보받는다.
③ 컨테이너 라인을 배차계로부터 통보받는다.
④ 배차계에서 보세면장번호(번호 네 자리)를 통보받는다.

해설
①은 상차할 때의 확인사항이다.

4 고속도로 제한 차량 및 운행 허가
(※ 한국도로공사 교통안전관리 운영기준)

01 중요

고속도로 운행제한 조치의 사유가 아닌 것은?

① 차량 총중량이 30톤을 초과하는 차량
② 적재물을 포함한 차량의 폭이 2.5m를 초과하는 차량
③ 사고 차량을 견인하면서 파손품의 낙하가 우려되는 차량
④ 정상운행속도가 50km/h 미만인 차량

해설
① 차량 총중량이 40톤을 초과하는 차량이 운행제한차량에 해당된다.

02

과적운행 시 자동차의 조작에 미치는 영향으로 거리가 먼 것은?

① 윤하중 증가에 따른 타이어 파손 및 타이어 내구 수명 감소로 사고 위험성이 증가한다.
② 과적에 의해 차량이 무거워지면 제동거리가 길어져 사고의 위험성이 증가한다.

③ 과적에 의한 차량의 무게중심 상승으로 인해 차량이 균형을 잃어 전도될 가능성이 높아진다.
④ 적재중량보다 20%를 초과한 과적차량의 경우 타이어 내구 수명은 10% 감소, 50% 초과의 경우 내구 수명은 30% 감소한다.

해설
④ 적재중량보다 20%를 초과한 과적차량의 경우 타이어 내구 수명은 30% 감소, 50% 초과의 경우 내구 수명은 60% 감소한다.

※ 고속도로 운행 시 운행제한 차량 **중요**

① **축하중** : 차량의 축하중이 **10톤을 초과**
② **총중량** : 차량 총중량이 **40톤을 초과**
③ **길이** : 적재물을 포함한 차량의 길이가 **16.7m 초과**
④ **폭** : 적재물을 포함한 차량의 폭이 **2.5m 초과**
⑤ **높이** : 적재물을 포함한 차량의 높이가 **4.0m 초과**

　※ 도로 구조의 보전과 통행의 안전에 지장이 없다고 도로관리청이 인정하여 고시한 도로의 높이 : 4.2m

⑥ **적재불량 차량**
　㉠ 화물 적재가 편중되어 전도 우려가 있는 차량
　㉡ 모래, 흙, 쓰레기 등을 운반하면서 덮개를 미설치하거나 없는 차량
　㉢ 스페어타이어 고정 상태가 불량한 차량
　㉣ 덮개를 씌우지 않았거나 묶지 않아 결속 상태가 불량한 차량
　㉤ 적재함 청소 상태가 불량한 차량
　㉥ 액체 적재물 방류 또는 유출 차량
　㉦ 사고 차량을 견인하면서 파손품의 낙하가 우려되는 차량
　㉧ 기타 적재불량으로 인하여 적재물 낙하 우려가 있는 차량
⑦ **저속** : 정상운행속도가 50km/h 미만 차량
⑧ 이상기후일 때(적설량 10cm 이상 또는 영하 20℃ 이하) 연결 화물차량(풀카고, 트레일러 등)
⑨ 도로관리청이 도로의 구조보전과 운행의 위험을 방지하기 위하여 운행제한이 필요하다고 인정하는 차량

※ 과적차량이 도로에 미치는 영향

① 도로포장은 기후 및 환경적인 요인에 의한 파손, 포장재료의 성질과 시공 부주의에 의한 손상, 차량의 반복적인 통과 및 과적차량의 운행에 따른 손상들이 복합적으로 영향을 줌

　※ 과적에 의한 축하중은 도로포장 손상에 직접적으로 가장 큰 영향을 미침

② 도로법 운행제한 기준인 축하중 10톤을 기준으로 보았을 때 축하중이 10%만 증가해도 도로파손에 미치는 영향은 50% 상승
③ 축하중이 증가할수록 포장 수명은 급격하게 감소
④ 총중량의 증가는 교량의 손상도를 높이는 주요 원인

　※ 총중량 50톤의 과적차량의 손상도는 도로법 운행제한 기준인 40톤에 비하여 17배 증가

03

고속도로 운행 시 운행제한 차량에 해당하지 않는 것은?

① 차량 총중량이 40톤을 초과
② 적재물을 포함한 차량의 길이가 16.7m을 초과
③ 적재물을 포함한 차량의 폭이 2.5m를 초과
④ 적재물을 포함한 차량의 높이가 3.5m를 초과

해설
고속도로 운행 시 운행제한 차량
• 축하중 : 차량이 축하중이 10톤을 초과
• 높이 : 적재물을 포함한 차량의 높이가 4.0m를 초과(도로 구조의 보전과 통행의 안전에 지장이 없다고 도로관리청이 인정하여 고시한 도로의 높이는 4.2m)

제5장 화물의 인수·인계요령

1 화물의 인수요령

01 중요

화물의 인수요령에 대한 설명으로 옳지 않은 것은?

① 포장 및 운송장 기재 요령을 반드시 숙지할 필요는 없다.
② 2개 이상의 화물을 하나의 화물로 밴딩 처리한 경우에는 반드시 고객에게 파손 가능성을 설명하고 별도로 포장하여 각각 운송장 및 보조송장을 부착하여 집하한다.
③ 항공을 이용한 운송의 경우 항공기 탑재 불가 물품은 집하 시 고객에게 이해를 구한 다음 집하를 거절한다.
④ 전화로 발송할 물품을 접수 받을 때 반드시 집하 가능한 일자와 고객의 배송 요구일자를 확인한 후 배송 가능한 경우에 고객과 약속하고 약속 불이행으로 불만이 발생하지 않도록 한다.

해설
① 포장 및 운송장 기재 요령을 반드시 숙지하고 인수에 임한다.

02 중요

화물 인수 요령으로 부적절한 것은?

① 운송인의 책임은 물품을 인수하는 시점부터 발생한다.
② 포장 상태와 화물 상태를 확인한 후 접수 여부를 결정한다.
③ 항공기 탑재 불가 물품은 집하 시 고객에게 이해를 구한 다음 집하를 거절한다.
④ 집하지점에서 반품요청이 들어오면 반품요청일 익일부터 빠른 시일 내 처리한다.

해설
① 운송인의 책임은 물품을 인수하고 운송장을 교부한 시점부터 발생한다.

2 화물의 인계요령

01 중요

화물의 인계요령으로 옳지 않은 것은?

① 배송 시 고객 불만의 원인 중 가장 큰 부분은 배송직원 대응 미숙으로 발생하는 경우가 많다. 부드러운 말씨와 친절한 서비스 정신으로 고객과의 마찰을 예방한다.
② 배송확인 문의전화를 받았을 경우에는 임의적으로 약속하지 말고 반드시 해당 영업소장에게 확인하여 고객에게 전달하도록 한다.
③ 수하인이 장기부재, 휴가, 주소불명, 기타 사유 등으로 배송이 어려운 경우에는 집하지점 또는 송하인과 연락하여 조치하도록 한다.
④ 당일 배송하지 못한 물품에 대하여는 당일 영업시간까지 물품이 안전하게 보관될 수 있는 장소에 물품을 보관하여야 한다.

해설
④ 당일 배송하지 못한 물품에 대하여는 익일 영업시간까지 물품이 안전하게 보관될 수 있는 장소에 물품을 보관하여야 한다.

02 중요

화물의 인계요령으로 옳은 것은?

① 산간 오지도 당일 배송이 원칙이다.
② 수하인의 부재로 인해 배송이 곤란할 경우 집안으로 무단 투기한다.
③ 영업소(취급소)는 택배물품 배송 시 물품뿐만 아니라 고객의 마음까지 배달한다는 자세로 성심껏 배송하여야 한다.
④ 근거리 배송 시에는 차의 잠금장치를 하지 않아도 된다.

해설
① 지점에 도착된 물품에 대해서는 당일 배송을 원칙으로 한다. 단, 산간 오지 및 당일 배송이 불가능한 경우 소비자의 양해를 구한 뒤 조치한다.

② 수하인의 부재로 인해 배송이 곤란할 경우 임의적으로 방치 또는 집안으로 무단 투기하지 말고 수하인과 통화하여 지정하는 장소에 전달하고 수하인에게 통보한다. 만약 수하인과 통화가 되지 않을 경우 송하인과 통화하여 반송 또는 익일 재배송할 수 있도록 한다.

④ 물품 배송 중 발생할 수 있는 도난에 대비하여 근거리 배송이라도 차에서 떠날 때는 반드시 잠금장치를 하여 사고를 미연에 방지하도록 한다.

3 인수증 관리요령

01

인수증 관리요령으로 옳지 않은 것은?

① 인수증상에 인수자 서명을 운전자가 임의 기재하여도 문제가 발생하지 않는다.
② 인수증은 반드시 인수자 확인란에 수령인이 누구인지 인수자가 자필로 적도록 한다.
③ 물품 인도일 기준으로 1년 이내 인수근거 요청이 있을 때 입증자료를 제시할 수 있어야 한다.
④ 물품의 수하인과 수령인이 다른 경우 반드시 수하인과의 관계를 기재하여야 한다.

[해설]
① 인수증상에 인수자 서명을 운전자가 임의 기재한 경우는 무효로 간주된다.

02 중요

인수증 관리요령으로 옳지 않은 것은?

① 인수증상에 인수자 서명을 운전자가 임의로 기재한 경우에는 문제 발생 시 배송완료로 인정받을 수 있다.
② 수령인은 본인, 동거인, 관리인, 지정인, 기타로 구분하여 체크한다.
③ 지점에서는 회수된 인수증 관리를 철저히 하고 인수 근거가 없는 경우 즉시 확인하여 인수인계 근거를 명확히 관리하여야 한다.
④ 같은 장소에 여러 박스 배송 시에는 인수증에 반드시 실제 배달수량을 기재 받아 차후에 수량 차이로 인한 시비가 발생하지 않도록 하여야 한다.

[해설]
① 인수증상에 인수자 서명을 운전자가 임의 기재한 경우는 무효로 간주되며, 문제 발생 시 배송완료로 인정받을 수 없다.

4 사고 발생 방지와 처리요령

01

화물의 파손 또는 오손사고를 방지하기 위한 대책으로 가장 적절하지 않은 것은?

① 중량물은 상단, 경량물은 하단에 적재한다.
② 사고위험품은 안전박스에 적재하거나 별도 관리한다.
③ 충격에 약한 화물은 보강포장 및 특기사항을 표기해 둔다.
④ 집하할 때에는 내용물에 관한 정보를 충분히 듣고 포장상태를 확인한다.

[해설]
중량물은 하단, 경량물은 상단에 적재한다.

02

파손 또는 오손사고의 원인으로 적절하지 않은 것은?

① 무분별한 적재로 압착되는 경우
② 집하 시 화물의 포장 상태를 미확인한 경우
③ 김치, 젓갈, 한약류 등 수량에 비해 포장이 과한 경우
④ 중량물을 상단에 적재하여 하단 화물에 피해가 발생한 경우

[해설]
김치, 젓갈, 한약류 등 수량에 비해 포장이 약한 경우 오손사고가 발생한다. ①·②는 파손사고의 원인, ④는 오손사고의 원인이다.

03

시간 내에 배달할 수 없는 경우의 조치로 적절하지 않은 것은?

① 사전에 배송연락 후 배송 계획 수립으로 효율적 배송을 시행
② 미배송되는 화물 명단 작성과 조치사항 확인으로 최대한의 사고예방조치
③ 화물을 인계하였을 때 수령인 본인여부 확인 작업 필히 실시
④ 터미널 잔류화물 운송을 위한 가용차량 사용 조치

[해설]
③은 오배달사고에 대한 대책이다.

제6장 화물자동차의 종류

1 한국산업표준(KS)에 의한 화물자동차의 종류

01

화물대를 기울여 적재물을 중력으로 쉽게 미끄러지게 내리는 구조의 특수장비자동차로 주로 흙이나 모래를 수송하는 차량은?

① 믹서 자동차
② 레커차
③ 덤프차
④ 픽업

해설

① 시멘트, 골재, 물을 드럼 내에서 혼합 반죽하여 콘크리트로 하는 특수장비자동차
② 크레인 등을 갖추고 고장차의 앞 또는 뒤를 매달아 올려 수송하는 특수장비자동차
④ 화물실의 지붕이 없고, 옆판이 운전대와 일체로 되어 있는 소형트럭

02 중요

한국산업표준(KS)에 따른 화물자동차의 종류 중 화물실의 지붕이 없고 옆판이 운전대와 일체로 되어 있는 소형트럭을 지칭하는 것은?

① 밴
② 픽업
③ 보닛 트럭
④ 캡 오버 엔진 트럭

해설

① 밴 : 상자형 화물실을 갖추고 있는 트럭
③ 보닛 트럭 : 원동기부의 덮개가 운전실의 앞쪽에 나와 있는 트럭
④ 캡 오버 엔진 트럭 : 원동기의 전부 또는 대부분이 운전실의 아래쪽에 있는 트럭

03

다음 중 합리화 특장차의 유형이 아닌 것은?

① 시스템 차량
② 액체수송차
③ 실내하역기기 장비차
④ 쌓기 · 부리기 합리화차

해설

②는 전용특장차이다.

2 화물자동차 유형별 세부기준 중요

	일반형	보통의 화물운송용
화물자동차	덤프형	적재함을 원동기의 힘으로 기울여 적재물을 중력에 의하여 쉽게 미끄러뜨리는 구조의 화물운송용
	밴형	지붕구조의 덮개가 있는 화물운송용
	특수용도형	특정한 용도를 위하여 특수한 구조로 하거나 기구를 장치한 것으로서 위 어느 형에도 속하지 않는 화물운송용
특수자동차	견인형	피견인차의 견인을 전용으로 하는 구조
	구난형	고장 · 사고 등으로 운행이 곤란한 자동차를 구난 · 견인할 수 있는 구조
	특수용도형	위 어느 형에도 속하지 않는 특수용도용

3 트레일러의 종류 중요

01

트레일러에 대한 설명으로 틀린 것은?

① 돌리(Dolly)와 조합된 세미 트레일러는 풀 트레일러에 해당한다.
② 트레일러에는 풀 트레일러, 세미 트레일러, 폴 트레일러로 구분한다.
③ 트레일러는 동력을 갖추고 물품수송을 목적으로 하는 견인차를 말한다.
④ 세미 트레일러는 트랙터에 연결하여 총하중의 일부분이 견인하는 자동차에 의해 지탱되도록 설계된 트레일러이다.

해설

트레일러는 동력을 갖추지 않고 모터 비이클에 의하여 견인되며, 사람 또는 물품 수송 목적으로 설계되어 도로상을 주행하는 차량이다.

02

하대 부분에 밴형의 보데가 장치된 트레일러로서 일반 잡화 및 냉동화물 등의 운반용으로 사용되는 트레일러는?

① 평상식 트레일러   ② 저상식 트레일러
③ 밴 트레일러   ④ 스케레탈 트레일러

해설
① 평상식 트레일러 : 전장의 프레임 상면이 평면의 하대를 가진 구조
② 저상식 트레일러 : 적재 시 전고가 낮은 하대를 가진 트레일러
④ 스케레탈 트레일러 : 컨테이너 운송을 위해 제작된 트레일러

4 트레일러의 장점

01

트레일러의 특징이 아닌 것은?

① 자동차의 차량 총중량은 20톤으로 제한되어 있으나, 화물자동차 및 특수자동차의 차량 총중량은 40톤이다.
② 트레일러 부분에 일시적으로 화물을 보관할 수 있으며, 여유 있는 하역작업을 할 수 있다.
③ 트레일러를 별도로 분리하여 화물을 적재하거나 하역할 수 없다.
④ 트랙터 1대로 복수의 트레일러를 운영할 수 있으므로 트랙터와 운전사의 이용 효율을 높일 수 있다.

해설
③ 트레일러를 별도로 분리하여 화물을 적재하거나 하역할 수 있다.

02

돌리(Dolly)에 대한 설명으로 옳은 것은?

① 세미 트레일러와 조합해서 풀 트레일러로 하기 위한 견인구를 갖춘 대차
② 총하중이 트레일러만으로 지탱되도록 설계되어 선단에 견인구를 갖춘 트레일러
③ 총하중의 일부분이 견인하는 자동차에 의해서 지탱되도록 설계된 트레일러
④ 파이프나 H형강 등 장척물의 수송을 목적으로 한 트레일러

해설
② 풀 트레일러, ③ 세미 트레일러, ④ 폴 트레일러

03

트레일러 운행요령으로 틀린 것은?

① 과적하지 않도록 하며 화물의 균등한 적재가 이루어지도록 한다.
② 컨테이너는 트레일러에 단단히 고정해야 한다.
③ 트랙터와의 연결부분을 점검하고 확인한다.
④ 트레일러에 화물적재 후에 중심을 정확히 파악한다.

해설
④ 트레일러에 중량물을 적재할 때에는 화물적재 전에 중심을 정확히 파악하여 적재하도록 해야 한다.

5 적재함

01

시멘트, 사료, 곡물, 화학제품, 식품 등 분립체를 자루에 담지 않고 실물상태로 운반하는 차량은?

① 믹서차
② 덤프트럭
③ 분립체수송차(벌크차)
④ 냉동차

해설
① 적재함 위에 회전하는 드럼을 싣고 이 속에 생콘크리트를 뒤섞으면서 토목건설 현장 등으로 운행하는 차량
② 적재함 높이를 경사지게 하여 적재물을 쏟아 내리는 것
④ 단열 보디에 차량용 냉동장치를 장착하여 적재함 내에 온도관리가 가능하도록 한 것

02

적재함 구조에 따른 화물자동차의 종류 중 전용 특장차에 해당하지 않는 것은?

① 냉동차   ② 액체 수송차
③ 벌크차량   ④ 측방 개폐차

해설
측방 개폐차는 합리화 특장차이다.

03

전용 특장차에 해당하는 것은?

① 측방 개폐차

② 시스템 차량
③ 쌓기 · 부리기 합리화차
④ 믹서차량

해설

①, ②, ③은 합리화 특장차에 해당한다.

※ 트레일러의 종류

풀(Full) 트레일러	• 총하중을 트레일러만으로 지탱되도록 설계되어 선단에 견인구(트랙터를 갖춘 트레일러) • 트랙터와 트레일러가 완전히 분리되어 있고 트랙터 자체도 적재함이 있음
세미 트레일러	• 세미 트레일러용 트랙터에 연결하여 총하중의 일부분이 견인하는 자동차에 의해 지탱되도록 설계된 트레일러 • 가장 일반적이며, 발착지에서 트레일러 탈착이 용이하고 공간을 적게 차지하여 후진이 쉬움
폴(Pole) 트레일러	기둥, 통나무 등 장척의 적하물 자체가 트랙터와 트레일러의 연결부분을 구성하는 구조의 트레일러

※ 트레일러는 일반적으로 풀 트레일러, 세미 트레일러, 폴 트레일러 3가지로 구분되며, 여기에 돌리(Dolly)를 추가하여 4가지로 구분하기도 한다.

※ 적재함 구조에 의한 화물자동차 종류

전용 특장차	차량의 적재함을 특수한 화물에 적합하도록 구조를 갖추거나 특수한 작업이 가능하도록 기계장치를 부착한 차량 **예** 덤프트럭, 믹서차, 벌크차(분립체수송차), 액체수송차, 냉동차 등
카고 트럭	하대에 간단히 접는 형식의 문짝을 단 차량
합리화 특장차	화물을 싣거나 부릴 때에 발생하는 하역을 합리화하는 설비기기를 차량 자체에 장비하고 있는 차 **예** 실내 하역기기 장비차, 측방 개폐차, 쌓기 · 부리기 합리화차, 시스템 차량

※ 한국산업표준(KS)에 의한 화물자동차의 종류

보닛 트럭	원동기부와 덮개가 운전실의 앞쪽에 나와 있는 트럭
캡 오버 엔진 트럭	원동기의 전부 또는 대부분이 운전실의 아래쪽에 있는 트럭
밴	상자형 화물실을 갖추고 있는 트럭으로 지붕이 없는 것(오픈 톱형)도 포함
픽업	화물실의 지붕이 없고 옆판이 운전대와 일체로 된 화물자동차
특수자동차	특별한 장비를 한 사람 및 물품의 수송전용, 특수한 작업전용 **예** 특수용도자동차(특용차), 특수장비차(특장차)
냉장차	수송물품을 냉각제를 이용하여 냉장하는 설비를 갖추고 있는 특수용도자동차
탱크차	탱크 모양의 용기와 펌프 등을 갖추고 물 · 휘발유 등의 액체를 수송하는 특수장비자동차
덤프차	화물대를 기울여 적재물을 중력으로 쉽게 미끄러지게 내리는 구조의 특수장비자동차
믹서자동차	시멘트, 골재(모래 · 자갈), 물을 드럼 내에서 혼합 반죽해서 콘크리트로 하는 특수장비자동차
레커차	크레인 등을 갖추고 고장차의 앞 또는 뒤를 매달아 올려서 수송하는 특수장비자동차
트럭 크레인	크레인을 갖추고 작업을 하는 특수장비자동차로 레커는 제외
크레인 붙이 트럭	차에 실은 화물의 쌓기 · 내리기용 크레인을 갖춘 특수장비자동차
풀 트레일러 견인 자동차	풀 트레일러를 견인하도록 설계된 자동차. 풀 트레일러를 견인하지 않는 경우 트럭으로 사용 가능
세미 트레일러 견인 자동차	세미 트레일러를 견인하도록 설계된 자동차
폴 트레일러 견인 자동차	폴 트레일러를 견인하도록 설계된 자동차

제7장 화물운송의 책임한계

1 이사화물 표준약관의 규정

01

이사화물 표준약관의 규정상 인수 거절이 가능하지 않은 물품은?

① 위험물, 불결한 물품 등 다른 화물에 손해를 끼칠 염려가 있는 물건
② 운송에 적합하도록 포장할 것을 사업자가 요청하여 고객이 이행한 물건
③ 현금, 유가증권, 귀금속, 예금통장, 신용카드, 인감 등 고객이 휴대할 수 있는 귀중품
④ 동식물, 미술품, 골동품 등 운송에 특수한 관리를 요하기 때문에 다른 화물과 동시에 운송하기에 적합하지 않은 물건

해설

② 일반 이사화물의 종류, 무게, 부피, 운송거리 등에 따라 운송에 적합하도록 포장할 것을 사업자가 요청하였으나 고객이 이를 거절한 물건일 경우 인수 거절이 가능하다.

02 중요

이사화물 표준약관의 규정상 고객의 책임 있는 사유로 이사화물의 인수가 지체된 경우 고객이 지급해야 할 손해배상액은?

① 약정된 인수일시로부터 지체된 1시간마다 계약금을 곱한 금액
② 약정된 인수일시로부터 지체된 1시간마다 계약금의 반액을 곱한 금액
③ 약정된 인수일시로부터 지체된 1시간마다 계약금의 배액을 곱한 금액
④ 약정된 인수일시로부터 지체된 1시간마다 계약금의 10배액을 곱한 금액

해설

고객의 책임 있는 사유로 이사화물의 인수가 지체된 경우에는 고객은 약정된 인수일시로부터 지체된 1시간마다 계약금의 반액을

곱한 금액(지체 시간 수×계약금×1/2)을 손해배상액으로 사업자에게 지급해야 한다.

03 중요

이사화물 표준약관상 고객이 약정된 이사화물의 인수일 당일에 계약해제를 통지한 경우 사업자에게 지급할 손해배상액은?

① 계약금   ② 계약금의 배액
③ 계약금의 4배액   ④ 계약금의 1/2배액

해설

• 고객이 약정된 이사화물의 인수일 1일 전까지 해제를 통지한 경우 : 계약금
• 고객이 약정된 이사화물의 인수일 당일에 해제를 통지한 경우 : 계약금의 배액

04 중요

사업자의 책임 있는 사유로 계약을 해제한 경우 고객에게 지급할 손해배상액이 틀린 것은?

① 사업자가 약정된 이사화물의 인수일 2일 전까지 해제를 통지한 경우 – 계약금의 배액
② 사업자가 약정된 이사화물의 인수일 1일 전까지 해제를 통지한 경우 – 계약금의 4배액
③ 사업자가 약정된 이사화물의 인수일 당일에 해제를 통지한 경우 – 계약금의 5배액
④ 사업자가 약정된 이사화물의 인수일 당일에도 해제를 통지하지 않은 경우 – 계약금의 10배액

해설

③ 사업자가 약정된 이사화물의 인수일 당일에 해제를 통지한 경우 : 계약금의 6배액

05

이사화물 표준약관의 규정상 고객이 계약을 해제하고 계약금의 반환 및 손해배상을 청구할 수 있는 것은 인수일시부터 몇 시간 이상 지연된 경우인가?

① 1시간　　　　② 2시간
③ 3시간　　　　④ 4시간

해설

이사화물의 인수가 사업자의 귀책사유로 약정된 인수일시로부터 2시간 이상 지연된 경우에는 고객은 계약을 해제하고 이미 지급한 계약금의 반환 및 계약금 6배액의 손해배상을 청구할 수 있다.

06

이사화물 표준약관상 이사화물의 일부 멸실 또는 훼손에 대한 사업자의 손해배상책임은 고객이 이사화물을 인도받은 날로부터 며칠 이내에 그 사실을 사업자에게 통지하지 아니하면 소멸되는가?

① 5일　　　　② 10일
③ 20일　　　　④ 30일

해설

이사화물의 일부 멸실 또는 훼손에 대한 사업자의 손해배상책임은 고객이 이사화물을 인도받은 날로부터 30일 이내에 그 일부 멸실 또는 훼손의 사실을 사업자에게 통지하지 아니하면 소멸한다.

07

이사화물 표준약관의 규정상 손해배상책임의 특별 소멸사유와 시효에 관한 설명으로 틀린 것은?

① 이사화물이 일부 멸실된 경우에는 약정된 인도일부터 기산한다.
② 이사화물의 멸실, 훼손 또는 연착에 대한 사업자의 손해배상책임은 고객이 이사화물을 인도받은 날로부터 1년이 경과하면 소멸한다.
③ 이사화물의 일부 멸실 또는 훼손에 대한 사업자의 손해배상책임은 고객이 이사화물을 인도받은 날로부터 30일 이내에 그 일부 멸실 또는 훼손의 사실을 사업자에게 통지하지 않으면 소멸한다.
④ ②와 ③은 사업자 또는 그 사용인이 이사화물의 일부 멸실 또는 훼손의 사실을 알면서 이를 숨기고 이사화물을 인도한 경우에는 적용되지 않는다.

해설

① 이사화물의 멸실, 훼손 또는 연착에 대한 사업자의 손해배상책임은 고객이 이사화물을 인도받은 날로부터 1년이 경과하면 소멸한다. 다만, 이사화물이 전부 멸실된 경우에는 약정된 인도일부터 기산한다.

08

이사화물의 멸실, 훼손 또는 연착에 대한 사업자의 손해배상책임은, 고객이 이사화물을 인도받은 날로부터 얼마의 기간이 경과하면 소멸하는가?

① 30일　　　　② 90일
③ 120일　　　　④ 1년

해설

이사화물의 멸실, 훼손 또는 연착에 대한 사업자의 손해배상책임은 고객이 이사화물을 인도받은 날로부터 1년이 경과하면 소멸한다. 다만, 이사화물이 전부 멸실된 경우에는 약정된 인도일부터 가산한다(이사화물 표준약관 제18조).

※ **고객의 책임 있는 사유로 계약을 해제한 경우 사업자에게 지급하는 손해배상액**(다만, 고객이 이미 지급한 계약금이 있는 경우에는 그 금액 공제 가능)

계약금	고객이 약정된 이사화물 인수일 1일 전까지 해제를 통지한 경우
계약금의 배액	고객이 약정된 이사화물 인수일 당일에 해제를 통지한 경우

※ **사업자의 책임 있는 사유로 계약을 해제한 경우 고객에게 지급하는 손해배상액**(다만, 고객이 이미 지급한 계약금이 있는 경우에는 손해배상액과는 별도로 그 금액도 반환)

계약금의 배액	사업자가 약정된 이사화물 인수일 2일 전까지 해제를 통지한 경우
계약금의 4배액	사업자가 약정된 이사화물 인수일 1일 전까지 해제를 통지한 경우
계약금의 6배액	사업자가 약정된 이사화물 인수일 당일에 해제를 통지한 경우
계약금의 10배액	사업자가 약정된 이사화물 인수일 당일에도 해제를 통지하지 않은 경우

※ 이사화물의 인수가 사업자의 귀책사유로 약정된 인수일시로부터 2시간 이상 지연 시 고객은 계약을 해제하고 이미 지급한 계약금의 반환 및 계약금 6배액의 손해배상을 청구할 수 있다.

2 택배 표준약관의 규정

01

택배 사업자가 운송물의 수탁을 거절할 수 있는 경우가 아닌 것은?

① 운송물의 인도예정일에 따른 운송이 가능한 경우
② 고객이 운송장에 필요한 사항을 기재하지 아니한 경우
③ 운송물이 화약류, 인화물질 등 위험한 물건인 경우
④ 운송물의 종류와 수량이 운송장에 기재된 것과 다른 경우

해설
① 운송물의 인도예정일에 따른 운송이 불가능한 경우 수탁을 거절할 수 있다.

02 중요

택배 사업자가 운송물의 수탁을 거절할 수 있는 경우가 아닌 것은?

① 운송물이 현금화가 가능한 물건인 경우
② 운송물의 인도예정일에 따른 운송이 가능한 경우
③ 운송물 1포장의 가액이 300만 원을 초과하는 경우
④ 운송물이 화약류, 인화물질 등 위험한 물건인 경우

해설
운송물의 인도예정일에 따른 운송이 불가능한 경우 운송물의 수탁을 거절할 수 있다.

03

운송물의 인도일에 대한 설명으로 틀린 것은?

① 운송장에 인도예정일의 기재가 있는 경우에는 그 기재된 날
② 운송장에 인도예정일의 기재가 없는 경우 일반지역은 수탁일로부터 1일
③ 운송장에 기재된 인도예정일의 특정시간까지 운송

④ 운송물의 수탁일로부터 산간벽지 · 도서지역은 3일

해설
운송장에 인도예정일의 기재가 없는 경우에는 운송장에 기재된 운송물 수탁일로부터 일반지역은 2일, 도서 · 산간벽지는 3일까지 운송물을 인도한다.

04

화물인계 방문시간에 수하인 부재시 조치요령으로 옳지 않은 것은?

① 부재 중 방문표 활용으로 방문근거를 남긴다.
② 수하인에게 연락하여 어떻게 처리할 지를 확인한다.
③ 수하인이 지정하는 장소에 전달하고 수하인에게 알린다.
④ 수하인과 통화되지 않을 경우에는 집 문앞에 두고 간다.

해설
수하인의 부재로 배송이 곤란한 경우에는 수하인에게 연락하여 지정하는 장소에 전달하고 수하인에게 알린다.

※ 고객이 운송장에 운송물 가액을 기재한 경우 사업자의 손해배상

전부 또는 일부 멸실된 때	운송장에 기재된 운송물 가액을 기준으로 산정한 손해액 지급
훼손된 때	• 수선이 가능한 경우 : 수선해 줌 • 수선이 불가능한 경우 : '전부 또는 일부 멸실된 때'에 의함
연착되고 일부 멸실 및 훼손되지 않은 때	• 일반적인 경우 : 인도예정일을 초과한 일수에 사업자가 운송장에 기재한 운임액의 50%를 곱한 금액(초과일수×운송장 기재 운임액×50%)의 지급(다만, 운송장 기재 운임액의 200%를 한도로 함) • 특정 일시에 사용할 운송물의 경우 : 운송장 기재 운임액의 200%의 지급
연착되고 일부 멸실 또는 훼손된 때	'전부 또는 일부 멸실된 때' 또는 '훼손된 때'에 의함

※ 고객이 운송장에 운송물 가액을 기재하지 않은 경우의 사업자의 손해배상(이 경우 손해배상한도액은 50만 원으로 하되, 운송물 가액에 따라 할증요금을 지급하는 경우의 손해배상한도액은 각 운송가액 구간별 운송물의 최고가액으로 함)

전부 멸실된 때	인도예정일의 인도예정장소에서의 운송물 가액을 기준으로 산정한 손해액 지급
일부 멸실된 때	인도일의 인도장소에서의 운송물 가액을 기준으로 산정한 손해액 지급
훼손된 때	• 수선이 가능한 경우 : 수선해 줌 • 수선이 불가능한 경우 : '일부 멸실된 때'에 의함
연착되고 일부 멸실 및 훼손되지 않은 때	②의 '연착되고 일부 멸실 및 훼손되지 않은 때'를 준용함
연착되고 일부 멸실 또는 훼손된 때	'일부 멸실된 때' 또는 '훼손된 때'에 의하되 '인도일'을 '인도예정일'로 함

※ 사업자의 면책(제22조)

사업자는 천재지변, 기타 불가항력적인 사유로 발생한 운송물의 멸실, 훼손 또는 연착에 대해서는 손해배상책임을 지지 않는다.

※ 책임의 특별소멸사유와 시효(제23조)

① 운송물의 일부 멸실 또는 훼손에 대한 사업자의 손해배상책임은 수하인이 운송물을 수령한 날로부터 14일 이내에 그 일부 멸실 또는 훼손의 사실을 사업자에게 통지하지 않으면 소멸한다.

② 운송물의 일부 멸실, 훼손 또는 연착에 대한 사업자의 손해배상책임은 수하인이 운송물을 수령한 날로부터 1년이 경과하면 소멸한다. 단, 운송물이 전부 멸실된 경우에는 그 인도예정일로부터 기산한다.

③ 사업자 또는 그 사용인이 운송물의 일부 멸실 또는 훼손의 사실을 알면서 이를 숨기고 운송물을 인도한 경우에는 적용되지 않는다. 이 경우에는 사업자의 손해배상책임은 수하인이 운송물을 수령한 날로부터 5년간 존속한다.

05

택배 표준약관에서 고객이 운송장에 운송물의 가액을 기재하지 않은 경우 사업자의 손해배상액이 발생한다면 기본적인 손해배상한도액은?

① 50만 원 ② 100만 원
③ 150만 원 ④ 200만 원

해설

택배 표준약관 제20조제3항은 고객이 운송장에 운송물의 가액을 기재하지 않은 경우 손해배상한도액은 50만 원으로 하되, 운송물의 가액에 따라 할증요금을 지급하는 경우의 손해배상한도액은 각 운송가액 구간별 운송물의 최고가액으로 한다는 내용이다.

06

사업자의 손해배상책임은 수하인이 운송물을 수령한 날로부터 몇 일 이내에 그 일부 멸실 또는 훼손의 사실을 사업자에게 통지하지 않으면 소멸하는가?

① 7일 ② 14일
③ 30일 ④ 60일

제3부
안전운행

제1장 교통사고의 요인

01 중요

교통사고의 3대 요인이 아닌 것은?

① 물적요인
② 인적요인
③ 차량요인
④ 도로 · 환경요인

02

다음 중 교통사고의 간접적 요인이 아닌 것은?

① 운전자에 대한 홍보활동 결여
② 차량의 운전 전 점검 습관 결여
③ 사고 직전 과속과 같은 법규 위반
④ 안전운전을 위하여 필요한 교육 태만

해설
③은 직접적 요인이다.

03

교통사고의 요인 중 환경요인에 해당하지 않는 것은?

① 기상
② 차량의 교통량
③ 교통 도덕
④ 차량 구조장치

해설
④ 차량 구조장치는 차량요인에 해당한다.

✏️ 더 알아보기

교통사고의 3대 요인
교통사고의 3대 요인은 인적요인, 차량요인, 도로 · 환경요인이다. 도로 · 환경요인을 도로요인과 환경요인으로 나누어 4대 요인으로 분류하기도 한다.

※ 인적요인

① 운전자, 보행자 등
② 신체, 생리, 심리, 적성, 습관, 태도 요인 등을 포함
③ 운전자 또는 보행자의 신체적 · 생리적 조건, 위험의 인지와 회피에 대한 판단, 심리적 조건 등과 운전자의 적성과 자질, 운전습관, 내적태도 등

※ 차량요인

차량구조장치, 부속품, 적하 등

※ 도로요인

① 도로구조 : 도로의 선형, 노면, 차로 수, 노폭, 구배 등
② 안전시설 : 신호기, 노면표시, 방호책 등 도로의 안전시설

※ 환경요인

① 자연환경 : 기상, 일광 등 자연조건
② 교통환경 : 차량 교통량, 운행차 구성, 보행자 교통량 등 교통상황
③ 사회환경 : 일반 국민 · 운전자 · 보행자 등의 교통도덕, 정부의 교통정책, 교통단속과 형사처벌 등
④ 구조환경 : 교통여건 변화, 차량점검 및 정비 관리자와 운전자의 책임한계 등

제2장 운전자 요인과 안전운행

1 인지-판단-조작

01

자동차를 운행하고 있는 운전자가 교통상황을 알아차리는 것을 무엇이라 하는가?

① 판단
② 인지
③ 조작
④ 생각

해설
① 판단 : 어떻게 자동차를 움직여 운전할 것인가를 결정
③ 조작 : 그 결정에 따라 자동차를 움직이는 운전행위

02

자동차를 운행하고 있는 운전자가 교통상황을 알아차리고 행동하는 순서로 옳은 것은?

① 인지 – 조작 – 판단
② 인지 – 판단 – 조작
③ 조작 – 인지 – 판단
④ 판단 – 인지 – 조작

해설
운전자는 교통상황을 알아차리고(인지), 자동차를 어떻게 운전할 것인가를 결정하고(판단), 자동차를 움직이는 운전행위(조작)에 이르는 과정을 반복한다.

2 시각 특성

01 중요

운전과 관련되는 시각의 특성으로 옳은 것은?

① 속도가 빨라질수록 시력은 좋아진다.
② 속도가 빨라질수록 시야의 범위가 좁아진다.
③ 속도가 빨라질수록 전방주시점은 가까워진다.
④ 속도가 빨라질수록 가까운 곳의 풍경(근경)은 더욱 선명해진다.

해설
① 속도가 빨라질수록 시력은 떨어진다.

③ 속도가 빨라질수록 전방주시점은 멀어진다.
④ 속도가 빨라질수록 가까운 곳의 풍경(근경)은 더욱 흐려진다.

02 중요

시각의 특성에 대한 설명으로 틀린 것은?

① 동체시력은 물체의 이동속도가 빠를수록 저하된다.
② 속도가 빨라질수록 시력은 떨어진다.
③ 속도가 빨라질수록 주시점은 멀어지고 시야는 좁아진다.
④ 운전 중에는 전방을 넓게 살피기보다는 한곳을 오래 주시해야 한다.

해설
④ 주행 중인 운전자는 전방의 한곳에만 주의를 집중하기보다는 시야를 넓게 갖도록 하고 주시점을 적절하게 이동시키거나 머리를 움직여 상황에 대응하는 운전을 해야 한다.

03

도로교통법령에 정한 시력기준으로 옳은 것은?

① 붉은색, 녹색, 백색 및 노란색을 구별할 수 있어야 한다.
② 제1종운전면허에 필요한 시력은 두 눈을 동시에 뜨고 잰 시력이 0.6 이상이어야 한다.
③ 제2종운전면허에 필요한 시력은 두 눈을 동시에 뜨고 잰 시력이 0.5 이상이어야 한다.
④ 제2종운전면허에 필요한 시력은 한쪽 눈을 보지 못하는 사람의 경우 다른 쪽 눈의 시력이 0.8 이상이어야 한다.

해설
① 붉은색, 녹색 및 노란색을 구별할 수 있어야 한다.
② 제1종운전면허에 필요한 시력은 두 눈을 동시에 뜨고 잰 시력이 0.8 이상, 두 눈의 시력이 각각 0.5 이상이어야 한다.
④ 제2종운전면허에 필요한 시력은 한쪽 눈을 보지 못하는 사람은 다른 쪽 눈의 시력이 0.6 이상이어야 한다.

심시력

• 전방에 있는 대상물까지의 거리를 목측하는 것을 심경각이라고 하며, 그 기능을 심시력이라고 한다. 심시력의 결함은 입체공간 측정의 결함으로 인한 교통사고를 초래할 수 있다.

04 중요

운전자의 동체시력에 대한 설명으로 틀린 것은?

① 연령이 높을수록 저하된다.
② 물체의 이동속도가 빠를수록 저하된다.
③ 장시간 운전 피로상태에서도 저하된다.
④ 물체의 이동속도가 느릴수록 저하된다.

해설

동체시력은 물체의 이동속도가 빠를수록 상대적으로 저하된다.

05

고령자의 시각능력 중 동작하는 물체를 확실히 식별하고 인지하는 능력이 약화되는 경우를 설명하는 것은?

① 동체시력의 약화 현상
② 시력 자체의 저하 현상
③ 대비능력 저하
④ 식별능력의 약화

해설

② 시력 자체의 저하 현상 : 자연퇴화 과정으로 인해 다른 연령층보다 전반적으로 시력 저하 현상 발생
③ 대비능력 저하 : 여러 개의 사물 간 또는 사물과 배경을 식별하는 대비능력이 저하

06 중요

주간 운전 시 어두운 터널을 벗어나 밝은 상황에 시력을 회복하는 것은?

① 암순응
② 명순응
③ 심시력
④ 동체시력

해설

① 암순응 : 일광 또는 조명이 밝은 조건에서 어두운 조건으로 변할 때 사람의 눈이 그 상황에 적응하여 시력을 회복하는 것
③ 심시력 : 전방에 있는 대상물까지의 거리를 목측하는 능력
④ 동체시력 : 움직이는 물체 또는 움직이면서 다른 물체를 보는 시력

07

다음 중 암순응에 대한 설명으로 옳은 것은?

① 일광 또는 조명이 밝은 조건에서 어두운 조건으로 변할 때 사람의 눈이 그 상황에 적응하여 시력을 회복하는 것을 말한다.
② 일광 또는 조명이 어두운 조건에서 밝은 조건으로 변할 때 사람의 눈이 그 상황에 적응하여 시력을 회복하는 것을 말한다.
③ 정지상태로 한 물체에 눈을 고정한 자세에서 양쪽 눈으로 볼 수 있는 좌우의 범위를 말한다.
④ 야간 주행 중 마주 오는 차량의 전조등 불빛을 운전자의 눈에 비추면 일시적으로 시각의 장애를 일으키는 현상을 말한다.

해설

②는 명순응에 대한 설명이다.

08

입체공간 측정의 결함으로 인한 교통사고를 초래할 수 있는 것은?

① 청력의 결함
② 심시력의 결함
③ 지각력의 결함
④ 평형감각의 결함

해설

전방에 있는 대상물까지의 거리를 목측하는 것을 심경각이라고 하며 그 기능을 심시력이라고 한다. 심시력의 결함은 입체공간 측정의 결함으로 인한 교통사고를 초래할 수 있다.

※ 암순응과 명순응

암순응	• 일광 또는 조명이 밝은 조건에서 어두운 조건으로 변할 때 사람의 눈이 그 상황에 적응하여 시력을 회복하는 것 • 상황에 따라 다르지만 대개 완전한 암순응에는 30분 또는 그 이상 걸리며 빛의 강도에 좌우됨(터널은 5~10초 정도)
명순응	• 일광 또는 조명이 어두운 조건에서 밝은 조건으로 변할 때 사람의 눈이 그 상황에 적응하여 시력을 회복하는 것 • 상황에 따라 다르지만 명순응에 걸리는 시간은 암순응보다 빨라 수초~1분에 불과함

09 중요

정상시력의 운전자가 100km/h로 운전 중일 때 그 시야범위는?

① 40°
② 80°
③ 100°
④ 120°

해설

정상시력을 가진 운전자의 정지 시 시야범위는 약 180~200°이지만 매시 40km로 운전 중이라면 그의 시야범위는 약 100°, 매시 70km면 약 65°, 매시 100km면 약 40°로 속도가 높아질수록 시야의 범위는 점점 좁아진다.

10

주행시공간의 특성에 대한 설명으로 옳지 않은 것은?

① 운전자의 시야는 속도가 빨라질수록 좁아진다.
② 운전자의 전방 주시점은 속도가 빨라질수록 가까워진다.
③ 속도가 빨라질수록 가까운 곳의 풍경은 더욱 흐려진다.
④ 속도가 빨라질수록 작고 복잡한 대상은 잘 확인되지 않는다.

해설

운전자의 전방 주시점은 속도가 빨라질수록 멀어진다.

11

마주 오는 대향차가 전조등을 상향등 상태로 주행하게 되면 조명 빛으로 인해 보행자의 모습을 볼 수 없게 되는 현상을 무엇이라고 하는가?

① 암순응
② 명순응
③ 증발 현상
④ 눈부심 현상

12

운전자가 가장 운전하기 힘들어 하고 사고가 가장 많이 발생하는 시간은?

① 낮
② 새벽
③ 아침
④ 해질 무렵

해설

해질 무렵이 가장 운전하기 힘든 시간이다. 전조등을 비추어도 주변 밝기와 비슷하여 의외로 다른 자동차나 보행자를 보기가 어렵다.

3 사고의 심리 중요

01 중요

운전 중일 때 운전자의 착각에 대한 설명으로 틀린 것은?

① 오름경사는 실제보다 작게 보인다.
② 작은 것은 멀리 있는 것처럼 느껴진다.
③ 주시점이 가까운 좁은 시야에서는 빠르게 느껴진다.
④ 주행 중 급정거 시 반대방향으로 움직이는 것처럼 보인다.

해설

오름경사는 실제보다 크게 보이고, 내림경사는 실제보다 작게 보인다.

02 중요

교통사고의 요인 중 중간적 요인은?

① 운전조작의 잘못
② 운전자의 성격
③ 사고 직전의 과속
④ 안전지식 결여

해설

교통사고의 원인

간접적 요인	• 운전자에 대한 홍보활동 결여 또는 훈련 결여 • 차량의 운전 전 점검습관 결여, 무리한 운행계획 • 안전운전을 위하여 필요한 교육태만, 안전지식 결여 • 직장이나 가정에서의 원만하지 못한 인간관계
중간적 요인	• 운전자의 지능, 성격, 심신기능 • 음주 · 과로 • 불량한 운전태도 ※ 중간적 요인만으로 교통사고와 직결되지 않음
직접적 요인	• 사고 직전 과속과 같은 법규위반 • 위험인지 지연 • 운전조작의 잘못, 잘못된 위기대처 ※ 사고와 직접 관계있음

03

교통사고를 유발한 운전자의 특성으로 옳지 않은 것은?

① 타고난 심신기능의 부족
② 바람직한 동기와 사회적 태도의 결여

③ 운전에 대한 방대한 지식습득
④ 불안정한 운전자의 생활환경

해설
교통사고를 유발한 운전자의 특성
• 선천적 능력의 부족 : 타고난 심신기능의 부족
• 후천적 능력의 부족 : 학습으로 습득한 운전과 관련되는 지식과 기능의 부족
• 바람직한 동기와 사회적 태도의 결여
• 불안정한 생활환경

4 운전피로 중요

01 중요
운전피로에 영향을 미치는 요인과 그 예를 연결한 것으로 옳지 않은 것은?

① 생활요인 – 수면
② 운전작업 중 요인 – 운행조건
③ 운전자 요인 – 신체 · 경험 · 연령 조건
④ 생활요인 – 차내 환경

해설
운전 피로의 요인
• 생활요인 : 수면, 생활환경 등
• 운전작업 중 요인 : 차내 환경, 차외 환경, 운행조건 등
• 운전자 요인 : 신체 · 경험 · 연령 · 성별 조건, 성격, 질병 등

02 중요
운전피로에 대한 설명 중 틀린 것은?

① 운전피로는 신체적 피로와 정신적 피로를 동시에 수반한다.
② 심리적 피로는 신체적 부담에 의한 피로보다 회복시간이 길다.
③ 운전피로는 생활요인과 주변 환경요인의 2가지 요인으로 구성된다.
④ 피로는 운전 작업의 생략이나 착오가 발생할 수 있다는 위험신호이다.

해설
③ 운전피로는 생활요인, 운전작업 중 요인, 운전자 요인 등 3가지 요인으로 구성된다.

03
운전자 피로의 진행과정에 대한 설명으로 틀린 것은?

① 피로의 정도가 지나치면 과로가 되고 정상적인 운전이 곤란해진다.
② 피로 또는 과로 상태에서는 졸음운전이 발생되지만 교통사고로까지 이어지지는 않는다.
③ 연속운전은 일시적으로 급성피로를 낳게 한다.
④ 매일 시간상 또는 거리상으로 일정 수준 이상의 무리한 운전을 하면 만성피로를 초래한다.

해설
② 피로 또는 과로 상태에서는 졸음운전이 발생될 수 있고 이는 교통사고로 이어질 수 있다.

5 보행자

01 중요
보행 중 교통사고 사망자 구성비가 가장 높은 국가는?

① 미국
② 프랑스
③ 일본
④ 대한민국

해설
보행 중 교통사고 사망자 구성비는 우리나라 39.1%, 일본 36.1%, 미국 13.7%, 프랑스 13.1%이다.

02
보행자의 교통사고 특성에 대한 설명으로 틀린 것은?

① 통행 중의 사고가 가장 많다.
② 도로 횡단 중의 사고가 가장 많다.
③ 어린이와 노약자가 높은 비중을 차지한다.
④ 보행자 사고 요인은 교통상황 정보 인지 결함이 가장 많다.

해설
도로 횡단 중의 사고가 가장 많고 다음으로 통행 중의 사고가 많다. 보행자 사고 요인은 교통상황 정보 인지 결함>판단착오>동작착오 순으로 많다.

03

보행자가 도로를 무단횡단하는 이유에 속하지 않는 것은?

① 판단력이 부족하고 모방행동이 강한 경우
② 사고방식이 단순하기 때문에 무단횡단을 해도 된다고 생각하는 경우
③ 호기심이 강하고 모험심이 강한 경우
④ 눈에 보이지 않는 경우를 생각할 수 있는 능력이 있는 경우

> 해설
>
> ④ 눈에 보이지 않는 경우를 생각하는 능력이 부족하기 때문에 무단횡단이 일어난다.

6 음주와 운전

01 중요

음주운전 교통사고의 특징이 아닌 것은?

① 치사율이 높다.
② 차량단독사고의 가능성이 높다.
③ 주차 중인 자동차와 같은 정지물체 등에 충돌한다.
④ 대향차의 전조등에 의한 현혹현상 발생 시 정상운전보다 교통사고 위험이 감소된다.

> 해설
>
> ④ 대향차의 전조등에 의한 현혹현상 발생 시 정상운전보다 교통사고 위험이 증가된다.

7 교통약자

01

고령자에게 나타나는 교통안전 장애요인이 아닌 것은?

① 시야 감소 현상
② 원근 구별능력의 약화
③ 판단력이 부족하고 모방행동이 많음
④ 복잡한 교통상황에서 필요한 정보판단 처리능력 저하

> 해설
>
> ③은 어린이의 교통행동 특성에 해당한다.

02

고령 보행자 안전수칙으로 옳지 않은 것은?

① 안전한 횡단보도를 찾아 멈춘다.
② 횡단하는 동안에도 계속 주의를 기울인다.
③ 야간 이동 시에는 검은색 옷을 입는 것이 좋다.
④ 횡단보도 신호가 점멸 중일 때는 늦게 진입하지 말고 다음 신호를 기다린다.

> 해설
>
> ③ 야간 이동 시에는 눈에 띄는 밝은색 옷을 입어야 한다.

03

고령자의 청각능력과 관련이 없는 것은?

① 노화에 따른 근육운동의 저하
② 청각기능의 상실 또는 약화 현상
③ 주파수 높이의 판별 저하
④ 목소리 구별의 감수성 저하

> 해설
>
> 근육운동의 저하는 신체능력과 관련있는 장애 요인이다.

※ 고령자 교통안전

고령자 교통안전 장애요인	• 시각능력 : 시력 자체의 저하현상 발생, 대비능력 저하, 동체시력의 약화 현상, 원근 구별 능력 약화, 암순응에 필요한 시간 증가, 눈부심에 대한 감수성 증가, 시야 감소 현상 • 청각능력 : 청각기능 상실·약화 현상, 주파수 높이의 판별 저하, 목소리 구별의 감수성 저하 • 사고·신경능력 : 복잡한 교통상황에서 필요한 빠른 신경활동과 정보판단 처리능력 저하, 노화에 따른 근육운동 저하(선택적 주의력 저하, 다중적인 주의력 저하, 인지반응시간 증가, 복잡한 상황보다 단순한 상황 선호)
고령 보행자 안전수칙	• 안전한 횡단보도를 찾아 멈추고 야간 이동 시 밝은색 옷을 입을 것 • 횡단보도신호에 녹색불이 들어와도 바로 건너지 않고 오고 있는 자동차가 정지했는지 확인 • 횡단보도신호가 점멸 중이면 다음 신호를 기다리며 생활도로 이용 시 길 가장자리로 안전하게 이동

04 중요

어린이의 일반적인 교통행동 특성으로 볼 수 없는 것은?

① 위급 시 회피 능력 둔화
② 사고방식이 단순
③ 호기심이 많고 모험심이 강함
④ 교통상황에 대한 주의력 부족

해설
①은 고령자의 교통행동 특성에 해당한다. 고령자는 운동능력이 떨어지고 감지능력이 약화되어 위급 시 회피능력이 둔화된다.

05

어린이들이 당하기 쉬운 교통사고 유형과 거리가 먼 것은?

① 도로에 갑자기 뛰어들기
② 도로횡단 중의 부주의
③ 도로횡단 중 근육운동 저하
④ 도로상에서 위험한 놀이

해설
③ 고령자 교통안전 장애요인에 해당한다.

06

생활함에 있어 이동에 불편을 느끼는 교통약자에 해당하지 않는 것은?

① 장애인　　② 임산부
③ 어린이　　④ 청소년

해설
교통약자는 장애인, 고령자, 임산부, 영유아를 동반한 사람. 어린이 등 일상생활에서 이동에 불편을 느끼는 사람을 말한다.

※ 어린이 교통안전

어린이의 일반적인 교통행동 특성 중요	• 교통상황에 대한 주의력이 부족하다. • 판단력이 부족하고 모방행동이 많다. • 사고방식이 단순하다. • 추상적인 말은 잘 이해하지 못하는 경우가 많다. • 호기심이 많고 모험심이 강하다.
어린이 교통사고의 특징	• 어릴수록, 학년이 낮을수록 교통사고 많음 • 보행 중 교통사고를 당하여 사망하는 비율이 가장 높음 • 어린이 보행 사상자 : 오후 4시~오후 6시 사이 가장 많음 • 보행 중 사상자는 집이나 학교 근처 등 어린이 통행이 잦은 곳에서 가장 많이 발생
어린이들이 당하기 쉬운 교통사고 유형	• 도로에 갑자기 뛰어들기(어린이 보행자 사고의 약 70%) • 도로횡단 중의 부주의 • 도로상에서 위험한 놀이 • 자전거 사고 • 차내 안전사고
어린이가 승용차에 탑승했을 때	• 어린이는 뒷좌석 3점식 안전띠 길이를 조정하여 사용 • 문은 어른이 열고 닫고, 차를 떠날 때는 같이 떠나며 어린이는 뒷좌석에 앉히기 • 여름철 주차 시 : 차내에 혼자 방치 시 탈수현상과 산소 부족으로 사망하므로 주의

07

어린이가 승용차에 탑승했을 때 주의사항으로 옳지 않은 것은?

① 여름 주차 시 혼자 두는 것은 위험하다.
② 어린이는 앞좌석에 앉힌다.
③ 문은 어른이 열고 닫는다.
④ 차를 떠날 때는 같이 떠나도록 한다.

해설
② 어린이는 뒷좌석에 앉혀야 하며 3점식 안전띠의 길이를 조정하여 사용하도록 해야 한다.

제3장 자동차 요인과 안전운행

1 주요 안전장치

01

다음 내용과 관련된 제동장치에 해당하는 것은?

> 미끄러운 노면상이나 통상의 주행에서 제동 시 바퀴를 로크 시키지 않음으로써 브레이크가 작동하는 동안에도 핸들의 조정이 용이하도록 하는 제동장치이다.

① 풋 브레이크
② 주차 브레이크
③ 엔진브레이크
④ ABS(Anti-Lock Brake System)

02

타이어와 함께 차량의 중량을 지지하고 구동력과 제동력을 지면에 전달하는 역할을 하는 것은?

① 휠
② 캠버
③ 캐스터
④ 쇽 업소버

03 중요

노면과 맞닿는 타이어의 트레드 홈 깊이는 최저 얼마 이상이어야 하는가?

① 최저 1.5mm 이상
② 최저 1.6mm 이상
③ 최저 1.8mm 이상
④ 최저 2.0mm 이상

해설

과마모 타이어는 빗길에서 잘 미끄러질 뿐더러 제동거리가 길어지므로 교통사고의 위험이 높다. 노면과 맞닿는 부분인 트레드 홈 깊이가 최저 1.6mm 이상이 되는지를 확인하고 적정 공기압을 유지하고 있는지 점검한다.

04

자동차의 일상점검 중 새시스프링 및 쇽 업소버 점검은 어디에 해당하는가?

① 제동장치
② 동력전달장치
③ 현가장치
④ 조향장치

해설

현가장치는 차량 무게를 지탱해 차체가 직접 차축에 얹히지 않도록 하고, 도로 충격을 흡수하여 운전자와 화물에 더욱 유연한 승차감을 제공해 주는 장치이다.

> ✏️ **더 알아보기**
>
> **쇽 업소버의 기능**
> • 노면에서 발생한 스프링의 진동 흡수
> • 승차감 향상
> • 스프링의 피로 감소
> • 타이어와 노면의 접착성을 향상시켜 커브길이나 빗길에 차가 튀거나 미끄러지는 현상 방지

05

토우인에 대한 설명으로 옳지 않은 것은?

① 캠버에 의해 토아웃 되는 것을 방지한다.
② 주행 중 타이어가 바깥쪽으로 벌어지는 것을 방지한다.
③ 스프링의 동작에 반응하여 피스톤이 위아래로 움직이며 운전자에게 전달되는 반동량을 줄여준다.
④ 앞바퀴를 위에서 보았을 때 앞쪽이 뒤쪽보다 좁은 상태를 말한다.

해설

③은 충격흡수장치(쇽 업소버)에 대한 설명이다.

06

자동차 앞바퀴가 하중을 받았을 때 아래쪽이 벌어지는 것을 방지하고 조향 핸들의 조작을 가볍게 하는 장치는?

① 캠버   ② 캐스터
③ 토인   ④ 스태빌라이저

해설

캠버는 앞바퀴가 하중을 받았을 때 아래쪽이 벌어지는 것을 방지하고 조향 핸들의 조작을 가볍게 하며, 수직방향 하중에 의한 앞차축의 휨을 방지한다.

07 중요

캐스터에 대한 설명으로 옳지 않은 것은?

① 앞바퀴가 하중을 받을 때 아래로 벌어지는 것을 방지한다.
② 주행 시 앞바퀴에 방향성을 부여한다.
③ 조향을 하였을 때 직진 방향으로 되돌아오려는 복원력을 보여준다.
④ 자동차를 옆에서 보았을 때 차축과 연결되는 킹핀의 중심선이 약간 뒤로 기울어져 있는 것을 말한다.

해설

①은 캠버에 대한 설명이다.

08 중요

앞바퀴에 직진성을 부여하여 쏠림을 방지하고 핸들의 복원성을 좋게 하는 것은?

① 토우인(Toe-in)
② 캠버(Camber)
③ 캐스터(Caster)
④ 판 스프링(Leaf spring)

해설

① 토우인 : 앞바퀴를 위에서 보았을 때 앞쪽이 뒤쪽보다 좁은 상태로, 이는 타이어의 마모를 방지하여 바퀴를 원활하게 회전시켜 핸들의 조작을 용이하게 한다.
② 캠버 : 앞바퀴가 하중을 받았을 때 아래로 벌어지는 것을 방지하고 타이어 접지면의 중심과 킹핀의 연장선이 노면과 만나는 점과의 거리인 옵셋을 적게 하여 핸들조작을 가볍게 하기 위해 필요하다.
④ 판 스프링 : 유연한 금속 층을 함께 붙인 것으로 차축은 스프링의 중앙에 놓이게 되며 스프링의 앞과 뒤가 차체에 부착된다. 주로 화물자동차에 사용된다.

※ 조향장치

토우인 (Toe-in)	• 앞바퀴를 위에서 보았을 때 앞쪽이 뒤쪽보다 좁은 상태 • 주행 중 타이어가 바깥쪽으로 벌어지는 것 방지 • 캠버에 의한 토아웃 방지 • 주행저항 및 구동력의 반력에 의한 토아웃 방지
캠버 (Camber)	• 앞바퀴가 하중을 받을 때 아래로 벌어지는 것 방지 • 핸들의 조작을 가볍게 함 • 수직방향 하중에 의한 앞차축의 휨 방지
캐스터 (Caster)	• 주행 시 앞바퀴에 방향성 부여 • 직진 방향으로 되돌아오려는 복원력을 줌

2 물리적 현상 중요

01 중요

타이어의 회전속도가 빨라지면 접지부에서 받은 타이어의 주름이 다음 접지 시점까지도 복원되지 않고 접지의 뒤쪽에 진동의 물결이 일어나는 스탠딩 웨이브 현상을 방지하는 방법으로 가장 옳은 것은?

① 공기압을 높인다.
② 무게 중심을 뒤쪽으로 두도록 뒷좌석에 무거운 짐을 싣는다.
③ 속도를 적정속도보다 높인다.
④ 엔진오일을 갈아 준다.

해설

스탠딩 웨이브 현상을 방지하는 방법은 공기압을 높이고 속도를 낮추는 것이다.

02 중요

다음 중 수막 현상을 예방하기 위한 방법이 아닌 것은?

① 고속으로 주행한다.
② 공기압을 조금 높게 한다.
③ 마모된 타이어를 사용하지 않는다.
④ 배수효과가 좋은 타이어를 사용한다.

해설

① 고속으로 주행하지 않는다.

03

내리막길을 내려갈 때 브레이크를 반복적으로 사용하여 생기는 현상으로 묶은 것은?

① 수막현상, 스탠딩 웨이브 현상
② 페이드 현상, 베이퍼 록 현상
③ 모닝 록 현상, 베이퍼 록 현상
④ 페이드 현상, 스탠딩 웨이브 현상

04

모닝 록 현상과 관련한 내용으로 옳지 않은 것은?

① 비가 자주 오거나 습도가 높은 날에 발생할 수 있다.
② 오랜시간 주차한 후에 브레이크 드럼에 미세한 녹이 발생하는 현상이다.
③ 브레이크드럼과 라이닝, 브레이크 패드와 디스크의 마찰계수가 높아져 평소보다 브레이크가 지나치게 예민하게 작동한다.
④ 시동 후 급가속 출발을 하여 엔진 출력을 높이면 제거가 된다.

해설

모닝 록 현상이 발생하게 되면 서행하면서 브레이크를 몇 번 밟아주면 녹이 자연히 제거되면서 해소된다.

05

자동차가 출발할 때 구동바퀴는 이동하려 하지만 차체는 정지하고 있기 때문에 앞 범퍼 부분이 들리는 현상을 무엇이라고 하는가?

① 피칭
② 바운싱
③ 노즈 업
④ 노즈 다운

※ 자동차의 진동

바운싱 (Bouncing)	• 상하 진동 • 차체가 Z축 방향과 평행운동을 하는 고유진동
피칭 (Pitching)	• 앞뒤 진동 • 차체가 Y축을 중심으로 하여 회전운동을 하는 고유진동
롤링 (Rolling)	• 좌우 진동 • 차체가 X축을 중심으로 하여 회전운동을 하는 고유진동
요잉 (Yawing)	• 차체 후부 진동 • 차체가 Z축을 중심으로 하여 회전운동을 하는 고유진동

06

다음 중 외륜차가 가장 많이 발생하는 차는?

① 대형트럭
② 중형차
③ 소형차
④ 소형트럭

해설

큰 차일수록 외륜차가 많이 발생한다.

07 중요

내륜차와 외륜차에 대한 설명 중 틀린 것은?

① 회전 시 앞바퀴의 안쪽과 뒷바퀴의 안쪽과의 차이를 내륜차라 하고, 바깥 바퀴의 차이를 외륜차라고 한다.
② 자동차가 전진 중 회전할 경우에는 내륜차에 의한 교통사고의 위험이 있다.
③ 자동차가 후진 중 회전할 경우에는 외륜차에 의한 교통사고의 위험이 있다.
④ 내륜차는 대형차일수록 크고, 외륜차는 소형차일수록 크다.

해설

④ 내륜차와 외륜차는 대형차일수록 크다.

08

다음 중 타이어 마모에 영향을 주는 요소가 아닌 것은?

① 커브
② 습도
③ 공기압
④ 브레이크

해설

타이어 마모에 영향을 주는 요소 : 공기압, 하중, 속도, 커브, 브레이크, 노면

09 중요

고속도로에서 고속으로 주행하게 되면, 노면과 좌·우에 있는 나무나 중앙분리대의 풍경 등이 마치 물이 흐르듯이 흘러서 눈에 들어오는 느낌의 자극을 받게 된다. 이러한 현상은 무엇인가?

① 페이드 현상
② 유체자극 현상
③ 수막 현상
④ 스탠딩 웨이브 현상

해설

고속도로에서 고속으로 주행하게 되면, 노면과 좌 · 우에 있는 나무나 중앙분리대의 풍경 등이 마치 물이 흐르듯이 흘러서 눈에 들어오는 느낌의 자극을 받게 된다. 속도가 빠를수록 눈에 들어오는 흐름의 자극은 더해지며, 주변의 경관은 거의 흐르는 선과 같이 되어 눈을 자극하는데, 이것을 유체자극이라 한다.

3 정지거리와 정지시간

01

다음 중 정지거리에 대한 설명으로 틀린 것은?

① 타이어 마모가 심하면 제동거리는 길어진다.
② 운전자가 피로한 경우에는 공주거리가 짧아진다.
③ 정지거리는 공주거리와 제동거리를 합한 거리를 말한다.
④ 평소보다 눈이 오거나 비가 내리면 정지거리는 길어진다.

해설

② 운전자가 피로한 경우에는 공주거리가 길어지게 된다.

02 중요

자동차의 정지거리에 대한 설명으로 맞는 것은?

① 공주거리와 제동거리를 합한 거리
② 운전자 반응시간 동안 이동한 거리
③ 정지 의사결정 후 브레이크가 작동하기까지 이동한 거리
④ 브레이크가 작동하는 순간부터 정지할 때까지 이동한 거리

※ 정지거리와 정지시간

공주시간	운전자가 자동차를 정지시켜야 할 상황임을 지각하고 브레이크로 발을 옮겨 브레이크가 작동을 시작하는 순간까지의 시간
공주거리	이때까지 자동차가 진행한 거리
제동시간	운전자가 브레이크에 발을 올려 브레이크가 막 작동을 시작하는 순간부터 자동차가 완전히 정지할 때까지의 시간
제동거리	이때까지 자동차가 진행한 거리
정지시간	운전자가 위험을 인지하고 자동차를 정지시키려고 시작하는 순간부터 자동차가 완전히 정지할 때까지의 시간 → 공주시간 + 제동시간
정지거리	이때까지 자동차가 진행한 거리 → 공주거리 + 제동거리

4 차량점검 및 주의사항

01

차량 점검 및 주의사항에 대한 설명으로 옳지 않은 것은?

① 컨테이너 차량의 경우 고정장치가 작동되는지를 확인한다.
② 적색 경고등이 들어온 상태에서는 절대로 운행하지 않는다.
③ 운행 중 조향핸들의 높이와 각도가 맞게 조정되어 있는지 점검한다.
④ 주차브레이크를 작동시키지 않은 상태에서 절대로 운전석에서 떠나지 않는다.

해설

③ 조향핸들의 높이와 각도는 운행 전 점검해야 하며, 운행 중에는 조정하지 않는다.

02 중요

자동차의 동력전달장치 점검사항이 아닌 것은?

① 브레이크액의 누출은 없는가?
② 추진축 연결부의 헐거움이나 이음은 없는가?
③ 변속기의 조작이 쉽고 변속기 오일의 누출은 없는가?
④ 클러치 페달의 유동이 없고 클러치의 유격은 적당한가?

해설

①은 제동장치 점검사항이다.

03

다음 중 자동차 제동장치의 점검사항이 아닌 것은?

① 브레이크액의 누출은 없는가?
② 에어탱크의 공기압은 적당한가?
③ 조향축의 흔들림이나 손상은 없는가?
④ 주차 제동레버의 유격 및 당겨짐은 적당한가?

해설

③은 조향장치 점검사항이다.

5 자동차 응급조치 방법

01 중요

오감에 의한 차량점검방법으로 옳지 않은 것은?

① 엔진의 이상음 - 청각
② 부품의 변형 - 촉각
③ 이상 발열, 냄새 - 후각
④ 배기가스 색상 - 시각

해설

② 부품의 변형 : 시각

02

자동차 이상 징후에 대한 설명으로 옳지 않은 것은?

① 엔진 회전수에 비례해 쇠가 마주치는 소리가 날 때에는 거의 밸브 장치에서 나는 소리로, 밸브 간극 조정으로 고칠 수 있다.
② 클러치를 밟고 있을 때 '달달달' 떨리는 소리와 함께 차체가 떨린다면 이것은 클러치 릴리스 베어링의 고장이다.
③ 비포장도로의 노면 상을 달릴 때 '딸각딸각' 하는 소리나 '쿵쿵' 하는 소리가 날 때에는 쇽 업소버의 고장으로 볼 수 있다.
④ 바퀴마다 드럼에 손을 대보았을 때 어느 한쪽만 뜨거운 것은 브레이크 라이닝 간격이 넓어서 브레이크가 끌리기 때문이다.

해설

④ 바퀴마다 드럼에 손을 대보면 어느 한쪽만 뜨거울 경우가 있는데, 이때는 브레이크 라이닝 간격이 좁아 브레이크가 끌리기 때문이다.

03

여름철 주행 중 엔진 과열 현상이 발생하지 않게 하기 위한 점검사항으로 가장 관련이 없는 것은?

① 공기유입 확인
② 팬벨트 장력 확인
③ 냉각수 양 확인
④ 냉각수 누출 확인

해설

여름철에는 엔진이 과열되기 쉬우므로 냉각수 양은 충분한지, 냉각수가 새는 부분은 없는지, 팬벨트 장력은 적절한지를 수시로 확인하여야 한다.

04

엔진 과회전 현상의 예방 및 조치방법으로 틀린 것은?

① 최대회전속도를 초과한 운전 금지
② 고단에서 저단으로 급격한 기어변속 금지
③ 연료탱크 내 수분 제거
④ 내리막길 주행 시 과도한 엔진 브레이크 사용 지양

해설

③은 혹한기 주행 중 시동 꺼짐 현상의 조치방법이다.

05

엔진계통 고장 중 라디에이터 손상 상태 및 써머스태트 작동상태 확인을 점검할 수 있는 것은?

① 엔진 시동 꺼짐
② 엔진 온도 과열
③ 엔진 시동 불량
④ 엔진 과회전 현상

해설

라디에이터 손상 상태 및 써머스태트 작동상태 확인은 엔진 온도 과열 시 점검사항이다.

06 중요

엔진오일 과다 소모 시 조치방법이 아닌 것은?

① 엔진 피스톤 링 교환
② 냉각수 온도 감지센서 교환
③ 실린더라이너 교환
④ 오일팬이나 개스킷 교환

해설

②는 엔진 온도 과열 시 조치방법이다.

07

엔진 시동이 꺼져 재시동이 불가할 때의 점검으로 옳지 않은 것은?

① 연료량 확인
② 엔진오일과 필터 점검
③ 연료파이프 공기 유입 확인
④ 연료탱크 내 이물질 혼입 여부 확인

해설

② 엔진출력이 감소되며 매연 과다 발생 시에 점검을 한다.

08

혹한기 운전 중 시동 꺼짐에 대한 점검사항으로 옳지 않은 것은?

① 워터 세퍼레이터 내 결빙 확인
② 라디에이터 손상 상태 확인
③ 연료 차단 솔레노이드 밸브 작동 상태 확인
④ 연료파이프 및 호스 연결 부분 공기 유입 확인

해설
② 주행 시 엔진이 과열되었을 때 점검해야 할 내용이다.

09

주행 중 급제동 시 차체 진동이 심하고 브레이크 페달이 떨릴 경우의 조치방법으로 알맞지 않은 것은?

① 조향 핸들 유격 점검
② 수온조절기 열림 확인
③ 허브베어링 교환 또는 허브너트 재조임
④ 앞 브레이크 드럼 연마 작업 또는 교환

해설
②는 엔진 온도 과열 시 점검사항이다.

10

가속페달을 힘껏 밟는 순간 "끼익" 하는 소리가 나는 경우 고장이 의심되는 부분은?

① 엔진
② 클러치 부분
③ 브레이크 부분
④ 팬벨트 또는 기타 V벨트

해설
가속페달을 힘껏 밟는 순간 "끼익" 하는 소리가 나는 경우는 팬벨트 또는 기타 V벨트가 이완되어 걸려 있는 풀리와의 미끄러짐에 의해 일어난다.

11

수온 게이지 작동 불량 시 조치방법으로 옳지 않은 것은?

① 수온센서 교환
② 배선 및 커넥터 교환
③ 온도 메터 게이지 교환

④ 턴 시그널 릴레이 교환

해설
④는 비상등 작동 불량의 경우 조치방법이다.

12

비상등 작동이 불량할 때 점검 방법으로 옳지 않은 것은?

① 커넥터 점검
② 전원 연결 정상여부 확인
③ P.T.O 작동 상태 점검
④ 턴 시그널 릴레이 점검

해설
③ P.T.O(동력인출장치) 작동 상태 점검은 새시계통의 덤프 작동 불량 시에 해당한다.

13

엔진 회전수에 비례하여 쇠가 마주치는 이음 소리가 날때의 원인은?

① 밸브장치에서 나는 소리
② 클러치를 밟고 있을 때 나는 소리
③ 휠 밸런스가 맞지 않을 때 나는 소리
④ 쇽업소버의 고장으로 나는 소리

해설
엔진의 이음은 밸브장치에서 나는 소리로 밸브간극 조정으로 수리 가능하다.

제4장 도로 요인과 안전운행

1 도로의 선형과 교통사고

01

긴 직선구간 끝에 있는 곡선구간에서는 자동차가 도로를 이탈하는 교통사고가 많이 발생하는 경향이 있다. 이러한 원인과 관련이 없는 것은?

① 과속운전　　② 저속운전
③ 원심력　　　④ 난폭운전

해설

차가 커브를 돌 때 노선을 벗어나려는 힘이 작용하는데, 이는 원심력 때문에 나타나는 현상이다. 원심력은 속도의 제곱에 비례하여 커진다. 그러므로 커브길에서는 속도를 미리 줄이는 것이 필요하다.

02

다음 중 평면선형과 교통사고에 대한 설명으로 틀린 것은?

① 곡선부는 미끄럼 사고가 발생하지 않는다.
② 일반도로에서는 곡선반경이 100m 이내일 때 사고율이 높다.
③ 곡선부가 오르막, 내리막의 종단경사와 중복되는 곳은 훨씬 더 사고 위험성이 높다.
④ 곡선부에서의 사고를 감소시키는 방법은 편경사를 개선하고 시거를 확보하며 속도표지와 시선유도표지를 포함한 주의표지와 노면표시를 잘 설치하는 것이다.

해설

① 곡선부는 미끄럼 사고가 발생하기 쉬운 곳이다.

03

평면곡선부에서 자동차가 원심력에 저항할 수 있도록 하기 위해 설치하는 횡단경사를 무엇이라고 하는가?

① 측대　　　　② 방호울타리
③ 편경사　　　④ 길어깨

04 중요

원심력에 의한 곡선로 주행 중 사고예방을 위한 방안으로 적절하지 않은 것은?

① 커브길에 진입하기 전에 속도를 줄인다.
② 노면이 젖어 있거나 얼어 있으면 속도를 더 줄인다.
③ 커브가 예각을 이룰수록 원심력이 커지므로 속도를 더 줄인다.
④ 비포장도로는 노면경사와 상관없이 정상속도로 진행해도 된다.

해설

비포장도로는 도로 한가운데가 높고 가장자리로 갈수록 낮아지는 곳이 많다. 이러한 도로는 커브에서 원심력이 더 커질 수 있으므로 감속한다.

05

자동차를 가속시키거나 감속시키기 위하여 설치하는 차로는?

① 차로수　　　② 회전차로
③ 가변차로　　④ 변속차로

해설

① 차로수 : 양방향 차로(오르막차로, 회전차로, 변속차로 및 양보차로 제외)의 수를 합한 것
② 회전차로 : 자동차가 우회전, 좌회전 또는 유턴을 할 수 있도록 직진하는 차로와 분리하여 설치하는 차로
③ 가변차로 : 방향별 교통량이 특정 시간대에 현저하게 차이가 발생하는 도로에서 교통량이 많은 쪽으로 차로수가 확대될 수 있도록 신호기에 의하여 차로의 진행방향을 지시하는 차로

※ 일반적으로 도로가 되기 위한 4가지 조건

형태성	자동차 기타 운송수단의 통행에 용이한 형태
이용성	공중의 교통영역으로 이용
공개성	사람들을 위해 이용이 허용되고 실제 이용되고 있는 곳
교통경찰권	교통경찰권이 발동될 수 있는 장소

2 횡단면 및 길어깨(갓길)와 교통사고

01 중요
길어깨에 대한 설명 중 틀린 것은?

① 길어깨가 넓으면 차량의 이동공간과 시계가 넓다.
② 길어깨는 보도 등이 없는 도로에서는 보행자의 통행장소로 제공된다.
③ 길어깨는 측방 여유폭을 가지므로 교통의 안전성과 쾌적성에 기여한다.
④ 차도와 길어깨를 구획하는 노면표시를 하면 교통사고는 증가한다.

> **해설**
> ④ 일반적으로 차도와 길어깨를 구획하는 노면표시를 하면 교통사고는 감소한다.

02
길어깨에 대한 설명으로 맞는 것은?

① 절토부 등에서는 교통의 안전성이 낮다.
② 길어깨가 넓으면 차량의 이동공간이 좁다.
③ 차도와 길어깨를 구획하는 노면표시를 하면 교통사고는 증가한다.
④ 길어깨가 토사나 자갈 또는 잔디보다는 포장된 노면이 더 안전하다.

> **해설**
> ① 길어깨가 넓으면 차량의 이동공간이 넓다.
> ② 절토부 등에서는 곡선부의 시거가 증대되기 때문에 교통의 안전성이 높다.
> ③ 차도와 길어깨를 구획하는 노면표시를 하면 교통사고는 감소한다.

03
길어깨(갓길)의 역할이 아닌 것은?

① 도로표지 및 기타 교통관제시설 등을 설치할 수 있는 공간을 제공한다.
② 유지가 잘되어 있는 길어깨는 도로 미관을 높인다.
③ 측방 여유폭을 가지므로 교통의 안전성과 쾌적성에 기여한다.
④ 보도 등이 없는 도로에서는 보행자 등의 통행

장소로 제공된다.

> **해설**
> ①은 중앙분리대의 기능이다.

3 중앙분리대의 종류와 교통사고

01 중요
중앙분리대의 주 기능에 대한 설명으로 옳지 않은 것은?

① 대향차의 현광 방지
② 상하 차도의 교통 분리
③ 광폭 분리대의 경우 사고 및 고장 차량이 정지할 수 있는 여유 공간 제공
④ 평면교차로가 있는 도로에서는 폭이 충분할 때 우회전 차로로 활용할 수 있어 교통처리가 유연

> **해설**
> ④ 평면교차로가 있는 도로에서는 폭이 충분할 때 좌회전 차로로 활용할 수 있어 교통처리가 유연하다.

02
중앙분리대에 대한 설명으로 옳지 않은 것은?

① 분리대의 폭이 넓을수록 분리대를 넘어가는 횡단사고가 적다.
② 중앙분리대로 설치된 방호울타리는 사고 방지에 효과적이다.
③ 중앙분리대에는 방호울타리형, 연석형, 광폭 중앙분리대가 있다.
④ 평면교차로가 있는 도로에서는 폭이 충분할 때 좌회전 차로로 활용할 수 있다.

> **해설**
> ② 중앙분리대로 설치된 방호울타리는 사고를 방지한다기보다는 사고의 유형을 변환시켜주기 때문에 효과적이다.

03 중요
중앙분리대와 교통사고의 관계에 대한 설명으로 옳지 않은 것은?

① 분리대의 폭이 좁을수록 분리대를 넘어가는 횡단사고가 적다.
② 분리대의 폭이 넓을수록 전체 사고에 대한 정

면충돌사고의 비율이 낮다.

③ 중앙분리대에 설치된 방호울타리는 사고를 방지한다기보다는 사고의 유형을 변환시켜 주기 때문에 효과적이다.

④ 광폭 중앙분리대는 도로선형의 양방향 차로가 완전히 분리될 수 있는 충분한 공간 확보로 대형차량의 영향을 받지 않을 정도의 넓이를 제공한다.

해설
① 분리대의 폭이 넓을수록 분리대를 넘어가는 횡단사고가 적고 전체 사고에 대한 정면충돌사고의 비율도 낮다.

04 중요

방호울타리의 기능으로 적절하지 않은 것은?

① 충돌 시 차량이 튕겨나가야 한다.
② 횡단을 방지할 수 있어야 한다.
③ 차량을 감속시킬 수 있어야 한다.
④ 차량의 손상이 적도록 하여야 한다.

해설
① 차량이 대향차로로 튕겨나가지 않아야 한다.

05

교통사고의 도로요인을 도로구조와 안전시설로 구분할 때 안전시설에 속하는 것은?

① 도로의 선형   ② 차로수
③ 구배   ④ 방호울타리

해설
④ 중앙분리대로 설치된 방호울타리는 중앙분리대 내에 충분한 설치 폭의 확보가 어려운 곳에서 차량의 대향차로로의 이탈을 방지하는 곳에 비중을 두고 설치되며, 정면충돌사고를 차량단독사고로 변환시켜 주기 때문에 효과적이다.
①, ②, ③은 도로구조에 해당한다.

06

운전자의 시선을 유도하고 옆부분의 여유를 확보하기 위하여 중앙분리대 또는 길어깨에 차도와 동일한 횡단경사와 구조로 차도에 접속하여 설치하는 부분은?

① 분리대   ② 길어깨
③ 방호울타리   ④ 측대

4 교량과 교통사고

01

교량과 교통사고의 관계에 대한 설명으로 옳지 않은 것은?

① 교량의 폭, 교량 접근부 등이 교통사고와 밀접한 관계에 있다.
② 교량 접근로의 폭과 교량의 폭이 다를 때 사고율이 가장 낮다.
③ 교량 접근로의 폭과 교량의 폭이 서로 다른 경우에도 교통통제시설을 효과적으로 설치함으로써 사고율을 현저히 감소시킬 수 있다.
④ 교량 접근로의 폭에 비해 교량의 폭이 좁을수록 사고가 더 많이 발생한다.

해설
② 교량 접근로의 폭과 교량의 폭이 같을 때 사고율이 가장 낮다.

※ 교량과 교통사고

교량의 접근로 폭에 비해 교량 폭이 좁은 경우	교량 폭이 좁을수록 사고가 더 많이 발생
교량의 접근로 폭과 교량 폭이 같을 경우	사고율이 가장 낮음
교량의 접근로 폭과 교량 폭이 서로 다른 경우	교통통제시설비(안전표지, 시선유도표지, 교량끝단의 노면표시)를 효과적으로 설치함으로써 사고율을 현저히 감소시킬 수 있음

제5장 안전운전

1 방어운전

01

다음의 괄호 안에 들어갈 알맞은 것은?

> (   )이란 운전자가 다른 운전자나 보행자가 교통법규를 지키지 않거나 위험한 행동을 하더라도 이에 대처할 수 있는 운전자세를 갖추어 미리 위험한 상황을 피하여 운전하는 것, 위험한 상황을 만들지 않고 운전하는 것, 위험한 상황에 직면했을 때는 이를 효과적으로 회피할 수 있도록 운전하는 것을 말한다.

① 안전운전　　　　② 비상운전
③ 방어운전　　　　④ 과속운전

해설

안전운전은 운전자가 자동차를 그 본래의 목적에 따라 운행함에 있어서 운전자 자신이 위험한 운전을 하거나 교통사고를 유발하지 않도록 주의하여 운전하는 것을 말한다.

02

다음 중 방어운전의 기본이 아닌 것은?

① 세심한 관찰력
② 자기중심적인 사고
③ 능숙한 운전기술
④ 예측능력과 판단력

해설

운전할 때는 자기중심적인 생각을 버리고 상대방의 입장을 생각하며 서로 양보하는 마음의 자세가 필요하다.

03 중요

야간 안전운전 방법으로 옳지 않은 것은?

① 주간보다 속도를 낮추어 주행할 것
② 대향차의 전조등을 바로 보지 않을 것
③ 자동차가 교행할 때 조명장치를 상향 조정할 것

④ 주간보다 안전에 대한 여유를 크게 가질 것

해설

③ 자동차가 교행할 때에는 조명장치를 하향 조정할 것

04

좌우로 회전할 때 방어운전 방법으로 옳은 것은?

① 신호 없이 회전할 수 있다.
② 대향차가 교차로를 통과하기 전에 좌회전한다.
③ 미끄러운 노면에서는 급핸들 조작으로 회전한다.
④ 우회전할 때 보도나 노견으로 타이어가 넘어가지 않도록 주의한다.

해설

① 회전 시에는 반드시 신호를 한다.
② 대향차가 교차로를 완전히 통과한 후 좌회전한다.
③ 미끄러운 노면에서는 특히 급핸들 조작으로 회전하지 않는다.

05 중요

뒤에서 차가 접근해 올 때 방어운전방법은?

① 전조등을 켠다.
② 속도를 증가시킨다.
③ 급제동을 실시한다.
④ 앞지르기를 하려고 하면 양보한다.

해설

뒤에 다른 차가 접근해 올 때는 속도를 낮추고, 뒤차가 앞지르기를 하려고 하면 양보한다. 뒤차가 바싹 뒤따라올 때는 가볍게 브레이크 페달을 밟아 제동등을 켠다.

06

주행 시 방어운전에 대한 설명으로 옳지 않은 것은?

① 주택가나 이면도로 등에서는 과속이나 난폭운전을 하지 않는다.
② 해질 무렵, 터널 등 조명조건이 나쁠 때에는 속도를 높여 주행한다.

③ 교통량이 많은 곳에서는 속도를 줄여서 주행한다.

④ 노면상태가 나쁜 도로에서는 속도를 줄여서 주행한다.

해설

② 해질 무렵, 터널 등 조명조건이 나쁠 때에는 속도를 줄여서 주행한다.

2 상황별 운전

01 중요

1개 차로의 폭은 도로교통의 발전과 소통을 고려하여 일반적으로 몇 m로 설치하는가?

① 2.5m~3.0m   ② 3.0m~3.5m

③ 3.25m~3.75m   ④ 3.75m~4.0m

해설

차로폭은 대개 3.0m~3.5m를 기준으로 한다.

02

교차로에서의 안전·방어운전으로 옳지 않은 것은?

① 신호등이 있는 경우 신호등이 지시하는 신호에 따라 통행한다.

② 신호등 없는 교차로의 경우 통행의 우선 순위에 따라 주의하며 진행한다.

③ 황색신호에는 자동차의 속도를 높여 통과를 시도한다.

④ 섣부른 추측운전은 하지 않으며, 언제든 정지할 수 있는 준비태세를 갖춘다.

해설

황색신호에는 반드시 신호를 지켜 정지선에 멈출 수 있도록 교차로에 접근할 때에는 자동차 속도를 줄여 운행한다.

03 중요

완만한 커브길 안전주행 방법으로 옳지 않은 것은?

① 커브길을 지난 후 가속 페달을 밟아 속도를 서서히 높인다.

② 커브가 시작되는 지점에서 핸들을 돌려 자동차의 모양을 바르게 한다.

③ 커브길의 경사도나 도로의 폭을 확인하고 가속 페달에서 발을 떼어 엔진 브레이크가 작동되도록 하여 속도를 줄인다.

④ 엔진 브레이크만으로 속도가 충분히 떨어지지 않으면 풋 브레이크를 사용하여 실제 커브를 도는 중에 더 이상 감속할 필요 없을 정도까지 속도를 줄인다.

해설

② 커브가 끝나는 조금 앞부터 핸들을 돌려 차량의 모양을 바르게 한다.

04

커브길에서의 핸들조작 방법으로 가장 옳은 것은?

① 패스트-인, 패스트-아웃(Fast-in, Fast-out)

② 슬로우-인, 패스트-아웃(Slow-in, Fast-out)

③ 패스트-인, 슬로우-아웃(Fast-in, Slow-out)

④ 슬로우-인, 슬로우-아웃(Slow-in, Slow-out)

해설

커브길에서는 슬로우-인(Slow-in), 패스트-아웃(Fast-out) 원리에 따라 진입할 때에는 속도를 줄이고, 진출할 때에는 속도를 높여 신속하게 통과해야 한다.

05

차로폭에 따른 사고 위험 및 안전운전 방법에 대한 설명으로 옳지 않은 것은?

① 차로폭이 넓은 경우에는 운전자가 느끼는 주관적 속도감이 실제 주행속도보다 낮게 느껴짐에 따라 제한속도를 초과한 과속사고의 위험이 있다.

② 차로폭이 좁은 경우에는 보·차도 분리시설이나 도로정비가 잘 되어 있어 사고의 위험성이 낮다.

③ 차로폭이 넓은 경우에는 주관적인 판단을 가급적 자제하고 계기판의 속도계에 표시되는 객관적인 속도를 준수할 수 있도록 노력한다.

④ 차로폭이 좁은 경우에는 보행자, 노약자, 어린

이 등에 주의하여 즉시 정지할 수 있는 안전한 속도로 주행속도를 감속하여 운행한다.

해설
② 차로폭이 좁은 경우에는 보·차도 분리시설이나 도로정비가 미흡하고 자동차, 보행자 등이 무질서하게 혼재하는 경우가 있어 사고의 위험성이 높다.

06

언덕길에서의 운행요령으로 옳지 않은 것은?

① 내려갈 때는 미리 감속하여 천천히 내려간다.
② 내려가는 중간에 불필요하게 급제동하지 않는다.
③ 오를 때 정차 시에는 풋 브레이크만 사용해야 한다.
④ 올라갈 때와 내려갈 때 동일한 기어를 선택해야 한다.

해설
오르막길 정차 시에는 풋브레이크와 핸드 브레이크를 동시에 사용해야 한다.

07

앞지르기 시 발생하는 사고유형 중 맞지 않은 것은?

① 진행 차로 내의 앞뒤 차량과의 충돌
② 중앙선을 넘어 앞지르기 시 대향차와 충돌
③ 좌측 도로상의 보행자와 충돌, 우회전 차량과의 충돌
④ 횡단보도 통과 시 보행자, 자전거 또는 이륜차와의 충돌

해설
앞지르기 사고의 유형
• 앞지르기 위한 최초 진로변경 시 같은 방향 좌측 후속차 또는 나란히 진행하던 차와 충돌
• 좌측 도로상의 보행자와 충돌, 우회전 차량과의 충돌
• 중앙선을 넘어 앞지르기 시 대향차와 충돌
• 진행 차로 내의 앞뒤 차량과의 충돌
• 앞 차량과의 근접주행에 따른 측면 충격
• 경쟁 앞지르기에 따른 충돌

08 중요

야간 안전운전 방법으로 옳지 않은 것은?

① 노상에 주·정차를 하지 않는다.

② 주간보다 속도를 높여 주행한다.
③ 해가 저물면 곧바로 전조등을 점등한다.
④ 가급적 전조등이 비치는 곳 끝까지 살핀다.

해설
② 주간보다 속도를 낮추어 주행한다.

09

철길건널목의 개념과 종류에 대한 설명으로 틀린 것은?

① 2종 건널목은 차단기와 건널목 교통안전표지만 설치하는 건널목이다.
② 1종 건널목은 차단기, 경보기, 건널목 교통안전표지를 설치하는 건널목이다.
③ 철길건널목은 철도와 도로법에서 정한 도로가 평면 교차하는 곳이다.
④ 3종 건널목은 건널목 교통안전표지만 설치하는 건널목이다.

해설
① 2종 건널목은 경보기와 건널목 교통안전표지만 설치하는 건널목이다.

10 중요

철길건널목에서의 안전·방어운전으로 옳지 않은 것은?

① 일시정지 후 좌우의 안전 확인
② 건널목 통과 시 빠르게 기어를 변속
③ 건널목 건너편 여유공간 확인 후 통과
④ 건널목 내 차량고장 시 즉시 동승자 대피

해설
② 건널목 통과 시 가급적 기어를 변속하지 않고 통과한다.

11

고속도로에서의 안전운행과 관련하여 옳지 않은 것은?

① 고속도로 진·출입 시 속도감각에 유의하여 운전한다.
② 고속도로에서는 속도가 빨라질수록 주시점은 멀리 둔다.
③ 속도의 흐름과 도로사정, 날씨 등에 따라 안전

거리를 확보한다.

④ 차로 변경 시는 최소한 30m 전방으로부터 방향지시등을 켠다.

해설

고속도로에서 차로 변경 시는 최소한 100m 전방으로부터 방향지시등을 켜야 한다.

3 계절별 운전

01

여름철 주차 시 주의사항으로 옳지 않은 것은?

① 엔진이 과열되기 쉬우므로 냉각수의 양은 충분한지 수시로 확인한다.

② 장마철 운전에 꼭 필요한 와이퍼의 작동이 정상적인지 점검한다.

③ 차량 내부에 습기가 찰 때는 습기를 제거하여 차체의 부식과 악취발생을 방지한다.

④ 과마모 타이어가 노면과 맞닿는 부분인 트레드 홈 깊이가 최고 1.6mm 이상이 되는지를 확인한다.

해설

④ 과마모 타이어는 빗길에서 잘 미끄러질뿐더러 제동거리가 길어지므로 교통사고의 위험이 높다. 노면과 맞닿는 부분인 요철형 무늬의 깊이(트레드 홈 깊이)가 최저 1.6mm 이상이 되는지를 확인한다.

02

겨울철 도로 주행 시 주의사항으로 옳지 않은 것은?

① 눈 쌓인 커브길 주행 시 기어변속을 한다.

② 터널 근처는 지형이 험한 곳이 많아 풍량이 강하여 동결되기 쉬우므로 감속운행한다.

③ 미끄러운 오르막길에서는 앞서가는 자동차가 정상에 오르는 것을 확인한 후 올라가야 한다.

④ 눈이 새로 내렸을 때 기어는 2단 또는 3단으로 고정하여 구동력을 바꾸지 않는 방법으로 주행한다.

해설

눈 쌓인 커브길 주행 시에는 기어변속을 하지 않는다. 기어변속은 차의 속도를 가감하여 주행코스 이탈의 위험을 가져온다.

03

안개 낀 날의 안전운전에 관한 설명으로 틀린 것은?

① 안개가 심한 경우 하향등과 비상등을 켜는 것이 좋다.

② 안개 낀 날은 운전자의 시야와 시계의 범위가 넓고 길어진다.

③ 안개 낀 날은 중앙선 또는 차선을 기준점으로 잡고 안전거리를 유지하며 주행한다.

④ 짙은 안개로 전방 주시거리가 100m 이내일 때에는 야간 등화와 함께 감속 운전한다.

해설

② 안개가 낀 상태에서는 시야 확보가 어렵다.

4 위험물 운송

01

차량에 고정된 탱크의 안전운행 기준으로 옳지 않은 것은?

① 차량이 육교 밑을 통과할 때는 신속히 운행할 것

② 노면이 나쁜 도로를 통과할 경우에는 그 주행 직전에 안전한 장소를 선택하여 주차하고 가스의 누설, 밸브의 이완, 부속품의 부착부분 등을 점검하여 이상 여부를 확인할 것

③ 부득이하여 운행 경로를 변경하고자 할 때에는 긴급한 경우를 제외하고는 소속 사업소, 회사 등에 연락할 것

④ 도로교통법, 고압가스안전관리법, 액화석유가스의 안전관리 및 사업법 등 관계 법규 및 기준을 잘 준수할 것

해설

① 차량이 육교 등 밑을 통과할 때는 육교 등 높이에 주의하여 서서히 운행하여야 하며, 차량이 육교 등의 아래 부분에 접촉할 우려가 있는 경우에는 다른 길로 돌아서 운행하고, 빈차의 경우는 적재차량보다 차의 높이가 높게 되므로 적재차량이 통과한 장소라도 주의할 것

02

고압가스 충전용기 취급요령에 대한 설명 중 틀린 것은?

① 정전기 제거용의 접지코드를 기지의 접지텍에 접속하여야 한다.

② 충전용기 몸체와 차량과의 사이에 헝겊, 고무링 등을 사용하여 마찰을 방지한다.

③ 차량에 적재하여 운반할 때는 그물망을 씌우거나 전용 로프 등을 사용하여 떨어지지 않도록 한다.

④ 차에 싣거나 내릴 때에는 충격이 완화될 수 있는 고무관이나 가마니 등의 위에서 취급하여야 한다.

5 고속도로 교통안전

01

고속도로 주행 중 앞차와의 안전거리로 적당한 것은?

① 30m 이상

② 50m 이상

③ 100m 이상

④ 도로상황에 따라

해설

시속 100km로 주행 시 정지거리는 112m이므로 앞차의 안전거리는 100m 이상 두고 주행함이 안전하다.

※ 고속도로 안전운전 방법

① 앞차의 뒷부분뿐만 아니라 앞차의 전방까지 시야를 두고 운전할 것

② 고속도로 진입 시 방향지시등으로 진입 의사를 표시한 후 가속차로에서 충분히 속도를 높이고 주행하는 다른 차량의 흐름을 살펴 안전을 확인한 후 진입할 것 → 진입 후에는 빠른 속도로 가속해서 교통흐름에 방해가 되지 않도록 할 것

③ 최고속도 하에서 적정 속도를 유지할 것

④ 느린 속도의 앞차를 추월할 경우 앞지르기 차로를 이용하며 추월이 끝나면 주행차로로 복귀할 것. 복귀할 때에는 뒤차와 거리를 충분히 벌려졌을 때 안전하게 차로를 변경할 것

⑤ 전 좌석 안전띠를 착용할 것

⑥ 후부 반사판 부착(총중량 7.5톤 이상 및 특수자동차는 의무부착)

02

타이어 마모에 영향을 주는 요소가 아닌 것은?

① 커브

② 노면

③ 속도

④ 바람

해설

타이어 마모에 영향을 주는 요소 : 공기압, 하중, 속도, 커브, 브레이크, 노면 등

03

고속도로에서의 안전운행 요령이 아닌 것은?

① 주행 중 속도계를 수시로 확인하여 법정속도를 준수한다.

② 차로 변경 시 최소한 100m 전방으로부터 방향지시등을 켜고 전방 주시점은 속도가 빠를수록 멀리 둔다.

③ 고속도로 진입 시 서서히 속도를 높이며 주행차로로 진입한다.

④ 주행차로 운행을 준수하고 2시간마다 휴식을 취한다.

해설

③ 고속도로 진입 시 충분한 가속으로 속도를 높인 후 주행차로로 진입하여 주행차에 방해를 주지 않도록 한다.

제4부
운송서비스

제1장 직업운전자의 기본자세

1 고객서비스의 특징

01 중요

"서비스는 사람마다 다르다."와 관련된 고객서비스의 특징은?

① 무형성
② 동시성
③ 소멸성
④ 무소유권

해설

고객서비스의 특징 가운데 무형성은 보이지 않는 것으로 서비스를 하는 사람마다 다를 수 있음을 의미한다.

※ 고객서비스의 특징

무형성	보이지 않음
동시성	생산과 소비가 동시에 발생함
인간주체(이질성)	사람에 의존함
소멸성	즉시 사라짐
무소유권	가질 수 없음

2 기본예절 및 고객만족 행동예절

01 중요

직업 운전자의 기본예절로 옳지 않은 것은?

① 상스러운 말을 하지 않는다.
② 상대방보다는 나의 입장을 이해하고 존중한다.
③ 상대의 결점을 지적할 때에는 진지한 충고와 격려로 한다.
④ 상대방의 여건, 능력, 개인차를 인정하여 배려한다.

해설

② 상대방의 입장을 이해하고 존중한다.

02

고객만족을 위한 서비스품질 중 성능 및 사용방법을 구현한 하드웨어 품질은?

① 영업품질
② 자재품질
③ 상품품질
④ 서비스품질

해설

① 영업품질 : 고객이 현장사원 등과 접하는 환경과 분위기를 고객만족 쪽으로 실현하기 위한 소프트웨어 품질
④ 서비스품질 : 고객으로부터 신뢰를 획득하기 위한 휴먼웨어 품질

03

고객에게 불쾌감을 주는 몸가짐이 아닌 것은?

① 충혈된 눈
② 단정한 용모와 복장
③ 잠잔 흔적이 남은 머릿결
④ 정리되지 않은 덥수룩한 수염

해설

고객에게 불쾌감을 주는 몸가짐 : 충혈된 눈, 잠잔 흔적이 남은 머릿결, 정리되지 않은 덥수룩한 수염, 길게 자란 코털, 지저분한 손톱, 무표정 등

04

고객을 상대할 때 표정의 중요성과 거리가 먼 것은?

① 표정은 첫인상을 크게 좌우한다.
② 밝은 표정은 좋은 인간관계의 기본이다.
③ 밝은 표정과 미소는 자신을 위하는 것이라 생각한다.
④ 첫인상이 좋지 않아도 그 이후의 대면이 호감있게 이루어질 수 있다.

해설

④ 첫인상이 좋아야 그 이후의 대면이 호감 있게 이루어질 수 있다.

05 중요

올바른 언어예절이 아닌 것은?

① 타인의 말에 매사 침묵으로 일관한다.
② 독선적, 독단적, 경솔한 언행을 삼간다.
③ 남을 중상모략하는 언동을 하지 않는다.
④ 쉽게 흥분하거나 감정에 치우치지 않는다.

06 중요

운전자가 삼가야 할 운전행동이 아닌 것은?

① 교통법규 준수행위
② 교통경찰관의 단속행위에 불응하고 항의하는 행위
③ 신호등이 바뀌기 전에 빨리 출발하라고 전조등을 켰다 껐다 하거나 경음기로 재촉하는 행위
④ 도로상에서 사고 등으로 차량을 세워 둔 채로 시비, 다툼 등의 행위를 하여 다른 차량의 통행을 방해하는 행위

해설
①은 운전자가 가져야 할 기본적인 자세이다.

07

고객 상담 시의 대처방법에 대한 설명으로 옳지 않은 것은?

① 밝고 명랑한 목소리로 받는다.
② 배송확인 문의전화는 영업사원의 전화번호를 알려 준다.
③ 고객의 불만전화 접수 시에 해당 점소가 아니더라도 확인하여 친절하게 답변한다.
④ 전화가 끝나면 마지막 인사를 하고 상대편이 먼저 끊은 후 전화를 끊는다.

해설
② 배송확인 문의전화는 영업사원에게 시간을 확인한 후 고객에게 답변한다.

08 중요

고객불만 발생 시 행동방법으로 옳지 않은 것은?

① 고객의 불만이나 불편사항이 확대되지 않도록 한다.
② 고객불만에 대한 해결책을 제시하기 어려운 경우에는 관련부서와 협의 후에 답변한다.
③ 불만접수 후에는 불만사항을 충분한 시간을 가지고 천천히 처리하도록 한다.
④ 고객불만 접수 시 전화를 받는 사람의 이름을 밝혀 고객을 안심시킨다.

해설
③ 불만접수 후에는 우선적으로 빠른 시간 내에 일을 처리하여 고객의 궁금증이나 불만사항을 처리해야 한다.

09

화물운전자의 운전자세로 옳지 않은 것은?

① 다른 자동차가 끼어들더라도 안전거리를 확보하는 여유를 가진다.
② 항상 자동차에 대한 점검 및 정비를 철저히 하여 자동차를 항상 최상의 상태로 유지한다.
③ 운전이 미숙한 자동차의 뒤를 따를 경우 서둘러 앞지르기를 시도한다.
④ 직업운전자는 다른 차가 끼어들거나 운전이 서툴러도 상대에게 화를 내거나 보복하지 말아야 한다.

해설
③ 운전이 미숙한 자동차를 뒤따를 경우 서두르거나 선행자동차의 운전자를 당황하게 하지 말고 여유 있게 운행하며, 일반 운전자는 화물차의 뒤를 따라가는 것을 싫어하고 추월하려는 마음이 강하므로 적당한 장소에서 후속자동차에게 진로를 양보한다.

10

고객응대 예절 중 집하 시 행동방법으로 옳지 않은 것은?

① 인사와 함께 밝은 표정으로 정중히 두 손으로 화물을 받는다.
② 택배운임표를 고객에게 제시 후 운임을 수령한다.
③ 취급제한 물품은 그 취지를 알리고 정중히 집하를 거절한다.
④ 화물은 2개까지는 같이 집하한다.

해설
④ 2개 이상의 화물은 반드시 분리 집하한다(결박화물 집하금지).

제2장 물류의 이해

1 물류의 개념

01

물류에 대한 설명으로 옳지 않은 것은?

① 물류(logistics)는 공급자로부터 생산자, 유통업자를 거쳐 최종 소비자에게 이르는 재화의 흐름을 의미한다.
② 최근 물류는 단순히 장소적 이동을 의미하는 운송(physical distribution)이라는 개념을 갖는다.
③ 물류관리란 재화의 효율적인 흐름을 계획, 실행, 통제할 목적으로 행해지는 제반활동을 의미한다.
④ 물류시설이란 물류에 필요한 화물의 운송·보관·하역을 위한 시설, 화물의 운송·보관·하역 등에 부가되는 가공·조립·분류 등을 위한 시설, 물류의 공동화·자동화·정보화를 위한 시설, 물류터미널 및 물류단지시설을 말한다.

해설
② 최근 물류는 단순히 장소적 이동을 의미하는 운송의 개념에서 발전하여 자재조달이나 폐기, 회수 등까지 총괄하는 경향이다.

02

물류시스템의 구성에 포함되지 않는 것은?

① 운송
② 화주
③ 유통가공
④ 하역

해설
물류시스템의 구성 : 운송, 보관, 유통가공, 포장, 하역, 정보

03 중요

다음 중 물류의 기능이 아닌 것은?

① 생산기능
② 하역기능
③ 정보기능
④ 운송기능

해설
물류의 기능 : 운송기능, 포장기능, 보관기능, 하역기능, 정보기능, 유통가공기능

04 중요

기업경영에 있어서 물류의 역할이 아닌 것은?

① 판매기능 저하
② 마케팅의 절반을 차지
③ 적정 재고의 유지로 재고비용 절감에 기여
④ 물류(物流)와 상류(商流)의 분리를 통한 유통합리화 기여

해설
① 판매기능 촉진

05

물류자회사에 의한 물류효율화의 한계로 적절하지 않은 것은?

① 모기업의 지나친 간섭과 개입으로 자율경영의 추진에 한계가 있다.
② 모기업의 물류효율화를 추진할수록 자사의 수입이 감소하여 물류효율화에 소극적인 자세를 보이게 된다.
③ 물류비의 정확한 집계와 이에 따른 물류비 절감요소의 파악, 전문인력의 양성 등이 어렵다.
④ 노무관리 차원에서 모기업으로부터의 인력퇴출 장소로 활용되어 인건비 상승에 대한 부담이 가중되기도 한다.

해설
물류자회사는 물류비의 정확한 집계와 이에 따른 물류비 절감요소의 파악, 전문인력의 양성, 경제적인 투자결정 등의 이점이 있다.

06 중요

다음 중 물류관리의 목표가 아닌 것은?

① 고객서비스 수준 향상과 물류비의 감소

② 재화의 시간적 · 장소적 효용가치의 창조를 통한 시장 능력 강화
③ 경쟁사의 서비스 수준은 무시하고 그 기업이 달성하고자 하는 특정한 수준의 서비스를 최대 비용으로 고객에게 제공
④ 고객서비스 수준의 결정은 고객지향적이어야 함

해설
③ 경쟁사의 서비스 수준을 비교한 후 그 기업이 달성하고자 하는 특정한 수준의 서비스를 최소의 비용으로 고객에게 제공한다.

07

3S1L(Speedy, Safely, Surely, Low)의 기본원칙에 대한 설명 중 틀린 것은?

① 물류비용의 적절화 · 최소화
② 고객의 주문에 대해 상품의 품절을 증가시키는 것
③ 고객에게 상품을 적절한 납기에 맞추어 정확하게 배달하는 것
④ 물류거점을 적절하게 배치하여 배송효율을 향상시키고 상품의 적정재고량을 유지하는 것

해설
② 고객의 주문에 대해 상품의 품절을 가능한 한 적게 하는 것

08 중요

물류관리의 기본원칙 7R에 해당되지 않는 것은?

① Right Quality(적절한 품질)
② Right Time(적절한 시간)
③ Right Price(적절한 가격)
④ Right Service(적절한 서비스)

해설
7R 원칙 : Right Quality(적절한 품질), Right Quantity(적절한 양), Right Time(적절한 시간), Right Place(적절한 장소), Right Impression(좋은 인상), Right Price(적절한 가격), Right Commodity(적절한 상품)

09

서비스의 깊이 측면에서 볼 때 물류의 발전과정으로 맞는 것은?

① 관리 및 통제 → 물류활동의 운임 및 실행 → 계획 및 전략

② 물류활동의 운영 및 실행 → 관리 및 통제 → 계획 및 전략
③ 물류활동의 운영 및 실행 → 계획 및 전략 → 관리 및 통제
④ 관리 및 통제 → 계획 및 전략 → 물류활동의 운영 및 실행

2 제3자 물류의 이해와 기대효과 중요

01 중요

다음 중 제3자 물류 도입 이유가 아닌 것은?

① 물류산업 고도화를 위한 돌파구
② 물류자회사에 의한 물류효율화의 한계
③ 세계적인 조류로서 제3자 물류의 비중 확대
④ 자가물류 축소에 따른 고정투자비 부담 감소

해설
④ 자가물류 활동에 의한 물류효율화의 한계 : 자가물류는 경기변동과 수요 계절성에 의한 물량의 불안정, 기업 구조조정에 따른 물류경로의 변화 등에 효율적으로 대처하기 어렵다는 구조적 한계가 있으며, 결국 물류부문에 대한 과도한 투자비는 적정수준의 물량을 확보하지 못할 경우 투자비 회수가 어려워질 뿐만 아니라 오히려 고물류비 구조개선에 걸림돌이 될 수 있다.

02

화주기업이 물류활동을 효율화할 수 있도록 공급 망상의 기능 전체 또는 일부를 대행하는 업종을 무엇이라 하는가?

① 제1자 물류업 ② 제2자 물류업
③ 제3자 물류업 ④ 제4자 물류업

03

제3자 물류에 의한 물류혁신 기대효과와 거리가 먼 것은?

① 공급망관리 도입 · 확산의 촉진
② 종합물류서비스의 활성화
③ 물류산업의 합리화에 의한 고물류비 구조 혁신
④ 제조업체의 경쟁력 약화를 통한 물류비 절감

해설
고품질 물류서비스의 제공으로 제조업체의 경쟁력 강화 지원

3 제4자 물류
(4PL, Fourth-Party Logistics)

01

제4자 물류에 대한 설명으로 틀린 것은?

① 제4자 물류는 공급망의 일부 활동을 관리하는 것이다.
② 제4자 물류 공급자는 광범위한 공급망의 조직을 관리한다.
③ 제4자 물류의 핵심은 고객에게 제공되는 서비스를 극대화하는 것이다.
④ 제4자 물류는 제3자 물류의 기능에 컨설팅 업무를 추가 수행하는 것이다.

해설
제4자 물류는 다양한 조직들의 효과적인 연결을 목적으로 하는 통합체로서 공급망의 모든 활동과 계획관리를 전담하는 것이다.

02

공급망관리에 있어서의 제4자 물류의 4단계 중 참여자의 공급망을 통합하기 위해서 비즈니스 전략을 공급망 전략과 제휴하면서 전통적인 공급망 컨설팅 기술 강화하는 단계는?

① 실행
② 이행
③ 전환
④ 재창조

해설
공급망관리에 있어서 제4자 물류의 4단계 : 재창조(1단계) → 전환(2단계) → 이행(3단계) → 실행(4단계)

✎ **더 알아보기**

선박 및 철도와 비교한 화물자동차 운송의 특징
- 원활한 기동성과 신속한 수 · 배송
- 신속하고 정확한 문전운송
- 다양한 고객요구 수용
- 운송단위가 소량
- 에너지 다소비형의 운송기관

---

4 물류시스템의 이해

01

물류시스템의 구성 중 적입, 적출, 분류, 피킹작업이 해당하는 것은?

① 포장
② 하역
③ 보관
④ 유통가공

해설
하역은 운송, 보관, 포장 전후에 부수하는 물품 취급으로 교통기관과 물류시설에 걸쳐 행해지며, 적입, 적출, 분류, 피킹 작업이 해당한다.

02

물류 시스템의 목적으로 틀린 것은?

① 상품의 재고량을 없애는 것
② 물류비용의 적절화 · 최소화
③ 상품을 적절한 납기에 맞추어 배달하는 것
④ 운송, 보관, 하역, 포장, 유통 · 가공의 작업을 합리화하는 것

해설
① 물류시스템의 목적은 배송효율을 향상시키고 상품의 적정재고량을 유지하는 것이다.

03

화물자동차의 효율성 지표 중 공차거리율에 해당하는 것은?

① 적재된 화물의 비율
② 일정기간 중 실제로 가동한 일수
③ 실제 화물을 싣고 운행한 거리의 비율
④ 주행거리에 대해 화물을 싣지 않고 운행한 거리의 비율

04

주행거리에 대해 실제로 화물을 싣고 운행한 거리의 비율은?

① 가동률
② 실차율
③ 적재율
④ 공차율

해설
① 가동률 : 화물자동차가 일정 기간에 걸쳐 실제로 가동한 일수

③ 적재율 : 최대적재량 대비 적재된 화물의 비율
④ 공차율 : 통행화물차량 중 빈차의 비율

05 중요

다음 중 공동배송의 단점으로 옳지 않은 것은?

① 환경오염 우려
② 배송순서의 조절이 어려움
③ 제조업체의 산재에 따른 문제
④ 외부 운송업체의 운임덤핑에 대처 곤란

해설

① 환경오염 방지는 공동배송의 장점이다.

06

다음 중 공동수송의 장점에 해당하는 것은?

① 차량과 기사의 효율적 활용이 가능하다.
② 영업용 트럭의 이용을 증대시킬 수 있다.
③ 교통혼잡을 완화하고 환경오염을 방지할 수 있다.
④ 네트워크를 통하여 경제적인 효과를 거둘 수 있다.

해설

①·③·④는 공동배송의 장점이다.

✏ 더 알아보기

화물자동차 운송의 효율성 지표
(1) 가동률 : 화물자동차가 일정 기간에 걸쳐 실제로 가동한 일수
(2) 실차율 : 주행거리에 대해 실제로 화물을 싣고 운행한 거리의 비율
(3) 적재율 : 최대적재량 대비 적재된 화물의 비율
(4) 공차율 : 통행 화물차량 중 빈차의 비율
(5) 공차거리율 : 주행거리에 대해 화물을 싣지 않고 운행한 거리의 비율
  ※ 적재율이 높은 실차상태로 가동률을 높이는 것이 트럭운송의 효율성을 최대로 하는 것

5 화물운송정보시스템의 이해 중요

01

수·배송 활동의 각 단계 중에서 운임계산, 차량적재효율 분석, 반품운임 분석 등을 하는 단계는?

① 계획단계
② 실시단계
③ 통제단계
④ 순환단계

해설

① 계획단계 : 수송수단 선정, 수송경로 선정, 수송로트 결정, 다이어그램 시스템 설계, 배송센터의 수 및 위치 선정, 배송지역 결정 등
② 실시단계 : 배차 수배, 화물적재 지시, 배송지시, 발송정보 착하지에의 연락, 반송화물정보 관리, 화물의 추적 파악 등

02

화물 수·배송활동의 각 단계에서의 물류정보처리 기능 중에서 통제단계에 해당하는 것은?

① 수송수단 선정과 수송경로 선정
② 배송지시, 발송정보 착하지에의 연락
③ 운임계산, 차량가동률 분석, 차량적재효율 분석
④ 반송화물 정보관리, 화물의 추적 파악

해설

화물 수·배송활동의 각 단계 : 계획단계 → 실시단계 → 통제단계
① 계획단계
② 실시단계
③ 통제단계
④ 실시단계

03

화물이 터미널을 경유하여 수송될 때 수반되는 자료 및 정보를 신속하게 수집하여 이를 효율적으로 관리하는 동시에 화주에게 적기에 정보를 제공해 주는 시스템을 무엇이라 하는가?

① 물류관리시스템
② 유닛로드시스템
③ 경영정보시스템
④ 화물정보시스템

제3장 화물운송서비스의 이해

01

최종고객의 욕구를 충족시키기 위하여 원료공급자로부터 최종소비자에 이르기까지 공급망 내의 각 기업 간에 긴밀한 협력을 통해 공급망인 전체의 물자의 흐름을 원활하게 하는 공동전략을 무엇이라고 하는가?

① 공급망관리　　② 로지스틱스
③ 전사적자원관리　④ 경영정보시스템

02

제품이나 서비스를 만드는 모든 작업자가 품질에 대한 책임을 나누어 갖는다는 개념을 가리키는 용어는?

① 공급망관리　　② 물류관리
③ 경영정보관리　④ 전사적 품질관리

해설
물류의 전사적 품질관리(TQC；Total Quality Control) : 물류활동에 관련되는 모든 사람들이 물류서비스 품질에 대하여 책임을 나누어 가지고 문제점을 개선하고 물류서비스 품질관리 담당자 모두가 물류서비스 품질의 실천자가 된다.

03

제3자 물류에 의한 물류혁신 기대효과가 아닌 것은?

① 종합물류서비스의 활성화
② 공급망관리(SCM) 도입 및 확산의 촉진
③ 고품질 물류서비스의 제공으로 제조업체의 경쟁력 강화 지원
④ 물류시설에 대한 고정투자비 부담의 상승으로 물류산업의 합리화 촉진

해설
④ 제3자 물류서비스의 개선 및 확충으로 물류산업의 수요기반이 확대될수록 물류시설에 대한 고정투자비 부담이 감소되어 규모의 경제효과를 얻을 수 있어 물류산업의 합리화가 촉진될 것이다.

04

주파수 공용통신(TRS)의 도입효과로 옳지 않은 것은?

① 화주의 화물 추적이 용이해진다.
② 각종 자연재해를 예방할 수 있다.
③ 도착시간의 정확한 추정이 가능하다.
④ 사전배차계획 수립과 배차계획 수정이 가능하다.

해설
범지구측위시스템(GPS)을 도입하면 각종 자연재해를 사전대비하여 재해를 피할 수 있다.

05

GPS(Global Positioning System)에 대한 설명으로 틀린 것은?

① 주로 차량 위치추적을 통한 물류관리에 이용되는 통신망이다.
② 어두운 밤에도 목적지에 유도하는 측위 통신망이다.
③ 인공위성을 이용하여 실시간으로 자기 위치와 타인의 위치를 확인할 수 있다.
④ 무선통신시스템이므로 GPS 수신기의 차량 부착이 필요 없어 편리하게 사용될 수 있다.

해설
GPS는 운행차량의 관리·통제에도 용이하게 활용될 수 있다.

06

정보유통의 혁명을 통해 제조업체의 모든 과정을 컴퓨터망으로 연결하여 자동화·정보화 환경을 구축하고자 하는 첨단컴퓨터시스템을 의미하는 것은?

① 통합판매·물류·생산시스템
② 범지구측위시스템
③ 주파수 공용통신
④ 효율적 고객 대응

제4장 화물운송서비스와 문제점

1 물류고객서비스

01 중요
다음 중 물류고객서비스의 개념과 거리가 먼 것은?

① 어떤 기업이 제공하는 고객서비스의 수준은 기존 고객이 계속 존재하느냐 뿐만 아니라 얼마만큼의 잠재고객이 고객으로 바뀌느냐를 결정한다.
② 고객서비스를 통하여 고객을 유지하는 것은 마케팅자원 중에서 가장 유효한 무기이다.
③ 물류부문의 고객서비스에는 먼저 기존 고객과의 계속적인 거래관계를 유지·확보하는 수단으로서의 의의가 있다.
④ 물류부문의 고객서비스는 잠재적 고객보다는 신규 고객의 획득을 위한 수단이다.

해설
④ 물류부문의 고객서비스는 기존 고객의 유지 확보를 도모하고 잠재적 고객과 신규 고객의 획득을 도모하는 수단이라는 점에서 의의가 있다.

02
물류고객서비스 거래 시 요소가 아닌 것은?

① 발주정보
② 배송촉진
③ 고객의 클레임
④ 주문상황정보

해설
③은 거래 후 요소이다.
• 물류고객서비스 거래 시 요소 : 재고품절 수준, 발주정보, 주문사이클, 배송촉진, 환적, 시스템의 정확성, 발주의 편리성, 대체제품, 주문상황정보

03
물류공동화가 활성화될수록 나타나는 효과가 아닌 것은?

① 기업의 투자비 부담 경감
② 기업의 운영비 부담 경감
③ 물류비 절감

④ 물류고객서비스 향상

해설
물류전문업체를 이용한 물류공동화가 활성화될수록 기업의 투자비와 운영비 부담 경감, 물류비 절감 효과가 확대될 것이다.

2 택배운송서비스

01
고객이 거래를 중단하는 가장 큰 이유는?

① 가격
② 경쟁사의 회유
③ 종업원의 불친절
④ 제품에 대한 불만

해설
고객이 거래를 중단하는 이유는 종업원의 불친절>제품에 대한 불만>경쟁사의 회유>가격 등의 순으로 종업원의 친절이 고객에게 가장 큰 영향을 미치는 것으로 나타났다.

02 중요
택배종사자의 서비스 자세로 옳지 않은 것은?

① 고객에게 무뚝뚝한 표정으로 서비스한다.
② 복장과 용모는 단정히 하고 고객과의 약속을 지킨다.
③ 내가 판매한 상품을 배달하고 있다고 생각하면서 배달한다.
④ 애로사항이 있더라도 극복하고 고객만족을 위해 최선을 다한다.

해설
① 항상 웃는 얼굴로 서비스한다.

03
배달 시 행동방법에 대한 설명으로 옳은 것은?

① 모든 화물을 기일 내 배송하지 않아도 된다.
② 무거운 물건은 등에 메고 배달하는 것이 원칙이다.
③ 인수증 서명은 반드시 정자로 실명 기재 후 받는다.

④ 수하인 주소가 정확하지 않을 경우에는 창고에 보관하여 주인이 찾아오면 인계한다.

해설
① 긴급배송을 요하는 화물은 우선 처리하고 모든 화물은 반드시 기일 내 배송한다.
② 무거운 물건은 손수레를 이용하여 배달한다.
④ 수하인 주소가 불명확할 경우 사전에 정확한 위치를 확인하고 출발한다.

04

물품 집하 시 고객응대 행동방법으로 옳은 것은?

① 단골고객은 취급제한물품도 받는다.
② 송하인용 운송장은 고객이 절취하도록 한다.
③ 집하는 서비스의 출발점이라는 자세로 한다.
④ 운송장 및 보조송장 도착지란에 시, 구, 동, 군, 면 등은 기재하지 않아도 된다.

해설
① 취급제한물품은 그 취지를 알리고 정중히 집하를 거절한다.
② 송하인용 운송장을 절취하여 고객에게 두 손으로 건네준다.
④ 운송장 및 보조송장 도착지란에 시, 구, 동, 군, 면 등을 정확하게 기재하여 터미널 오분류를 방지할 수 있도록 한다.

05

배달 중 고객부재 시 방법으로 옳지 않은 것은?

① 대리인 인수 시에는 인수처 명기하여 찾도록 해야 한다.
② 부재안내표를 작성하여 문밖에 부착한다.
③ 밖으로 불러냈을 때에는 반드시 죄송하다는 인사를 한다.
④ 대리인 인계가 되었을 때는 귀점 중 다시 전화로 확인 및 귀점 후 재확인한다.

해설
② 부재안내표를 작성할 때는 반드시 방문시간, 송하인, 화물명, 연락처 등을 기록하여 문안에 투입(문밖에 부착은 절대 금지)한다.

06

택배 집하의 중요성에 대한 설명으로 옳지 않은 것은?

① 집하는 택배사업의 기본이다.
② 배달 있는 곳에 집하가 있다.

③ 집하가 배달보다 우선되어야 한다.
④ 집하와 고객 불만은 연관성이 없다.

해설
④ 집하를 잘해야 고객 불만이 감소한다.

3 운송서비스의 사업용 · 자가용 특징

01

철도와 비교한 트럭 수송의 장점이 아닌 것은?

① 대량으로 수송이 가능하다.
② 문전에서 문전으로 배송이 용이하다.
③ 다른 수송기관과 연동하지 않고도 일관된 서비스를 할 수가 있다.
④ 화물을 싣고 부리는 횟수가 적다.

해설
철도와 비교한 트럭 수송의 장점
• 문전에서 문전으로 배송서비스를 탄력적으로 행할 수 있음
• 중간 하역이 불필요
• 포장의 간소화 · 간략화 가능
• 다른 수송기관과 연동하지 않고도 일관된 서비스를 할 수 있음 (화물을 싣고 부리는 횟수가 적어도 됨)

※ 사업용(영업용) 트럭운송의 장단점 중요

장점	단점
• 수송비 저렴 • 변동비 처리 가능 • 물동량의 변동에 대응한 안정수송가능 • 수송능력과 융통성 높음 • 설비투자와 인적투자 필요 없음	• 운임의 안정화 어려움 • 관리기능 저해 • 기동성 부족 • 인터페이스 약함 • 시스템의 일관성 없음 • 마케팅 사고 희박

※ 자가용 트럭운송의 장단점 중요

장점	단점
• 높은 신뢰성 확보, 상거래 기여 • 작업의 기동성 높음 • 위험부담도 낮음 • 시스템의 일관성 유지 • 인적교육 및 안정적 공급 가능	• 수송량의 변동에 대응하기 어려움 • 비용의 고정비화 • 설비투자 및 인적투자 필요 • 수송능력, 사용하는 차종 · 차량에 한계 있음

기출적중모의고사

제1회 기출적중모의고사
제2회 기출적중모의고사

모든 걸 다 암기하는 것은 어렵습니다.
지금까지 출제된 기출문제를 통계적으로 분석하여 시험에 나올 만한 문제
들만 쏙쏙 뽑아 정리하였습니다. 그리고 자주 출제되는 문제에 **중요** 표시
를 하여 집중적으로 공부할 수 있도록 하였습니다.
중요 문제는 특히 주의해서 보고, 해당하는 이론을 병행하며 공부하면 효
율적인 학습이 될 것입니다.

25문항　**교통 및 화물자동차운수사업 관련 법규**

01 도로교통법상 서행하여야 하는 장소가 아닌
(중요) 것은?

① 도로가 구부러진 부근
② 가파른 비탈길의 내리막
③ 비탈길의 고갯마루 부근
④ 교통정리를 하고 있는 교차로

💡해설 ④ 교통정리를 하고 있지 아니하는 교차로에서는 서행하여야 한다.

02 교통사고처리특례법이 적용되지 않는 중대
(중요) 법규 위반 교통사고가 아닌 것은?

① 신호 · 지시 위반사고
② 보행자보호위무 위반사고
③ 10km 초과 속도위반 사고
④ 철길건널목 통과방법 위반사고

💡해설 ③ 20km/h 초과 속도위반 과속사고가 특례의 배제 조항에 해당된다.

03 국토교통부장관이 주요 도시, 지정항만, 주
요 공항, 국가산업단지 또는 관광지 등을 연
결하여 고속국도와 함께 국가간선도로망을
이루는 도로 노선을 정하여 지정 · 고시한 도
로는?

① 고속국도　　　② 시도
③ 지방도　　　　④ 일반국도

💡해설 일반국도에 대한 설명이다.

04 화물자동차 운수사업법령상 운수종사자에
해당하지 않는 사람은?

① 화물자동차의 운전자
② 화물의 운송에 관한 사무원 및 그 보조원
③ 화물의 운송주선에 관한 사무원
④ 허가를 받지 않고 유상으로 화물을 운송
하는 운송사업자

💡해설 운수종사자란 화물자동차의 운전자, 화물의 운송 또는 운송주선에 관한 사무를 취급하는 사무원 및 이를 보조하는 보조원, 그 밖에 화물자동차 운수사업에 종사하는 자를 말한다.

05 자가용 화물자동차 사용신고대상에 해당하
지 않는 화물자동차는?

① 구난형 특수자동차
② 견인형 특수자동차
③ 특수용도형 특수자동차
④ 최대적재량 2톤의 화물자동차

💡해설 화물자동차운송사업과 화물자동차운송가맹사업에 이용되지 않고 자가용 화물자동차로서 국토교통부령으로 정하는 특수자동차(구난형 · 견인형 · 특수용도형), 특수자동차를 제외한 화물자동차로서 최대 적재량이 2.5톤 이상인 화물자동차로 사용하려는 자는 국토교통부령으로 정하는 사항을 시 · 도지사에게 신고하여야 한다.

06 편도 4차로 고속도로에서 화물자동차의 주
행차로로 옳은 것은?

① 1차로　　　　② 2차로
③ 왼쪽차로　　　④ 오른쪽차로

💡해설 편도 4차로 고속도로에서 화물자동차의 주행차로는 오른쪽차로이다.

07 자동차관리법상 차령이 2년 초과된 경우 사업용 대형화물자동차의 자동차정기검사 유효기간으로 옳은 것은?

① 6개월   ② 1년
③ 2년   ④ 4년

해설 사업용 대형화물자동차의 자동차정기검사 유효기간은 차령이 2년 이하인 경우는 1년, 2년 초과된 경우는 6개월이다.

08 편도 2차로 이상 고속도로에서 적재중량 1.5톤 초과하는 화물자동차의 최고속도는?

① 60km/h   ② 80km/h
③ 100km/h   ④ 120km/h

해설 편도 2차로 이상 고속도로에서 적재중량 1.5톤 초과하는 화물자동차의 최고속도는 매시 80킬로미터이다.

09 자동차 튜닝이 승인되지 않는 경우로 옳지 않은 것은?

① 총중량이 증가하는 튜닝
② 승차정원 또는 최대적재량을 감소시켰던 자동차를 원상회복하는 경우
③ 자동차의 종류가 변경되는 튜닝
④ 승차정원 또는 최대적재량의 증가를 가져오는 승차장치 또는 물품적재장치의 튜닝

해설 ②는 승인되는 경우이다.

10 어린이 보호구역으로 지정될 수 있는 장소로 옳지 않은 것은?

① 정원 100명 이상의 보육시설
② 초 · 중등교육법에 따른 중학교
③ 초 · 중등교육법에 따른 외국인학교 또는 대안학교
④ 법률에 따른 학원 중 학원 수강생이 100명 이상인 학원

해설 초 · 중등교육법에 따른 초등학교 또는 특수학교, 외국인학교 또는 대안학교는 어린이 보호구역으로 지정될 수 있다.

11 화물운송종사자격을 반드시 취소하여야 하는 경우로 옳지 않은 것은?

① 화물운송종사자격 정지기간 중에 화물자동차운수사업의 운전업무에 종사한 경우
② 화물운송 중에 고의나 과실로 교통사고를 일으켜 사람을 다치게 한 경우
③ 화물자동차를 운전할 수 있는 도로교통법에 따른 운전면허가 취소된 경우
④ 화물자동차 교통사고와 관련하여 거짓이나 부정한 방법으로 보험금을 청구하여 징역 이상의 형을 선고받고 형이 확정된 경우

해설 ①, ③, ④는 그 자격을 취소하여야 하고, ②는 그 자격을 취소하거나 6개월 이내의 기간을 정하여 그 자격의 효력을 정지시킬 수 있다.

12 도로법상 도로가 아닌 것은?

① 지방도   ② 구도
③ 이도   ④ 국도

해설 이도는 농어촌도로 정비법상 도로의 종류이다.

13 자동차등록번호판을 가리거나 알아보기 곤란하게 한 경우 과태료 금액은?

① 30만 원   ② 50만 원
③ 100만 원   ④ 200만 원

해설 자동차등록번호판을 가리거나 알아보기 곤란하게 하거나 그러한 자동차를 운행한 경우에는 1차 50만 원, 2차 150만 원, 3차 250만 원의 과태료가 부과된다.

14 다음 중 화물자동차의 화물적재중량으로 옳은 것은?

① 110%   ② 120%
③ 150%   ④ 200%

해설 화물자동차의 적재중량은 구조 및 성능에 따르는 적재중량의 110% 이내이어야 한다.

정답 07.① 08.② 09.② 10.② 11.② 12.③ 13.② 14.①

15 대기환경보전법령에서 사용하는 용어에 대한 설명으로 옳지 않은 것은?

① "공회전제한장치"란 자동차에서 배출되는 대기오염물질을 줄이고 연료를 절약하기 위하여 자동차에 부착하는 장치를 말한다.
② "먼지"란 대기 중에 떠다니거나 흩날려 내려오는 입자상물질을 말한다.
③ "가스"란 물질이 연소·합성·분해될 때에 발생하거나 물리적 성질로 인하여 발생하는 기체상물질을 말한다.
④ "검댕"이란 연소할 때에 생기는 유리 탄소가 주가 되는 미세한 입자상물질을 말한다.

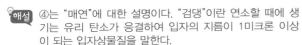 ④는 "매연"에 대한 설명이다. "검댕"이란 연소할 때에 생기는 유리 탄소가 응결하여 입자의 지름이 1미크론 이상이 되는 입자상물질을 말한다.

16 음주운전 금지를 위반(무면허운전 금지 등 위반 포함)하여 운전을 하다가 사람을 사망에 이르게 한 경우의 운전면허 취득 응시기간의 제한으로 옳은 것은?

① 1년
② 2년
③ 3년
④ 5년

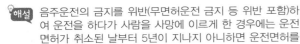 음주운전의 금지를 위반(무면허운전 금지 등 위반 포함)하여 운전을 하다가 사람을 사망에 이르게 한 경우에는 운전면허가 취소된 날부터 5년이 지나지 아니하면 운전면허를 받을 수 없다.

17 도로교통법상 속도위반 40km/h 초과 60km/h 이하일 때 교통법규위반 벌점은?

① 10점
② 20점
③ 30점
④ 40점

 40km/h 초과 60km/h 이하 속도위반은 벌점 30점이다.

18 중앙선 침범·통행구분 위반, 고속도로·자동차전용도로 갓길 통행으로 인하여 운전자에게 부과되는 범칙금액은?

① 4만 원
② 5만 원
③ 7만 원
④ 10만 원

 중앙선 침범, 통행구분 위반, 고속도로·자동차전용도로 갓길 통행 시 4톤 초과 화물자동차 운전자는 7만 원, 4톤 이하 화물자동차 운전자에게 6만 원의 범칙금액이 부과된다.

19 도주(뺑소니) 사고에 해당하지 않는 것은?

① 사상 사실을 인식하고도 가버린 경우
② 사고현장에 있었어도 거짓으로 진술한 경우
③ 피해자를 방치한 채 사고현장을 이탈 도주한 경우
④ 피해자의 부상이 경미하여 구호조치가 필요하지 않은 경우

피해자의 부상 사실이 없거나 극히 경미하여 구호조치가 필요하지 않은 경우는 도주(뺑소니) 사고에 해당되지 않는다.

20 운수종사자 준수사항을 위반하여 벌칙 또는 과태료 부과처분을 받은 사람과 특별검사 대상자에 대한 교육시간으로 옳은 것은?

① 4시간
② 6시간
③ 8시간
④ 16시간

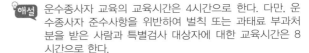 운수종사자 교육의 교육시간은 4시간으로 한다. 다만, 운수종사자 준수사항을 위반하여 벌칙 또는 과태료 부과처분을 받은 사람과 특별검사 대상자에 대한 교육시간은 8시간으로 한다.

21 자동차를 양수한 자가 다시 제3자에게 양도하려는 경우에는 양도 전에 자기명의로 ( )을 하여야 한다. ( ) 안에 들어갈 말로 옳은 것은?

① 자동차 소유권의 변경등록
② 자동차 소유권의 이전등록
③ 자동차 소유권의 말소등록
④ 자동차 소유권의 신규등록

해설 자동차를 양수한 자가 다시 제3자에게 양도하려는 경우에는 양도 전에 자기명의로 자동차 소유권의 이전등록을 하여야 한다.

22 여객자동차를 운전하던 운전자가 화물운송 종사자 자격증을 받으려면 얼마의 경력이 있어야 하는가?

① 1년　　　　② 2년
③ 3년　　　　④ 4년

해설 여객자동차 운수사업용 자동차 또는 화물자동차 운수사업용 자동차를 운전한 경력이 있는 경우에는 그 운전경력이 1년 이상이어야 화물자동차 운수사업의 운전업무에 종사할 수 있다.

23 화물자동차운송사업과 화물자동차운송가맹사업에 이용되지 아니하고 최대적재량이 2.5톤 이상인 화물자동차를 누구에게 신고하여야 하는가?

① 시 · 도지사
② 국토교통부장관
③ 시 · 도경찰청장
④ 한국교통안전공단

해설 화물자동차운송사업과 화물자동차운송가맹사업에 이용되지 않고 자가용 화물자동차로서 국토교통부령으로 정하는 특수자동차(구난형 · 견인형 · 특수용도형), 특수자동차를 제외한 화물자동차로서 최대 적재량이 2.5톤 이상인 화물자동차로 사용하려는 자는 국토교통부령으로 정하는 사항을 시 · 도지사에게 신고하여야 한다.

24 (중요) 다음 중 차량 신호등에 대한 설명으로 옳지 않은 것은?

① 녹색 등화 시 비보호좌회전 표지가 있는 곳에서는 좌회전할 수 있다.
② 황색 등화 시 차마가 교차로에 일부라도 진입한 경우에는 신속히 교차로 밖으로 진행하여야 한다.
③ 황색 등화가 점멸하는 경우 차마는 다른 교통 또는 안전표지의 표시에 주의하면서 진행할 수 있다.
④ 적색 등화 시 정지선, 횡단보도 및 교차로의 직전에서 정지한 후 신호에 따라 진행하는 다른 차마의 교통을 방해하지 않고 우회전할 수 없다.

해설 ④ 적색 등화 시 정지선, 횡단보도 및 교차로의 직전에서 정지해야 하고, 정지한 후 신호에 따라 진행하는 다른 차마의 교통을 방해하지 않고 우회전할 수 있다. 우회전 삼색등이 적색의 등화인 경우 우회전 할 수 없다.

25 자동차관리법령상 국토교통부장관이 실시하는 검사가 아닌 것은?

① 튜닝검사　　　② 특별검사
③ 신규검사　　　④ 정기검사

해설 자동차 소유자는 해당 자동차에 대하여 국토교통부령으로 정하는 바에 따라 국토교통부장관이 실시하는 신규검사, 정기검사, 튜닝검사, 임시검사, 수리검사를 받아야 한다.

 15문항 화물취급요령

26 동일한 컨테이너에 수납하지 말아야 하는 화물이 아닌 것은?

① 위험물 이외의 화물과 목재 화물
② 용기가 파손되어 있거나 불완전한 화물
③ 부식작용이 일어나거나 기타 물리적 화학 작용이 일어날 염려가 있는 화물
④ 품명이 틀린 위험물 또는 위험물과 위험물 이외의 화물이 상호작용하여 발열 및 가스를 발생시키는 화물

정답　21.② 22.① 23.① 24.④ 25.② 26.①

품명이 틀린 위험물 또는 위험물과 위험물 이외의 화물이 상호작용하여 발열 및 가스를 발생시키고 부식작용이 일어나거나 기타 물리적 화학작용이 일어날 염려가 있을 때에는 동일 컨테이너에 수납해서는 안 된다.

27 포장의 일반적인 기능이 아닌 것은?

① 보호성 　　② 표시성
③ 통풍성 　　④ 판매촉진성

 포장의 기능은 보호성, 표시성, 상품성, 편리성, 효율성, 판매촉진성이다.

28 운송장 내용 중 송하인 기재사항에 해당되지 않는 것은?

① 운송료
② 물품의 품명, 수량, 가격
③ 수하인의 주소, 성명, 전화번호
④ 특약사항 약관설명 확인필 자필서명

 송하인 기재사항은 송하인과 수하인의 주소, 성명(또는 상호), 전화번호, 물품의 품명·수량·가격, 특약사항 약관설명 확인필 자필 서명, 파손품 및 냉동 부패성 물품의 경우 면책확인서 자필 서명이 있다.

29 화물의 차량 내 적재방법으로 옳지 않은 것은?

① 무거운 화물은 적재함 뒤쪽에 싣는다.
② 가벼운 화물이라도 높게 적재하지 않도록 한다.
③ 차의 동요로 안정이 파괴되기 쉬운 짐은 결박을 철저히 한다.
④ 상차할 때 화물이 넘어지지 않도록 질서 있게 정리하면서 적재한다.

 ① 무거운 화물은 적재함의 중간부분에 무게가 집중될 수 있도록 적재한다.

30 수평 밴드걸기 풀 붙이기 방식을 맞게 설명한 것은?

① 풀 붙이기와 밴드걸기의 병용으로 화물 붕괴를 방지하는 방법
② 나무상자를 파렛트에 쌓는 경우의 붕괴 방지에 많이 사용되는 방법
③ 스트레치 포장기를 사용하여 플라스틱 필름을 파렛트 화물에 감는 방법
④ 포장과 포장 사이에 미끄럼을 멈추는 시트를 넣음으로써 안전을 도모하는 방법

 ②는 밴드걸기 방식, ③은 스트레치 방식, ④는 슬립 멈추기 시트삽입 방식에 대한 설명이다.

31 운송장의 기능이 아닌 것은?

① 화물인수증 기능
② 배달에 대한 증빙
③ 화물의 품질보증 기능
④ 행선지 분류정보 제공

 운송장의 기능 : 계약서 기능, 화물인수증 기능, 운송요금 영수증 기능, 정보처리 기본자료, 배달에 대한 증빙, 수입금 관리자료, 행선지 분류정보 제공(작업지시서 기능)

32 화물의 입·출고작업 요령으로 옳지 않은 것은?

① 운반하는 물건이 시야를 가리지 않도록 한다.
② 창고의 통로 등에는 장애물이 없도록 조치한다.
③ 창고 내에서 작업할 시 통로에서는 흡연할 수 있다.
④ 화물더미의 상층과 하층에서 동시에 작업하지 않는다.

 ③ 창고 내에서 작업할 때에는 어떠한 경우라도 흡연을 금한다.

33 기본형 운송장으로 옳지 않은 것은?

① 보조용 운송장

② 배달표용 운송장

③ 송하인용 운송장

④ 전산처리용 운송장

 기본형 운송장은 송하인용, 전산처리용, 수입관리용, 배달표용, 수하인용으로 구성된다.

34 운송장 부착요령에 대한 설명으로 옳지 않은 것은?

① 원칙적으로 접수 장소에서 매 건마다 작성하여 화물에 부착한다.

② 취급주의 스티커는 박스 모서리에 부착한다.

③ 운송장을 표면에 부착할 수 없는 소형 화물은 박스에 넣어 수탁한 후 부착한다.

④ 박스 물품이 아닌 것은 물품의 정중앙에 운송장을 부착한다.

 취급주의 스티커는 운송장 바로 우측 옆에 붙여서 눈에 띄게 한다.

35 밴드가 걸리지 않은 부분의 화물이 튀어 나오는 결점이 있다. 나무상자를 파렛트에 쌓는 경우의 붕괴 방지에 많이 사용되는 방법으로 적절한 것은?

① 풀붙이기 접착 방식

② 슬립 멈추기 시트삽입 방식

③ 주연어프 방식

④ 밴드걸기 방식

 밴드걸기 방식은 나무상자를 파렛트에 쌓는 경우의 붕괴 방지에 많이 사용된다.

36 화물대를 기울여 적재물을 중력으로 쉽게 미끄러지게 내리는 구조의 특수장비자동차로 주로 흙이나 모래를 수송하는 차량은?

① 믹서 자동차

② 레커차

③ 덤프차

④ 픽업

 ① 믹서 자동차는 시멘트, 골재, 물을 드럼 내에서 혼합 반죽하여 콘크리트로 하는 특수장비자동차이다.

② 레커차는 크레인 등을 갖추고 고장차의 앞 또는 뒤를 매달아 올려 수송하는 특수장비자동차이다.

④ 픽업은 화물실의 지붕이 없고, 옆판이 운전대와 일체로 되어 있는 소형트럭이다.

37 운송화물의 포장이 부실하거나 불량한 경우의 처리방법으로 가장 옳지 않은 것은?

① 포장비를 별도로 받고 다시 포장한다.

② 포장을 보강하도록 고객에게 양해를 구한다.

③ 포장 보강을 고객이 거부할 경우 집하를 거절할 수 있다.

④ 포장이 미비하나 부득이 발송할 경우 수하인에게 면책사항에 대한 자필 서명을 받는다.

 포장이 미비한 상태에서 부득이하게 발송해야 할 경우 송하인에게 면책확인서에 자필 서명을 받고 면책확인서는 지점에서 보관한다.

38 택배표준약관상 사업자가 1포장의 가액이 ( )을 초과하는 경우 운송물의 수탁을 거절할 수 있다. ( ) 안 들어갈 알맞은 것은?

① 100만 원

② 200만 원

③ 300만 원

④ 500만 원

 사업자는 운송물 1포장의 가액이 300만 원을 초과하는 경우 운송물의 수탁을 거절할 수 있다.

정답 **33.**① **34.**② **35.**④ **36.**③ **37.**④ **38.**③

39 운송장의 기록과 운영에 대한 설명으로 틀린 것은?

① 화물명이 취급금지 품목임을 알고도 수탁할 때에는 화물운전자가 그 책임을 져야 한다.

② 송하인의 전화번호가 없으면 배송이 어려운 경우 송하인에게 확인하는 절차가 불가능하여 고객 불만이 발생할 수 있다.

③ 운송장 번호와 그 번호를 나타내는 바코드는 운송장을 인쇄할 때 기록되기 때문에 운전자가 별도로 기록할 필요 없다.

④ 운송장에 예약접수번호, 상품주문번호, 고객번호 등을 표시하도록 하고 이 번호가 화물 추적의 기본 단서가 되도록 운영한다.

해설 ① 화물명이 취급금지 품목임을 알고도 수탁을 한 때에는 운송회사가 그 책임을 져야 한다.

40 차량점검 시 주의사항으로 옳지 않은 것은?

① 주차 시 항상 엔진브레이크를 사용하도록 한다.

② 라디에이터 캡을 열 때에는 항상 주의를 기울인다.

③ 운행 중에는 조향핸들의 높이와 각도를 조절하지 않는다.

④ 컨테이너 차량의 경우 고정장치가 작동되는지를 확인한다.

해설 ① 주차 시 항상 주차브레이크를 사용하도록 한다.

25문항 · 안전운행

41 교통사고 요인의 구분으로 옳지 않은 것은?

① 직접적 요인　　② 중간적 요인
③ 복합적 요인　　④ 간접적 요인

해설 교통사고의 요인은 간접적 요인, 중간적 요인, 직접적 요인으로 구분된다.

42 중요 운전과 관련되는 시각의 특성으로 옳지 않은 것은?

① 속도가 빨라질수록 시력은 떨어진다.

② 속도가 빨라질수록 전방주시점은 멀어진다.

③ 속도가 빨라질수록 시야의 범위가 넓어진다.

④ 속도가 빨라질수록 가까운 곳의 풍경은 더욱 흐려진다.

해설 ③ 속도가 빨라질수록 시야의 범위가 좁아진다.

43 엔진온도가 과열된 경우 엔진계통의 점검방법으로 옳지 않은 것은?

① 수온조절기의 열림 상태를 확인한다.

② 에어클리너의 오염 상태 및 덕트 내부의 상태를 확인한다.

③ 냉각수 및 엔진오일의 양을 확인하고 누출여부를 확인한다.

④ 라디에이터의 손상 상태 및 써머스태트 작동상태를 확인한다.

해설 엔진온도 과열 시 점검사항
• 수온조절기 열림 확인
• 팬 및 워터펌프 벨트 확인
• 냉각팬 및 워터펌프 작동 확인
• 냉각수 및 엔진오일의 양 확인, 누출여부 확인
• 라디에이터 손상 상태 및 써머스태트 작동상태 확인

44 중요 다음 중 길어깨(갓길)의 역할이 아닌 것은?

① 고장 차량이 정지할 수 있는 여유공간을 제공한다.

② 유지가 잘되어 있는 길어깨는 도로 미관을 높인다.

③ 측방 여유폭을 가지므로 교통의 안전성과 쾌적성에 기여한다.

④ 보도 등이 없는 도로에서는 보행자 등의 통행장소로 제공된다.

해설 ①은 (광폭)중앙분리대의 기능이다.

45 교량과 교통사고의 관계에 대한 설명으로 옳지 않은 것은?

① 교량의 폭, 교량 접근부 등이 교통사고와 밀접한 관계에 있다.
② 교량 접근로의 폭과 교량의 폭이 다를 때 사고율이 가장 낮다.
③ 교량 접근로의 폭과 교량의 폭이 서로 다른 경우에도 교통통제시설을 효과적으로 설치함으로써 사고율을 현저히 감소시킬 수 있다.
④ 교량 접근로의 폭에 비해 교량의 폭이 좁을수록 사고가 더 많이 발생한다.

해설 ② 교량 접근로의 폭과 교량의 폭이 같을 때 사고율이 가장 낮다.

46 어린이들이 당하기 쉬운 교통사고 유형 중 가장 많은 것은?

① 도로에 갑자기 뛰어들기
② 도로 횡단 중의 부주의
③ 도로상에서 위험한 놀이
④ 자전거 사고

해설 어린이들이 당하기 쉬운 교통사고 유형에는 도로에 갑자기 뛰어들기, 도로 횡단 중의 부주의, 도로상에서 위험한 놀이, 자전거 사고가 있다. 이 중 어린이 보행자 사고의 대부분은 도로에서 갑자기 뛰어들어 발생하고 있다.

47 내리막길에서 풋 브레이크만 사용하게 되면 라이닝의 마찰에 의해 제동력이 떨어지므로 이를 방지하기 위해 내리막길에서 사용하면 안전한 제동장치는?

① ABS
② 엔진 브레이크
③ 주차 브레이크
④ 핸드 브레이크

해설 내리막길에서 풋 브레이크만 사용하게 되면 라이닝의 마찰에 의해 제동력이 떨어지므로 엔진 브레이크를 사용하는 것이 안전하다.

48 수막현상을 예방하기 위한 주의사항으로 옳지 않은 것은?

① 공기압을 조금 낮게 한다.
② 고속으로 주행하지 않는다.
③ 마모된 타이어를 사용하지 않는다.
④ 배수효과가 좋은 타이어를 사용한다.

해설 공기압이 부족하면 주행 시 타이어와 지면 사이에 수막현상이 발생해 미끄러질 확률이 높아지기 때문에 공기압을 조금 높게 한다.

49 자동차의 진동 중 좌우 진동을 의미하는 것은?

① 요잉
② 바운싱
③ 피칭
④ 롤링

해설 롤링은 좌우 진동, 바운싱은 상하 운동, 피칭은 앞뒤 운동, 요잉은 차체 후부 진동을 말한다.

50 평면교차로의 황색신호등의 신호시간은 일반적으로 몇 초로 운행되는가?

① 3초
② 4초
③ 5초
④ 8초

51 가속페달을 힘껏 밟는 순간 "끼익" 하는 소리가 나는 경우 고장이 의심되는 부분은?

① 엔진
② 클러치 부분
③ 브레이크 부분
④ 팬벨트

해설 가속페달을 힘껏 밟는 순간 "끼익" 하는 소리가 나는 경우는 팬벨트 또는 기타 V벨트가 이완되어 걸려 있는 풀리와의 미끄러짐에 의해 일어난다.

52 정상적인 시력을 가진 사람의 시야범위는?

① 120~140°
② 140~160°
③ 160~180°
④ 180~200°

 정상적인 시력을 가진 사람의 시야범위는 180~200°이다.

53 중요 내륜차와 외륜차의 영향을 가장 많이 받는 차량은?

① 소형차
② 중형차
③ 대형차
④ 이륜차

 내륜차와 외륜차의 차이는 대형차일수록 크다.

54 중요 방호울타리의 기능으로 옳지 않은 것은?

① 횡단을 방지할 수 있어야 한다.
② 차량의 손상이 적도록 해야 한다.
③ 차량을 감속시킬 수 있어야 한다.
④ 충돌 시 차량이 튕겨나가야 한다.

 ④ 차량이 대향차로로 튕겨짐을 방지한다.

55 야간 안전운전 요령으로 옳지 않은 것은?

① 선글라스를 착용하고 운전하지 않는다.
② 해가 지기 시작하면 곧바로 전조등을 켜 다른 운전자들에게 자신을 알린다.
③ 흑색 등 어두운 색의 옷차림을 한 보행자는 발견하기 곤란하므로 보행자 확인에 더욱 세심한 주의를 기울인다.
④ 밤에 앞차의 바로 뒤를 따라갈 때에는 전조등 불빛의 방향을 위로 향하게 한다.

 야간 운전 시 전조등의 방향을 하향으로 하여 운행한다.

56 일반적으로 도로가 되기 위한 4가지 조건이 아닌 것은?

① 이용성
② 보호성
③ 형태성
④ 공개성

 도로가 되기 위한 4가지 조건은 형태성, 이용성, 공개성, 교통경찰권이다.

57 좌회전 차로의 제공이나 향후 차로 확장에 쓰일 공간 확보, 연석의 중앙에 잔디나 수목을 심어 녹지공간 제공, 운전자의 심리적 안정감에 기여하지만, 차량과 충돌 시 차량을 본래의 주행방향으로 복원해 주는 기능이 미약한 중앙분리대는?

① 광폭 중앙분리대
② 연석형 중앙분리대
③ 평면형 중앙분리대
④ 방호울타리형 중앙분리대

 광폭 중앙분리대는 도로선형의 양방향 차로가 완전히 분리될 수 있는 충분한 공간확보로 대향차량의 영향을 받지 않을 정도의 넓이를 제공하고, 방호울타리형 중앙분리대는 중앙분리대 내에 설치 폭의 확보가 어려운 곳에서 대향차로로의 이탈을 방지하는 곳에 설치된다.

58 내리막길에서 순간적으로 고단에서 저단으로 기어 감속 시 엔진 내부가 손상되므로 엔진 내부를 확인하여야 하는 경우?

① 엔진 온도 과열
② 엔진 시동 꺼짐
③ 엔진 시동 불량
④ 엔진 과회전 현상

 엔진 과회전 현상은 내리막길 주행 변속 시 엔진 소리와 함께 재시동이 불가하다. 내리막길에서 순간적으로 고단에서 저단으로 기어 변속 시 엔진 내부가 손상되므로 엔진 내부를 확인하고, 로커암 캡을 열고 푸쉬로드 휨 상태, 밸브 스텝 등의 손상을 확인하여야 한다.

59 승차감이 우수하여 주로 대형버스에 사용되는 현가장치는?

① 판 스프링
② 비틀림 막대 스프링
③ 코일 스프링
④ 공기 스프링

 해설 공기 스프링은 승차감이 우수하여 장거리 주행 자동차나 대형버스에 사용된다.

60 중요 운전피로의 특징으로 옳지 않은 것은?

① 정신적, 심리적 피로는 신체적 부담에 의한 일반적 피로보다 회복시간이 길다.
② 단순한 운전피로는 휴식으로 회복된다.
③ 피로의 증상은 전신에 걸쳐 나타난다.
④ 피로는 운전작업의 착오 발생과 관계가 없다.

해설 ④ 피로는 운전작업의 착오가 발생할 수 있다는 위험신호이다.

61 중요 자동차를 운행하고 있는 운전자가 교통상황을 알아차리는 것을 뜻하는 것은?

① 인지   ② 판단
③ 조작   ④ 처리

해설 운전자는 교통상황을 알아차리고(인지), 자동차를 어떻게 운전할 것인가를 결정하고(판단), 자동차를 움직이는 운전행위(조작)에 이르는 '인지-판단-조작'의 과정을 수없이 반복한다.

62 어린이의 교통행동 특성에 대한 내용으로 옳지 않은 것은?

① 사고방식이 단순하다.
② 추상적인 말을 잘 이해하지 못한다.
③ 교통상황에 대한 주의력이 부족하다.
④ 판단력이 정확하고 모방행동이 많다.

해설 ④ 판단력이 부족하고 모방행동이 많다.

63 차량의 무게를 지탱하여 차체가 직접 차축에 얹히지 않도록 해주며 도로의 충격을 흡수하여 운전자와 화물에 유연한 승차를 제공하는 장치는?

① 동력전달장치   ② 조향장치
③ 현가장치   ④ 제동장치

64 원심력에 대한 설명으로 옳은 것은?

① 원심력은 커브가 클수록 커진다.
② 원심력은 속도가 느릴수록 커진다.
③ 원심력은 중량이 가벼울수록 커진다.
④ 원심력은 속도의 제곱에 비례해서 커진다.

 해설 원심력은 속도가 빠를수록, 커브가 작을수록, 중량이 무거울수록 커진다.

65 이면도로에서의 안전통행방법으로 적절하지 않은 것은?

① 위험 대상물을 계속 주시한다.
② 속도를 높여 신속하게 통과한다.
③ 항상 위험을 예상하면서 운전한다.
④ 언제라도 곧 정지할 수 있는 마음의 준비를 갖춘다.

해설 이면도로에서는 길가에서 어린이들이 뛰어 노는 경우도 많고, 주변에 점포와 주택 등이 밀집되어 있어 보행자들이 아무 곳에서나 횡단이나 통행을 하여 사고가 일어나기 쉬우므로 속도를 낮춰야 한다.

 15문항 **운송서비스**

66 서비스 품질을 평가하는 고객의 기준이 아닌 것은?

① 편의성   ② 신뢰성
③ 재무상태   ④ 신속한 대응

 해설 서비스 품질을 평가하는 고객의 기준은 신뢰성, 신속한 대응, 정확성, 편의성, 태도, 신용도, 안전성 등이다.

정답 59.④ 60.④ 61.① 62.④ 63.③ 64.④ 65.② 66.③

67 물류의 기능이 아닌 것은?

① 생산기능　　② 하역기능
③ 정보기능　　④ 운송기능

 물류의 기능은 운송기능, 포장기능, 보관기능, 하역기능, 정보기능, 유통가공기능이다.

68 제3자 물류의 특징이 아닌 것은?

① 서비스 범위는 통합물류서비스이다.
② 도입결정 권한은 중간관리자에 있다.
③ 도입방법은 경쟁계약에 의해 이루어진다.
④ 화주와는 계약기반, 전략적 제휴의 관계에 있다.

 ② 도입결정 권한은 최고경영층에 있다.

69 물류시스템의 구성 중 적입, 적출, 분류, 피킹 작업이 해당하는 것은?

① 포장　　② 하역
③ 보관　　④ 유통가공

 하역은 운송, 보관, 포장 전후에 부수하는 물품 취급으로 교통기관과 물류시설에 걸쳐 행해지며, 적입, 적출, 분류, 피킹 작업이 해당한다.

70 물류 시스템의 목적으로 틀린 것은?

① 상품의 재고량을 없애는 것
② 물류비용의 적절화 · 최소화
③ 상품을 적절한 납기에 맞추어 배달하는 것
④ 운송, 보관, 하역, 포장, 유통 · 가공의 작업을 합리화하는 것

 ① 물류시스템의 목적은 배송효율을 향상시키고 상품의 적정재고량을 유지하는 것이다.

71 기업경영에 있어서 물류의 역할이 아닌 것은?

① 판매기능 촉진
② 자원의 효율적인 이용
③ 적정재고의 유지로 재고비용 절감 기여
④ 물류와 상류 분리를 통한 유통합리화 기여

 ② 자원의 효율적인 이용은 국민경제적 관점에서의 물류의 역할이다.

72 제3자 물류에 대한 설명으로 옳지 않은 것은?

① 제3자 물류는 기업이 사내의 물류조직을 별도로 분리하여 자회사로 독립시키는 경우를 말한다.
② 화주기업이 자기의 모든 물류활동을 외부에 위탁하는 경우를 제3자 물류로 칭한다.
③ 제3자 물류는 물류자회사에 의한 물류효율화의 한계로 인해 도입되었다.
④ 국내의 제3자 물류수준은 물류 아웃소싱 단계에 있다.

 ①은 제2자 물류에 대한 설명이다.

73 철도 및 선박과 비교한 트럭 수송의 단점으로 옳은 것은?

① 연료비와 인건비 등 수송단가가 높다.
② 포장의 간소화 · 간략화가 불가능하다.
③ 배송서비스를 탄력적으로 행할 수 없다.
④ 다른 수송기관과 연동하지 않아도 싣고 부리는 횟수가 많다.

 ② 트럭 수송은 포장의 간소화 · 간략화가 가능하다.
③ 트럭 수송은 배송서비스를 탄력적으로 행할 수 있다.
④ 트럭 수송은 다른 수송기관과 연동하지 않아도 싣고 부리는 횟수가 적다.

74 배달 시 행동방법으로 옳지 않은 것은?

① 수하인 주소가 불명확할 경우에는 보관
하였다가 고객이 찾아오면 인계한다.
② 인수증 서명은 반드시 정자로 실명 기재
후 받는다.
③ 고객이 부재 시에는 부재중 방문표를 반
드시 이용한다.
④ 긴급배송화물은 우선 처리하고, 모든 화
물은 반드시 기일 내 배송한다.

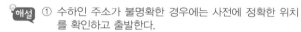
해설 ① 수하인 주소가 불명확한 경우에는 사전에 정확한 위치
를 확인하고 출발한다.

75 고객불만 발생 시 행동방법으로 가장 옳지
중요 않은 것은?

① 불만 내용을 끝까지 참고 듣는다.
② 불만사항에 대하여 정중히 사과한다.
③ 고객불만을 해결하기 어려운 경우에는
적당히 답변한다.
④ 불만전화 접수 후 빠른 시간 내에 일을
처리하여 고객에게 알린다.

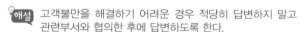
해설 고객불만을 해결하기 어려운 경우 적당히 답변하지 말고
관련부서와 협의한 후에 답변하도록 한다.

76 제4자 물류는 제3자 물류의 기능에 비해 무
엇이 추가된 것인가?

① 생산   ② 판매
③ 자원   ④ 컨설팅

해설 제4자 물류란 제3자 물류의 기능에 컨설팅 업무를 추가
수행하는 것이다.

77 고객이 거래를 중단하는 가장 큰 이유는?
중요

① 가격
② 경쟁사의 회유
③ 종업원의 불친절
④ 제품에 대한 불만

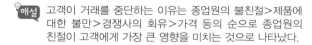
해설 고객이 거래를 중단하는 이유는 종업원의 불친절>제품에
대한 불만>경쟁사의 회유>가격 등의 순으로 종업원의
친절이 고객에게 가장 큰 영향을 미치는 것으로 나타났다.

78 고객 만족을 위한 언어 예절이 아닌 것은?

① 쉽게 흥분하거나 감정에 치우치지 않는다.
② 일부분을 듣고 전체를 짐작하여 바로 말
한다.
③ 남이 이야기하는 도중에 분별없이 차단
하지 않는다.
④ 도전적 언사는 가급적 자제한다.

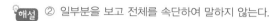
해설 ② 일부분을 보고 전체를 속단하여 말하지 않는다.

79 공동수송의 장점으로 옳지 않은 것은?
중요

① 서비스 수준의 향상
② 입출하 활동의 계획화
③ 물류시설 및 인원의 축소
④ 영업용 트럭의 이용 증대

해설 ① 서비스 수준의 저하 우려

80 택배종사자의 올바른 서비스 자세에 관한 설
명으로 틀린 것은?

① 고객만족을 위하여 최선을 다한다.
② 상품을 판매하고 있다고 생각한다.
③ 고객이 부재중일 경우 영업소로 찾아오
도록 한다.
④ 진정한 택배종사자로 대접 받을 수 있도
록 용모를 단정히 한다.

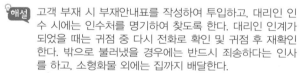
해설 고객 부재 시 부재안내표를 작성하여 투입하고, 대리인 인
수 시에는 인수처를 명기하여 찾도록 한다. 대리인 인계가
되었을 때는 귀점 중 다시 전화로 확인 및 귀점 후 재확인
한다. 밖으로 불러냈을 경우에는 반드시 죄송하다는 인사
를 하고, 소형화물 외에는 집까지 배달한다.

정답 74.① 75.③ 76.④ 77.③ 78.② 79.① 80.③

제2회 기출적중모의고사

01 화물자동차 운수사업법령상 주차장, 차고지 또는 지방자치단체의 조례로 정하는 시설 및 장소가 아닌 곳에서 밤샘주차하였다. 일반화물자동차의 경우 과징금은?

① 10만 원　　② 20만 원
③ 30만 원　　④ 40만 원

 밤샘 불법주차 시 일반화물은 과징금 20만 원이다.

02 중요 교통정리가 없는 교차로를 주행 시 가장 먼저 우선권이 주어지는 차량은?

① 직진 차량
② 우회전 차량
③ 좌회전 차량
④ 먼저 진입한 차량

 교통정리를 하고 있지 아니하는 교차로에 들어가려고 하는 차의 운전자는 이미 교차로에 들어가 있는 다른 차가 있을 때에는 그 차에 진로를 양보하여야 한다.

03 운전 중 횡단보도에서 자전거를 끌고 가는 통행자를 보았을 경우, 운전자가 해야 할 올바른 행동은?

① 운행하던 속도를 유지하며 지나간다.
② 서행한다.
③ 일시정지한다.
④ 신속하게 통과한다.

 모든 차의 운전자는 보행자 또는 자전거 등을 끌거나 들고 통행하는 자전거 등의 운전자가 횡단보도를 통행하고 있을 때에는 보행자의 횡단을 방해하거나 위험을 주지 않도록 그 횡단보도 앞(정지선이 설치되어 있는 곳에서는 그 정지선)에서 일시정지하여야 한다.

04 중요 도로상태가 위험하거나 도로 또는 그 부근에 위험물이 있는 경우에 필요한 안전조치를 할 수 있도록 이를 도로사용자에게 알리는 표지?

① 주의표지　　② 노면표시
③ 지시표지　　④ 규제표지

 ② 노면표시 : 도로교통의 안전을 위하여 각종 주의·규제·지시 등의 내용을 노면에 기호·문자 또는 선으로 도로사용자에게 알리는 표지
③ 지시표지 : 도로의 통행방법, 통행구분 등 도로교통의 안전을 위하여 필요한 지시를 하는 경우에 도로사용자가 이를 따르도록 알리는 표지
④ 규제표지 : 도로교통의 안전을 위하여 각종 제한·금지 등의 규제를 하는 경우에 이를 도로사용자에게 알리는 표지

05 화물자동차운전자의 연령·운전경력 등의 요건에 대한 설명으로 틀린 것은?

① 화물자동차운수사업용 자동차를 운전한 경력이 있는 경우에는 그 운전경력이 1년 이상일 것
② 20세 이상일 것
③ 운전경력이 1년 이상일 것
④ 화물자동차를 운전하기에 적합한 운전면허를 가지고 있을 것

 ③ 운전경력이 2년 이상일 것

06 제1종 보통면허로 운전할 수 있는 차가 아닌 것은?

① 총중량 10톤 미만의 특수자동차
② 승차정원 15명 이하의 승합자동차
③ 건설기계(도로를 운행하는 3톤 미만의 지게차)
④ 적재중량 12톤 이상의 화물자동차

 ④ 적재중량 12톤 미만의 화물자동차

07 다음 중 앞지르기 금지장소로 옳지 않은 것은?
(중요)

① 교차로
② 터널 밖 도로
③ 다리 위
④ 도로의 구부러진 곳

해설 모든 차의 운전자는 교차로, 터널 안, 다리 위, 도로의 구부러진 곳, 비탈길의 고갯마루 부근 또는 가파른 비탈길의 내리막 등 시·도경찰청장이 도로에서의 위험을 방지하고 교통의 안전과 원활한 소통을 확보하기 위하여 필요하다고 인정하는 곳으로서 안전표지로 지정한 곳에서는 다른 차를 앞지르지 못한다.

08 자동차의 구조 장치 중 국토교통부령으로 정하는 항목에 대하여 튜닝을 하려는 경우 누구에게 승인을 받아야 하는가?

① 국토교통부장관
② 시·도경찰청장
③ 화물자동차운송사업자
④ 한국교통안전공단

해설 자동차소유자가 국토교통부령으로 정하는 항목에 대하여 튜닝을 하려는 경우에는 시장·군수·구청장의 승인을 받아야 한다. 시장·군수 또는 구청장은 자동차 구조·장치의 변경 승인에 관한 권한을 한국교통안전공단에 위탁한다.

09 운수종사자의 준수사항으로 옳지 않은 것은?
(중요)

① 신고한 운송약관을 준수할 것
② 운행하기 전에 일상점검 및 확인을 할 것
③ 운전 중 휴대용 전화를 사용하거나 영상표시장치를 시청·조작 등을 하지 말 것
④ 휴게시간 없이 4시간 연속운전한 후에는 30분 이상의 휴게시간을 가질 것

해설 ①은 운송사업자의 준수사항이다.

10 다음 중 차로를 설치할 수 있는 곳은?

① 다리 위   ② 횡단보도
③ 교차로   ④ 철길건널목

해설 횡단보도, 교차로, 철길건널목에는 차로를 설치할 수 없다.

11 다음 중 도주사고가 적용되지 않는 경우는?
(중요)

① 차량과의 충돌을 알면서 그대로 가버린 경우
② 사고 후 의식이 회복된 운전자가 피해자에 대한 구호조치를 하지 않았을 경우
③ 피해자가 사고 즉시 일어나 걸어가는 것을 확인하고 구호조치 없이 가버린 경우
④ 가해자 및 피해자 일행이 환자를 후송 조치하는 것을 보고 연락처를 주고 가버린 경우

해설 가해자 및 피해자 일행이 환자를 후송 조치하는 것을 보고 연락처를 주고 가버린 경우, 교통사고 가해운전자가 심한 부상을 입어 타인에게 의뢰하여 피해자를 후송 조치한 경우에는 도주가 적용되지 않는다.

12 운송가맹사업자의 허가사항 변경신고의 대상이 아닌 것은?

① 운전자의 변경
② 화물자동차의 대폐차
③ 화물취급소의 설치 및 폐지
④ 주사무소·영업소 및 화물취급소의 이전

해설 **운송가맹사업자의 허가사항 변경신고의 대상**
• 대표자의 변경(법인인 경우만 해당)
• 화물취급소의 설치 및 폐지
• 화물자동차의 대폐차(화물자동차를 직접 소유한 운송가맹사업자만 해당)
• 주사무소·영업소 및 화물취급소의 이전
• 화물자동차 운송가맹계약의 체결 또는 해제·해지

13 화물자동차 운수사업법령의 목적이 아닌 것은?
(중요)

① 공공복리의 증진
② 운수종사자의 복지 증진
③ 화물의 원활한 운송 도모
④ 화물자동차 운수사업의 효율적 관리

해설 화물자동차 운수사업법은 화물자동차 운수사업을 효율적으로 관리하고 건전하게 육성하여 화물의 원활한 운송을 도모함으로써 공공복리의 증진에 기여함을 목적으로 한다.

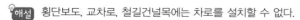
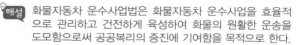

14 다음 중 운송사업자에 대한 설명으로 옳은 것은?

① 허가를 받은 운송사업자는 허가의 조건을 위반하여 다른 사람에게 차량이나 그 경영을 위탁해야 된다.

② 운송사업자는 해당 화물자동차 운송사업에 종사하는 운수종사자가 준수사항을 성실히 이행하도록 지도·감독하여야 한다.

③ 운송사업자는 위·수탁차주가 다른 운송사업자와 동시에 2년 이상의 운송계약을 체결하는 것을 제한하거나 이를 이유로 불이익을 주어서는 아니 된다.

④ 운송주선사업자가 운송가맹사업자에게 화물의 운송을 주선하는 행위는 재계약·중개 또는 대리로 본다.

 ① 허가를 받은 운송사업자는 허가의 조건을 위반하여 다른 사람에게 차량이나 그 경영을 위탁하여서는 아니 된다.
③ 운송사업자는 위·수탁차주가 다른 운송사업자와 동시에 1년 이상의 운송계약을 체결하는 것을 제한하거나 이를 이유로 불이익을 주어서는 아니 된다.
④ 운송주선사업자가 운송가맹사업자에게 화물의 운송을 주선하는 행위는 재계약·중개 또는 대리로 보지 아니 한다.

15 화물자동차운송사업의 허가에 대한 설명으로 옳지 않은 것은?

① 운송사업자는 허가받은 날부터 5년마다 허가기준에 관한 사항을 국토교통부장관에게 신고하여야 한다.

② 화물자동차운송사업을 경영하려는 자는 시·도지사의 허가를 받아야 한다.

③ 화물자동차운송가맹사업의 허가를 받은 자는 화물자동차운송사업의 허가를 받지 않아도 된다.

④ 화물자동차운송사업의 허가를 받은 자가 허가사항을 변경하려면 변경허가를 받아야 한다.

 ② 화물자동차운송사업을 경영하려는 자는 국토교통부장관의 허가를 받아야 한다.

16 도로교통법령에 따른 화물자동차의 운행안전기준으로 맞는 것은?

① 적재높이는 지상으로부터 4.5미터

② 적재중량은 구조와 성능에 따르는 적재중량의 12할 이내

③ 적재길이는 자동차 길이에 그 길이의 10분의 1을 더한 길이

④ 적재너비는 자동차의 후사경으로 측방을 확인할 수 있는 범위의 너비

 ① 화물자동차는 지상으로부터 4m(도로구조의 보전과 통행의 안전에 지장이 없다고 인정하여 고시한 도로노선의 경우에는 4.2m의 높이)
② 화물자동차의 적재중량은 구조 및 성능에 따르는 적재중량의 110% 이내일 것
④ 너비는 자동차의 후사경으로 뒤쪽을 확인할 수 있는 범위(후사경의 높이보다 화물을 낮게 적재한 경우에는 그 화물을, 후사경의 높이보다 화물을 높게 적재한 경우에는 뒤쪽을 확인할 수 있는 범위를 말한다)의 너비

17 도로의 부속물에 포함되지 않는 것은?

① 도로관리시설

② 도로안전시설

③ 도로교량시설

④ 도로이용 지원시설

해설 도로의 부속물은 도로이용 지원시설, 도로안전시설, 도로관리시설, 교통관리시설, 도로부대시설, 그 밖에 도로의 기능 유지 등을 위한 시설로서 대통령령으로 정하는 시설·주유소, 충전소, 교통·관광안내소, 졸음쉼터 및 대기소를 말한다.

18 신호·지시 위반사고의 성립요건으로 옳지 않은 것은?

① 운전자의 부주의에 의한 과실

② 신호기가 설치되어 있는 교차로나 횡단보도

③ 신호기의 고장이나 황색 점멸신호등의 경우

④ 지시표지판(규제표지 중 통행금지·진입금지·일시정지표지)이 설치된 구역 내

해설 ③은 신호·지시 위반사고의 장소적 요건의 예외사항에 해당한다.

19 운전자가 중앙선이 황색 실선·점선인 중앙선을 침범하여 교통사고가 났을 경우의 행정처분으로 옳은 것은?

① 벌점 80점
② 벌점 40점
③ 벌점 30점
④ 벌점 15점

해설 중앙선 침범 사고에 따른 행정처분은 범칙금 7만 원(4톤 초과 화물자동차), 벌점 30점이다.

20 **중요** 화물자동차 운수사업에 해당하지 않는 것은?

① 화물자동차 운송주선사업
② 화물자동차 운송사업
③ 화물자동차 터미널사업
④ 화물자동차 운송가맹사업

해설 화물자동차 운수사업이란 화물자동차 운송사업, 화물자동차 운송주선사업 및 화물자동차 운송가맹사업을 말한다.

21 차량의 구조나 적재화물의 특수성으로 인하여 관리청의 허가를 받으려는 자가 신청서에 적는 사항이 아닌 것은?

① 운행목적
② 운행구간 및 그 총 연장
③ 하이패스 및 블랙박스 설치 유무
④ 운행하려는 도로의 종류 및 노선명

해설 차량의 구조나 적재화물의 특수성으로 인하여 도로관리청의 허가를 받아 운행하는 차량은 국토교통부령으로 정하는 제한차량 운행허가 신청서에 운행하려는 도로의 종류 및 노선명, 운행구간 및 그 총 연장, 차량의 제원, 운행기간, 운행목적, 운행방법을 적고, 구조물 통과 하중 계산서를 첨부하여 도로관리청에 제출하여야 한다.

22 **중요** 보도침범 사고의 성립요건에 대한 설명으로 옳지 않은 것은?

① 고의적 과실 또는 현저한 부주의에 의한 과실을 요한다.
② 보도와 차도가 구분이 없는 도로에서는 성립하지 않는다.
③ 시설물은 보도설치의 권한이 있는 행정관서에서 설치·관리되는 보도여야 한다.
④ 자전거, 오토바이를 타고 가던 중 보도침범 통행차량에 충돌된 경우에 성립한다.

해설 ④ 자전거, 오토바이를 타고 가던 중 보도침범 통행차량에 충돌된 경우에는 성립하지 않는다.

23 자동차관리법에서 규정하고 있는 사항이 아닌 것은?

① 자동차의 검사　　② 자동차의 통행방법
③ 자동차의 등록　　④ 자동차의 안전기준

해설 자동차관리법은 자동차의 등록, 안전기준, 자기인증, 제작결함 시정, 점검, 정비, 검사 및 자동차관리사업 등에 관한 사항을 정하여 자동차를 효율적으로 관리한다.

24 운전자가 고속도로 갓길 운전을 하였을 경우 처벌 벌점은?

① 10점　　　　　② 30점
③ 40점　　　　　④ 60점

해설 고속도로·자동차전용도로 갓길 통행 시 벌점 30점이다.

25 정당한 사유 없이 적재량 측정을 위한 도로관리청의 요구에 따르지 아니한 자에 대한 벌칙으로 옳은 것은?

① 1년 이하의 징역이나 1천만 원 이하의 벌금
② 2년 이하의 징역이나 1천만 원 이하의 벌금
③ 2년 이하의 징역이나 2천만 원 이하의 벌금
④ 3년 이하의 징역이나 1천만 원 이하의 벌금

해설 정당한 사유 없이 적재량 측정을 위한 도로관리청의 요구에 따르지 아니한 자는 1년 이하의 징역이나 1천만 원 이하의 벌금에 처한다.

 정답 　19.③ 20.③ 21.③ 22.④ 23.② 24.② 25.①

15문항 화물취급요령

26 사업자 또는 그 사용인이 이사화물의 일부멸실 또는 훼손의 사실을 알면서 숨기고 이사화물을 인도한 경우 사업자의 손해배상책임은 고객이 이사화물을 인도받은 날로부터 얼마 동안 존속되는가?

① 1년 　　　　② 2년
③ 3년 　　　　④ 5년

 사업자 또는 그 사용인이 이사화물의 일부 멸실 또는 훼손의 사실을 알면서 이를 숨기고 이사화물을 인도한 경우에는 사업자의 손해배상책임은 고객이 이사화물을 인도받은 날로부터 5년간 존속한다.

27 차량의 운행요령으로 옳지 않은 것은?
(중요)

① 배차지시에 따라 차량을 운행한다.
② 내리막길을 운전할 때에는 기어를 중립에 둔다.
③ 인화성물질을 운반할 때에는 각별한 안전관리를 한다.
④ 주차할 때에는 엔진을 끄고 주차브레이크 장치로 완전 제동한다.

 ② 내리막길을 운전할 때에는 기어를 중립에 두지 않는다.

28 화물을 싣거나 부릴 때 발생하는 하역을 합리화하는 설비기기를 차량 자체에 장비하고 있는 차는?

① 전용특장차 　　② 카고 트럭
③ 트레일러 　　　④ 합리화 특장차

 ① 특장차는 특수한 작업이 가능하도록 기계장치를 부착하거나 차량의 적재함을 특수한 화물에 적합하도록 구조를 갖춘 차량이다.
② 카고 트럭은 하대에 간단히 접는 형식의 문짝을 단 차량이다.
③ 트레일러는 동력을 갖추지 않고 물품 또는 사람을 수송하기 위한 차량이다.

29 발판을 활용한 화물 이동 시 주의사항으로 틀린 것은?

① 발판은 움직이지 않도록 목마위에 설치하거나 발판 상·하 부위에 고정조치를 철저히 하도록 한다.
② 발판의 넓이와 길이는 적합한 것이며 자체에 결함이 없는지 확인한다.
③ 발판을 이용하여 오르내릴 때는 3명 이상이 동시에 통행하지 않는다.
④ 발판은 경사를 완만하게 하여 사용한다.

 ③ 발판을 이용하여 오르내릴 때에는 2명 이상이 동시에 통행하지 않는다.

30 운송장에 대한 설명으로 옳지 않은 것은?
(중요)

① 운송장은 사업자등록증을 대신한다.
② 운송장은 행선지 분류정보를 제공한다.
③ 운송장은 인수자의 수령확인을 받음으로써 배달완료 정보처리에 이용된다.
④ 운송장에 서비스 요금을 기록함으로써 수입금을 계산할 수 있는 관리자료가 된다.

 운송장은 화물을 수탁시켰다는 증빙과 사고 발생 시 이를 증빙으로 손해배상을 청구할 수 있는 거래 쌍방 간의 법적인 권리와 의무를 나타내는 상업적 계약서이다.

31 물품의 수송·보관을 주목적으로 하는 포장으로 옳은 것은?

① 공업포장 　　② 상업포장
③ 강성포장 　　④ 방수포장

 공업포장은 물품의 수송·보관을 주목적으로 하는 포장으로, 물품이 변질되는 것을 방지하기 위해 물품을 상자, 금속, 자루 등에 넣어 포장한다.

32 사업자가 약정된 이사화물의 인수일 2일 전까지 해제를 통지한 경우, 고객에게 지급해야 하는 손해배상액은 계약금의 얼마인가?

① 2배액　　　　② 3배액
③ 4배액　　　　④ 5배액

 해설 사업자의 책임 있는 사유로 계약을 해제한 경우에는 사업자가 약정된 이사화물의 인수일 2일 전까지 해제를 통지한 경우 계약금의 배액을 손해배상액을 고객에게 지급한다.

33 한국산업표준(KS)에 따른 화물자동차의 종류가 아닌 것은?

① 이륜자동차
② 픽업
③ 믹서자동차
④ 보닛 트럭

 해설 한국산업표준(KS)에 따른 화물자동차에는 보닛 트럭, 캡오버 엔진 트럭, 밴, 픽업, 특수자동차, 냉장차, 탱크차, 덤프차, 믹서자동차, 레커차, 트럭 크레인, 크레인붙이트럭, 트레일러 견인자동차, 세미 트레일러 견인자동차, 폴 트레일러 견인자동차가 있다.

34 화물의 하역방법에 대한 설명으로 옳은 것은?
(중요)

① 화물의 무게 순서에 따라 작업한다.
② 화물은 한 줄로 높이 쌓아야 한다.
③ 화물 종류별로 표시된 쌓는 단수 이상으로 적재하지 않는다.
④ 종류가 다른 것을 적재할 경우에는 가벼운 것을 밑에 쌓는다.

 해설 ① 화물의 적하 순서에 따라 작업한다.
② 화물은 한 줄로 높이 쌓지 말아야 한다.
④ 종류가 다른 것을 적재할 경우에는 무거운 것을 밑에 쌓는다.

35 이사화물 표준약관 규정상 사업자가 그 인수를 거절할 수 있는 이사화물이 아닌 것은?

① 위험물, 불결한 물품 등 다른 화물에 손해를 끼칠 염려가 있는 물건
② 운송에 적합하도록 포장할 것을 사업자가 요청하여 고객이 이행한 물건
③ 현금, 유가증권, 귀금속, 예금통장, 신용카드, 인감 등 고객이 휴대할 수 있는 귀중품
④ 동식물, 미술품, 골동품 등 운송에 특수한 관리를 요하기 때문에 다른 화물과 동시에 운송하기에 적합하지 않은 물건

 해설 ② 일반 이사화물의 종류, 무게, 부피, 운송거리 등에 따라 운송에 적합하도록 포장할 것을 사업자가 요청하였으나 고객이 이를 거절한 물건일 경우 인수 거절이 가능하다.

36 운송장에 정확하게 기재하지 않아도 되는 것은?
(중요)

① 화물명
② 화물가격
③ 운반비
④ 수하인 전화번호

 해설 운송장에는 수하인 전화번호, 화물명, 화물가격을 정확히 기재해야 한다.

37 화물을 운반할 때 주의사항으로 옳은 것은?

① 운반하는 물건이 시야를 가리지 않도록 한다.
② 필요한 경우에 뒷걸음질로 화물을 운반할 수 있다.
③ 작업장 주변의 화물상태, 차량통행 등을 주기적으로 살핀다.
④ 원기둥형을 굴릴 때는 앞으로 밀어 굴리고 뒤로 끌어야 한다.

 해설 ② 뒷걸음질로 화물을 운반해서는 안 된다.
③ 작업장 주변의 화물상태, 차량통행 등을 항상 살핀다.
④ 원기둥형을 굴릴 때는 앞으로 밀어 굴리고 뒤로 끌어서는 안 된다.

정답 32.① 33.① 34.③ 35.② 36.③ 37.①

38 화물 지연배달사고의 원인이 아닌 것은?

① 집하할 때 화물의 포장상태를 미확인한 경우
② 당일 배송되지 않는 화물에 대한 관리가 미흡한 경우
③ 집하 부주의, 터미널 오분류로 터미널 오착 및 잔류되는 경우
④ 제3자에게 전달한 후 원래 수령인에게 받은 사람을 미통지한 경우

해설 ①은 파손사고의 원인이다.

39 물품을 배송할 때 수하인의 부재로 배송이 곤란한 경우의 인계방법으로 옳은 것은?

① 무조건 다음 날 재배송한다.
② 임의적으로 배송처 안으로 투기한다.
③ 수하인과 통화되지 않을 경우에는 집 앞에 두고 간다.
④ 수하인에게 연락하여 지정장소에 전달하고 수하인에게 알린다.

해설 물품을 배송할 때 수하인의 부재로 배송이 곤란한 경우에는 수하인에게 연락하여 지정하는 장소에 전달하고 수하인에게 알린다.

40 파렛트 화물의 붕괴 방지 요령에 대한 설명으로 틀린 것은?

① 밴드걸기 방식에는 수평 밴드걸기 풀 붙이기 방식과 수직 밴드걸기 방식이 있다.
② 주연어프 방식은 파렛트의 가장자리를 높게 하여 포장화물을 안쪽으로 기울여 화물이 갈라지는 것을 방지한다.
③ 스트레치 방식은 플라스틱 필름을 파렛트 화물에 감아 움직이지 않게 하는 방식이다.
④ 슈링크 방식은 열수축성 플라스틱 필름을 파렛트 화물에 씌우고 가열하여 필름을 수축시켜 파렛트와 밀착시키는 방식이다.

해설 ① 밴드걸기 방식에는 수평 밴드걸기 방식과 수직 밴드걸기 방식이 있다.

41 자동차를 운행하고 있는 운전자가 교통상황을 알아차리고 행동하는 순서로 옳은 것은?

① 인지 – 조작 – 판단
② 인지 – 판단 – 조작
③ 조작 – 인지 – 판단
④ 판단 – 인지 – 조작

해설 운전자는 교통상황을 알아차리고(인지), 자동차를 어떻게 운전할 것인가를 결정하고(판단), 자동차를 움직이는 운전 행위(조작)에 이르는 과정을 반복한다.

42 내리막길 안전운전 방법으로 옳지 않은 것은?

① 풋 브레이크를 사용하면 페이드 현상을 예방하여 운행 안전도를 더욱 높일 수 있다.
② 커브 주행 시와 마찬가지로 중간에 불필요하게 속도를 줄인다든지 급제동하는 것은 금물이다.
③ 배기 브레이크가 장착된 차량의 경우 배기 브레이크를 사용하면 운행의 안전도를 더욱 높일 수 있다.
④ 내리막길을 내려가기 전에는 미리 감속하여 천천히 내려가며 엔진 브레이크로 속도를 조절하는 것이 바람직하다.

해설 ① 엔진 브레이크를 사용하면 페이드 현상을 예방하여 운행 안전도를 더욱 높일 수 있다.

43 자동차의 주행장치 점검사항이 아닌 것은?

① 타이어의 공기압은 적당한가?
② 섀시스프링이 절손된 곳은 없는가?
③ 휠너트(허브너트) 느슨함은 없는가?
④ 타이어의 이상 마모와 손상은 없는가?

해설 ②는 완충장치 점검사항이다.

44 움직이는 물체 또는 움직이면서 다른 자동차나 사람 등의 물체를 보는 시력을 무엇이라 하는가?

① 심시력 ② 동체시력
③ 암순응 ④ 정지시력

45 교차로 신호기의 장점이 아닌 것은?

① 입체적으로 분리할 수 있다.
② 교통류의 흐름을 질서 있게 한다.
③ 교통처리용량을 증대시킬 수 있다.
④ 교차로에서 직각 충돌사고를 줄일 수 있다.

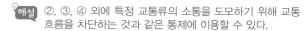 ②, ③, ④ 외에 특정 교통류의 소통을 도모하기 위해 교통 흐름을 차단하는 것과 같은 통제에 이용할 수 있다.

46 노인의 일반적인 신체적 특성에 대한 설명으로 옳지 않은 것은?

① 근력이 약화된다.
② 행동이 느려진다.
③ 반사 신경이 둔화된다.
④ 시력은 저하되나 청력은 향상된다.

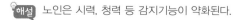 노인은 시력, 청력 등 감지기능이 약화된다.

47 주행 시 엔진 온도 과열현상이 발생할 때 조치방법으로 적절하지 않은 것은?

① 냉각수를 보충한다.
② 수온조절기를 교환한다.
③ 실린더라이너를 교환한다.
④ 팬벨트의 장력을 조정한다.

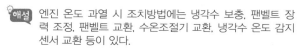 엔진 온도 과열 시 조치방법에는 냉각수 보충, 팬벨트 장력 조정, 팬벨트 교환, 수온조절기 교환, 냉각수 온도 감지 센서 교환 등이 있다.

48 안전한 교차로 통행방법으로 옳지 않은 것은?

① 목적지 방향의 진로를 사전에 확보한 후 서행으로 통과한다.
② 신호가 황색등화일 경우 운전자는 교차로 직전에서 서행해야 한다.
③ 신호가 황색등화일 경우 이미 교차로에 진입한 경우 신속히 교차로를 빠져나간다.
④ 신호기와 경찰공무원 등의 신호가 다른 경우에는 경찰공무원 등의 신호에 따라야 한다.

 ② 황색등화일 경우 운전자는 교차로의 직전에 정지하여야 한다.

49 도로 구조에 해당하지 않는 것은?

① 도로의 선형 ② 도로의 노면
③ 도로의 차로수 ④ 도로의 신호기

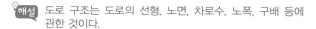 도로 구조는 도로의 선형, 노면, 차로수, 노폭, 구배 등에 관한 것이다.

50 일반적인 중앙분리대의 기능이 아닌 것은?

① 야간 주행 시 대향차 전조등의 불빛을 방지한다.
② 도로 중심선 축의 교통마찰을 증대시켜 교통용량이 감소한다.
③ 차량의 중앙선 침범에 의한 치명적인 정면충돌 사고를 방지한다.
④ 도로표지, 기타 교통관제시설 등을 설치할 수 있는 장소를 제공한다.

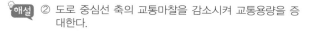 ② 도로 중심선 축의 교통마찰을 감소시켜 교통용량을 증대한다.

51 스탠딩 웨이브 현상을 예방하기 위한 방법으로 가장 적절한 것은?

① 속도를 높인다.
② 타이어 공기압을 낮춘다.
③ 타이어 공기압을 높인다.
④ 주의 깊게 주변을 주시한다.

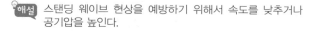 스탠딩 웨이브 현상을 예방하기 위해서 속도를 낮추거나 공기압을 높인다.

정답 44.② 45.① 46.④ 47.③ 48.② 49.④ 50.② 51.③

52 자동차의 안전장치 중 주행장치의 역할에 대한 설명으로 틀린 것은?

① 휠의 림에 끼워져서 일체로 회전하며 자동차가 달리거나 멈추는 것을 원활히 한다.
② 앞바퀴에 직진성을 부여하여 차의 롤링을 방지하고 핸들의 복원성을 좋게 한다.
③ 자동차의 진행방향을 전환하거나 조정안정성을 향상시킨다.
④ 자동차의 중량을 떠받쳐 준다.

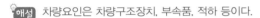 ②는 조향장치 중 캐스터에 대한 설명이다.

53 교통사고의 3대 요인 중 차량요인이 아닌 것은?

① 적하   ② 부속품
③ 도로구조   ④ 차량구조장치

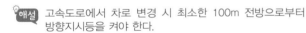 차량요인은 차량구조장치, 부속품, 적하 등이다.

54 고속도로에서 차로 변경 시 최소한 몇m 전방으로부터 방향지시등을 켜야 하는가?

① 100m   ② 200m
③ 250m   ④ 30m

 고속도로에서 차로 변경 시 최소한 100m 전방으로부터 방향지시등을 켜야 한다.

55 클러치를 밟고 있을 때 '달달달' 떨리는 소리와 함께 차체가 떨리는 이유는?

① 쇽업소버의 고장
② 바퀴의 휠 너트의 이완
③ 브레이크 라이닝의 결함
④ 클러치 릴리스 베어링의 고장

해설 클러치를 밟고 있을 때 달달달 떨리는 소리와 함께 차체가 떨리는 것은 클러치 릴리스 베어링의 고장이다.

56 차량 주행 중 연료가 불완전 연소되면 나오는 연기의 색깔은?

① 흰색   ② 검은색
③ 회색   ④ 연갈색

 농후한 혼합가스가 들어가 불완전 연소되는 경우 검은색을 띤다.

57 여름철 자동차 관리 사항으로 가장 적절하지 않은 것은?

① 냉각장치를 점검한다.
② 차량 내부의 습기를 제거한다.
③ 와이퍼의 작동상태를 점검한다.
④ 부동액의 양 및 점도를 점검한다.

해설 ④는 겨울철 자동차 관리 사항이다.

58 주행시공간의 특성으로 옳은 것은?

① 속도가 빨라질수록 주시점은 멀어지고 시야는 좁아진다.
② 속도가 빨라질수록 주시점은 멀어지고 시야는 넓어진다.
③ 속도가 빨라질수록 주시점은 가까워지고 시야는 좁아진다.
④ 속도가 빨라질수록 주시점은 가까워지고 시야는 넓어진다.

 속도가 빨라질수록 주시점은 멀어지고 시야는 좁아진다.

59 운전자가 자동차를 정지시켜야 할 상황임을 지각하고 브레이크 페달로 발을 옮겨 브레이크가 작동을 시작하는 순간까지 자동차가 진행한 거리는 무엇인가?

① 안전거리   ② 공주거리
③ 제동거리   ④ 정지거리

 ① 안전거리 : 앞차가 갑자기 정지하게 될 경우 그 앞차와의 추돌을 방지하기 위해 필요한 거리
③ 제동거리 : 운전자가 브레이크에 발을 올려 브레이크가 막 작동을 시작하는 순간부터 자동차가 완전히 정지할 때까지 자동차가 진행한 거리
④ 정지거리 : 공주거리+제동거리

60 교차로에서의 안전운전 요령으로 옳지 않은 것은?

① 반드시 안전을 확인하고 주행한다.
② 신호가 바뀌는 순간 신속하게 출발하여 교차로를 벗어난다.
③ 교통경찰관의 수신호가 있을 경우 교통 경찰관의 지시에 따른다.
④ 신호등이 없는 교차로에서는 통행의 우선순위에 따라 진행한다.

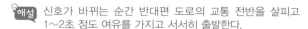 신호가 바뀌는 순간 반대편 도로의 교통 전반을 살피고 1~2초 정도 여유를 가지고 서서히 출발한다.

61 토우인에 대한 설명으로 옳지 않은 것은?

① 바퀴를 원활하게 회전시켜서 핸들의 조작을 쉽게 한다.
② 주행 중 타이어가 바깥쪽으로 벌어지는 것을 방지한다.
③ 앞바퀴를 위에서 보았을 때 앞쪽이 뒤쪽보다 넓은 상태를 말한다.
④ 주행저항 및 구동력의 반력으로 토아웃 되는 것을 방지하여 타이어 마모를 방지한다.

 ③ 앞바퀴를 위에서 보았을 때 앞쪽이 뒤쪽보다 좁은 상태를 말한다.

62 엔진 시동 꺼짐 현상이 일어날 때 조치방법이 아닌 것은?

① 에어 클리너 오염 확인 후 청소한다.
② 연료공급 계통의 공기빼기 작업을 한다.
③ 작업 불가 시 응급조치하여 공장으로 입고한다.
④ 워터 세퍼레이터 공기 유입 부분을 확인하여 현장에서 조치 가능하면 작업에 착수한다.

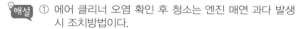 ① 에어 클리너 오염 확인 후 청소는 엔진 매연 과다 발생 시 조치방법이다.

63 운행기록장치에 대한 설명으로 옳지 않은 것은?

① 전자식 운행기록장치 장착 시 이를 수평 상태로 유지되도록 하여야 한다.
② 여객자동차 운송사업자는 그 운행하는 차량에 운행기록장치를 장착하여야 한다.
③ 자동차의 속도, 위치, 방위각, 가속도, 주행거리 및 교통사고 상황 등을 기록하는 자동차의 부속장치 중 하나인 전자식 장치를 말한다.
④ 차량의 운행기록이 누락 혹은 훼손되지 않도록 배열 순서에 맞추어 운행기록장치 또는 저장장치에 1년간 보관한다.

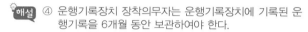 ④ 운행기록장치 장착의무자는 운행기록장치에 기록된 운행기록을 6개월 동안 보관하여야 한다.

64 판 스프링에 대한 설명으로 옳은 것은?

① 내구성이 작다.
② 구조가 복잡하다.
③ 승차감이 나쁘다.
④ 주로 승용차에 사용된다.

 ① 내구성이 크다.
② 구조가 간단하다.
④ 주로 화물차에 사용된다.

65 타이어의 역할에 대한 설명으로 옳지 않은 것은?

① 자동차의 중량을 떠받쳐 준다.
② 지면으로부터 받는 충격을 흡수해 승차감을 좋게 한다.
③ 자동차의 진행방향을 전환시킨다.
④ 핸들의 조종을 용이하게 해 준다.

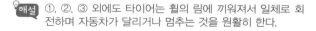 ①, ②, ③ 외에도 타이어는 휠의 림에 끼워져서 일체로 회전하며 자동차가 달리거나 멈추는 것을 원활히 한다.

정답 60.② 61.③ 62.① 63.④ 64.③ 65.④

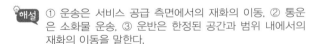

15문항 운송서비스

66 3S1L의 기본원칙에 포함되지 않는 것은?
(중요)

① 신속하게(Speedy) ② 저렴하게(Low)
③ 안전하게(Safely) ④ 느리게(Slowly)

해설 3S1L 원칙 : 신속하게(Speedy), 안전하게(Safely), 확실하게(Surely), 저렴하게(Low)

67 고객만족을 위한 서비스 품질의 분류에 속하
(중요) 는 것은?

① 영업품질 ② 기대품질
③ 경험품질 ④ 동시품질

해설 고객만족을 위한 서비스 품질의 분류는 상품품질, 영업품질, 서비스품질이다.

68 물류전략의 실행구조 과정의 순서로 적절한
것은?

① 전략수립 → 구조설계 → 기능정립 → 실행
② 전략수립 → 기능정립 → 구조설계 → 실행
③ 구조설계 → 전략수립 → 실행 → 기능정립
④ 실행 → 기능정립 → 전략수립 → 구조설계

해설 물류전략의 실행구조는 전략수립 → 구조설계 → 기능정립 → 실행으로 순환된다.

69 제조공장과 물류거점 간의 장거리 수송으로
컨테이너 또는 파렛트를 이용, 유닛화되어
일정단위로 취합되어 수송하는 것은?

① 운송 ② 통운
③ 운반 ④ 간선수송

해설 ① 운송은 서비스 공급 측면에서의 재화의 이동, ② 통운은 소화물 운송, ③ 운반은 한정된 공간과 범위 내에서의 재화의 이동을 말한다.

70 다음 중 물류전략의 목표가 아닌 것은?

① 이윤획득 ② 비용절감
③ 자본절감 ④ 서비스개선

해설 물류전략은 비용절감, 자본절감, 서비스개선을 목표로 한다.

71 물류 전략의 실행구조 및 핵심영역과 관련하
여 공급망 설계 및 로지스틱스 네트워크 전
략이 구축되는 단계는?

① 전략수립단계
② 구조설계단계
③ 기능정립단계
④ 실행단계

해설 ① 전략수립 : 고객서비스 수준 결정
③ 기능정립 : 창고설계·운영, 수송관리, 자재관리
④ 실행 : 정보·기술관리, 조직·변화관리

72 운전자의 운행 전 준비사항에 대한 설명으로
(중요) 가장 옳지 않은 것은?

① 배차 및 지시, 전달사항을 확인한다.
② 화물의 외부 덮개와 결박 상태를 확인하
고 운행한다.
③ 일상점검을 하고 이상을 발견한 경우에
는 직접 수리한다.
④ 항상 친절하고 고객 및 화주에게 불쾌한
언행을 하지 않는다.

해설 일상점검을 철저히 하고 이상 발견 시 정비관리자에게 즉시 보고하여 조치한 후 운행한다.

73 제4자 물류에 대한 설명으로 옳지 않은
(중요) 것은?

① 제3자 물류보다 범위가 넓은 공급망의 역
할을 담당한다.
② 제3자 물류의 기능에 컨설팅 업무를 추가
수행하는 것이다.
③ 전체적인 공급망에 영향을 주는 것을 통
하여 가치를 증식한다.
④ 화주기업이 물류활동을 효율화할 수 있
도록 공급망상의 기능 전체 또는 일부를
대행하는 것이다.

해설 ④는 제3자 물류에 대한 설명이다.

74 사업용(영업용) 트럭운송의 장점이 아닌 것은?

① 설비투자와 인적투자가 필요 없다.
② 수송비가 저렴하다.
③ 운임이 안정화된다.
④ 수송능력 및 융통성이 높다.

 ③ 운임의 안정화가 곤란하다.

75 직업의 의미 중 경제적 가치를 창출하는 것은?

① 사회적 의미   ② 경제적 의미
③ 철학적 의미   ④ 정신적 의미

 직업관의 의미
• 경제적 의미 : 경제적 가치를 창출하는 곳
• 정신적 의미 : 직업의 사명감과 소명의식을 가지고 정성을 쏟는 곳
• 사회적 의미 : 자기가 맡은 역할을 수행하여 능력을 인정받는 곳
• 철학적 의미 : 일을 한다는 인간의 기본적인 리듬을 가지는 곳

76 수 · 배송 활동의 단계 중 수송경로 선정, 배송센터의 수 및 위치 선정, 배송지역 결정 등을 하는 단계는?

① 계획단계   ② 실시단계
③ 통제단계   ④ 관리단계

 계획단계에서는 수송수단 및 경로 선정, 수송로트 결정, 다이어그램 시스템 설계, 배송센터의 수 및 위치 선정, 배송지역 결정 등의 기능을 한다.

77 화물운송의 효율을 높이기 위한 내용이 아닌 것은?

① 공차로 운행하지 않도록 효율적인 운송시스템을 확립한다.
② 컨테이너 수송을 강화한다.
③ 에너지 효율을 높이고 하역과 주행의 최적화를 도모한다.
④ 왕복실차율을 낮춘다.

 ④ 왕복실차율을 높인다.

78 교통사고 발생 시 조치사항으로 옳지 않은 것은?

① 교통사고가 발생한 경우 현장에서의 인명구호 및 관할경찰서에 신고 의무를 수행한다.
② 회사손실과 직결되는 보상업무는 일반적으로 수행이 불가능하므로 회사의 지시에 따른다.
③ 사고로 인한 행정, 형사처분(처벌) 접수 시 먼저 임의로 처리하고 회사에는 사후 보고한다.
④ 어떠한 사고라도 임의처리는 불가하며 사고 발생 경위를 육하원칙에 의거 거짓 없이 정확하게 회사에 즉시 보고해야 한다.

 ③ 사고로 인한 행정, 형사처분(처벌) 접수 시 임의처리가 불가하며, 회사의 지시에 따라 처리한다.

79 주문 상황에 대해 적기 수 · 배송 체제의 확립과 최적의 수 · 배송 계획을 수립함으로써 수송비용을 절감하려는 체제는?

① 화물추적시스템
② 정보서브시스템
③ 수 · 배송 관리시스템
④ 지능형수송시스템

 수 · 배송 관리시스템은 주문 상황에 대해 적기 수 · 배송 체제의 확립과 최적의 수 · 배송 계획을 수립하여 수송비용을 절감하려는 시스템을 말한다.

80 물류네트워크의 평가와 감사를 위한 일반적 지침이 아닌 것은?

① 물류비용   ② 제품 특성
③ 수요   ④ 물류전략

 물류네트워크의 평가와 감사를 위한 일반적 지침은 수요, 고객서비스, 제품 특성, 물류비용, 가격결정 정책이다.

정답 74.③ 75.② 76.① 77.④ 78.③ 79.③ 80.④

화물운송종사자격시험

2025년 01월 15일 개정4판 발행
2020년 01월 10일 초판 발행

저　　자　JH화물운송발전회
발 행 인　전 순 석
발 행 처　정훈사
주　　소　서울특별시 중구 마른내로 72, 421호 A
등　　록　2-3884
전　　화　(02) 737-1212
팩　　스　(02) 737-4326